四川省示范性高职院校建设项目成果

冲压工艺与模具设计

主　编　鲜小红
参　编　姚文林　周淑容　李小明
主　审　范　军

西南交通大学出版社
·成　都·

图书在版编目（ＣＩＰ）数据

冲压工艺与模具设计/鲜小红主编. —成都：西
南交通大学出版社，2014.3
四川省示范性高职院校建设项目成果
ISBN 978-7-5643-2939-6

Ⅰ. ①冲… Ⅱ. ①鲜… Ⅲ. ①冲压－生产工艺②冲模
－设计 Ⅳ. ①TG38

中国版本图书馆 CIP 数据核字（2014）第 035730 号

冲压工艺与模具设计

主编　鲜小红

责 任 编 辑	黄淑文
助 理 编 辑	罗在伟
特 邀 编 辑	赵雄亮
封 面 设 计	墨创文化
出 版 发 行	西南交通大学出版社 （四川省成都市金牛区交大路 146 号）
发行部电话	028-87600564　028-87600533
邮 政 编 码	610031
网 址	http://press.swjtu.edu.cn
印 刷	成都中铁二局永经堂印务有限责任公司
成 品 尺 寸	185 mm × 260 mm
印 张	18.5
字 数	460 千字
版 次	2014 年 3 月第 1 版
印 次	2014 年 3 月第 1 次
书 号	ISBN 978-7-5643-2939-6
定 价	42.00 元

序

在大力发展职业教育、创新人才培养模式的新形势下，加强高职院校教材建设，是深化教育教学改革、推进教学质量工程、全面培养高素质技能型专门人才的前提和基础。

近年来，四川职业技术学院在省级示范性高等职业院校建设过程中，立足于"以人为本，创新发展"的教育思想，组织编写了涉及汽车制造与装配技术、物流管理、应用电子技术、数控技术等四个省级示范性专业，以及体制机制改革、学生综合素质训育体系、质量监测体系、社会服务能力建设等四个综合项目相关内容的系列教材。在编撰过程中，编著者立足于"理实一体"、"校企结合"的现实要求，秉承实用性和操作性原则，注重编写模式创新、格式体例创新、手段方式创新，在重视传授知识、增长技艺的同时，更多地关注对学习者专业素质、职业操守的培养。本套教材有别于以往重专业、轻素质，重理论、轻实践，重体例、轻实用的编写方式，更多地关注教学方式、教学手段、教学质量、教学效果，以及学校和用人单位"校企双方"的需求，具有较强的指导作用和较高的现实价值。其特点主要表现在：

一是突出了校企融合性。全套教材的编写素材大多取自行业企业，不仅引进了行业企业的生产加工工序、技术参数，还渗透了企业文化和管理模式，并结合高职院校教育教学实际，有针对性地加以调整优化，使之更适合高职学生的学习与实践，具有较强的融合性和操作性。

二是体现了目标导向性。教材以国家行业标准为指南，融入了"双证书"制和专业技术指标体系，使教学内容要求与职业标准、行业核心标准相一致，学生通过学习和实践，在一定程度上，可以通过考级达到相关行业或专业标准，使学生成为合格人才，具有明确的目标导向性。

三是突显了体例示范性。教材以实用为基准，以能力培养为目标，着力在结构体例、内容形式、质量效果等方面进行了有益的探索，实现了创新突破，形成了系统体系，为同级同类教材的编写，提供了可借鉴的范样和蓝本，具有很强的示范性。

与此同时，这是一套实用性教材，是四川职业技术学院在示范院校建设过程中的理论研究和实践探索成果。教材编写者既有高职院校长期从事课程建设和实践实训指导的一线教师和教学管理者，也聘请了一批企业界的行家里手、技术骨干和中高层管理人员参与到教材的编写过程中，他们既熟悉形势与政策，又了解社会和行业需求；既懂得教育教学规律，又深谙学生心理。因此，全套系列教材切合实际，对接需要，目标明确，指导性强。

尽管本套教材在探索创新中存在有待进一步锤炼提升之处，但仍不失为一套针对高职学生的好教材，值得推广使用。

此为序。

四川省高职高专院校
人才培养工作委员会主任
二〇一三年一月二十三日

前　言

　　伴随着人们对高职院校教学方法改革的重要性、必要性认识的不断深入，情境教学法被越来越多的教学工作者带进了课堂。在教学效果得到提高的同时，这种教学方法本身也得到了完善和发展。

　　本教材根据情境教学法的特点，在每一个学习情境开始之前明确提出该学习情境的知识目标和技能目标，使老师在教学中和学生在学习过程中都能做到有的放矢；有针对性地提出了本学习情境的工作任务，以完成工作任务为学习的载体和线索来教学和学习，从而实现学习目标。每个学习情境后都有思考与练习题来引导学生完成工作任务或巩固本学习情境的学习效果。

　　本教材根据实际要求，理论以"必需、够用"为度，着眼于解决现场实际问题，同时融合相关知识为一体，并注意加强专业知识的广度，积极吸纳新知识，体现了应用性、实用性、综合性和先进性。

　　全书共分七个学习情境，其内容主要包括：冲压模具的设计与制造基础，冲裁工艺分析与冲裁模具的设计，拉深工艺与拉深模具设计，翻边模结构设计，胀形、缩口、旋压、校形工艺与模具设计，典型冲压模具零件制造与装配等，每学习情境后有小结、思考与练习题。在教材的编写中，将冲压零件的工艺分析、冲压模具设计、模具零件加工方法、模具的装配和调试等四方面的内容进行了有机的融合，在强调冲压零件的工艺分析、冲压模具设计的同时也注重模具零件加工方法和加工工艺以及模具的装配和调试，层次清楚，图文并茂。

　　本书由四川职业技术学院鲜小红担任主编，其中鲜小红老师编写学习情境1、学习情境2、学习情境7，四川职业技术学院姚文林编写学习情境6，四川职业技术学院周淑容编写学习情境4，四川职业技术学院李小明编写学习情境3、学习情境5。在教材编写过程中，四川省隆鑫科技包装有限公司的模具保障部张定路部长、四川中胜飞虹轴瓦有限公司肖祖贵总工程师给予了大力的支持，四川职业技术学院机械系的领导给予了高度的关注，四川职业技术学院模具教研室及相关老师在反复讨论的基础上，提出了许多宝贵意见。在此一并表示衷心感谢！

　　由于编者水平和经验有限，书中难免存在不妥之处，恳请广大读者提出宝贵意见。

编　者

2013 年 1 月

前　言

目 录

学习情境 1　冲压模具的
设计与制造基础

【知识目标】

- 掌握冲压与冲模的有关概念。
- 掌握冲压设备的有关参数及设备的选用方法。
- 掌握材料变形的理论基础。
- 掌握模具材料的选用方法。
- 熟悉模具零件的加工方法和工艺规程的编制。
- 了解冲压的现状及发展方向。

【技能目标】

- 能判断冲压工序的性质。
- 能够正确选择冲压设备。
- 能够正确选用模具材料。
- 能够编写模具零件的机械加工工艺规程。

本情境学习任务

1. 图 1 所示为不同类型压力机的实物图片，试查阅相关资料，确定这几种压力机的类型、特点及用途，并指出其主要结构组成。

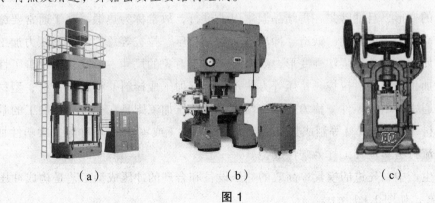

（a）　　　　　　　　（b）　　　　　　　　（c）

图 1

2．编写图 2 所示凹模的机械加工工艺规程。

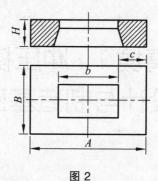

图 2

3．查阅资料，了解冲压模具技术的现状和发展趋势。

1.1　冲压成型与模具技术的概述

1.1.1　冲压与冲模的概念

冲压是利用冲模在冲压设备上对板料施加压力（或拉力），使其产生分离或变形，从而获得一定形状、尺寸和性能的制件的加工方法。

冲压加工的对象一般为金属板料（或带料）、薄壁管、薄型材等，板厚方向的变形一般不侧重考虑，因此也称为板料冲压，且通常是在室温状态下进行（不用加热，显然处于再结晶温度以下），故也称为冷冲压。

锻造和冲压合称为锻压，锻造加工的对象一般为金属棒料（或锭料），必须考虑长、宽、高 3 个方向的变形，且通常是在再结晶温度以上进行，故常称为热锻。基于通常要施加一定的压力才能完成加工的共性，锻造、冲压与轧制、挤压、拉拔等总称为金属压力加工。金属压力加工迫使加工对象发生塑性变形，既改变了加工对象的尺寸、形状，又改善了性能，故还称为塑性加工。轧制、拉拔、挤压等方法是将钢锭加工成棒料、板料、管材、型材、线材等制品，但通常不制成零件，称为一次塑性加工；锻压加工则是在一次塑性加工的基础上，将棒料、板料、管材、线材等制成具有特定用途的制件（或零件），可称为二次塑性加工。20世纪后期又流行将塑性加工称为塑性成型。

在冲压生产中，先进的模具、高效的冲压设备和合理的冲压成型工艺是构成冲压加工的 3 个基本要素，如图 1.1.1 所示。

冲压生产的优点：低耗、高效、低成本，"一模一样"、质量稳定、互换性好，可加工薄壁、复杂零件，对工人的技术要求较低。其缺点：噪声大，安全性较差。多用于批量生产中，在日常冲压产品、高科技冲压产品中都得到了广泛的应用。

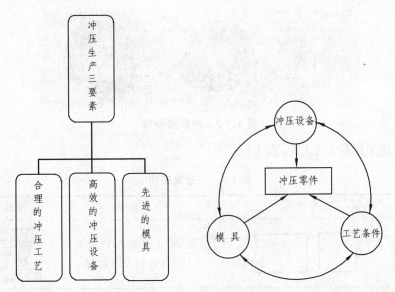

图 1.1.1　冲压零件的影响因素

1.1.2　冲压工序的分类

冲压加工因制件的形状、尺寸和精度的不同，所采用的工序也不同。根据材料的变形特点可将冲压工序分为分离工序和成型工序。

分离工序：坯料在模具刃口作用下，沿一定的轮廓线分离而获得冲件的加工方法，主要包括落料、冲孔、分离等，如图 1.1.2 所示。

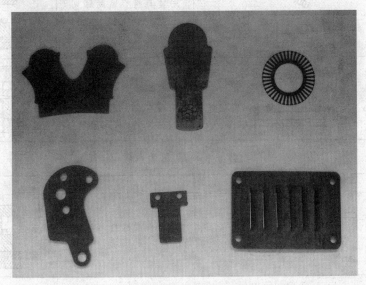

图 1.1.2　冲孔落料件

成型工序：坯料在模具压力作用下，使坯料产生塑性变形，但不产生分离而获得的具有一定形状和尺寸的冲件的加工方法，主要有弯曲、拉深、翻边等，如图 1.1.3 所示。

图 1.1.3　冲压成型件

典型的冲压工序见表 1.1.1 ~ 表 1.1.3。

表 1.1.1　分离工序

工序名称	工序简图	工序特征	模具简图
切断		用剪刀或模具切断板料，切断线不是封闭的	
落料	工件	用模具沿封闭线冲切板料，冲下的部分为工件	
冲孔	废料	用模具沿封闭线冲切断板，冲下的部分为废料	
切口		用模具将板料局部切开而不完全分离，切口部分材料发生弯曲	
切边		用模具将工件边缘多余的材料冲切下来	

表 1.1.2　成型工序

工序名称	工序简图	工序特征	模具简图
弯曲		用模具使板料弯成一定角度或一定形状	
拉深		用模具将板料压成任意形状的空心件	

续表 1.1.2

工序名称	工序简图	工序特征	模具简图
起伏（压肋）	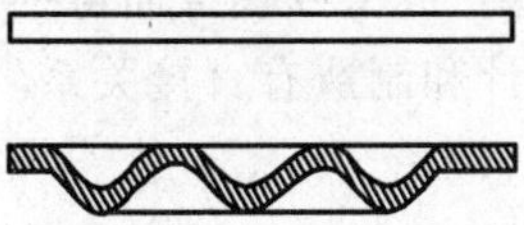	用模具将板料局部拉伸成凸起和凹进形状	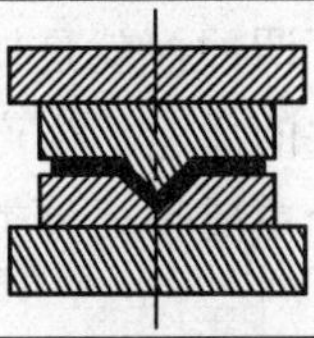
翻边	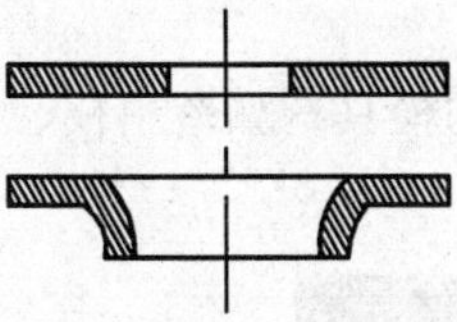	用模具将板料上的孔或外缘翻成竖边	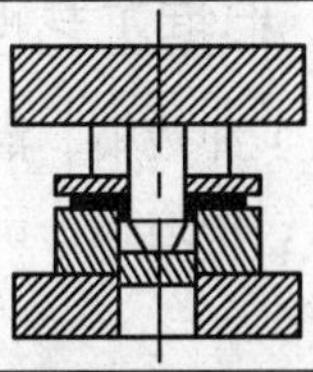
缩口	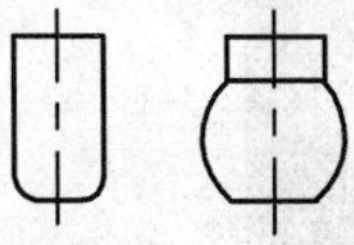	用模具对空心开口部施加由外向内的径向压力，使局部直径缩小	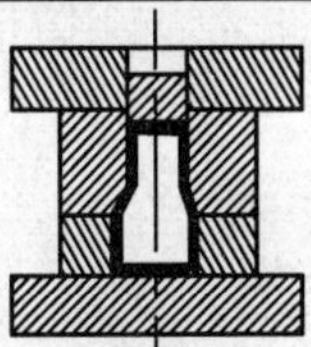
胀形	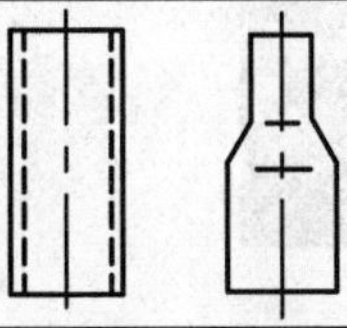	用模具对空心件加向外的径向力，使局部直径扩张	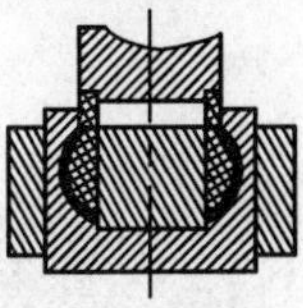
整形	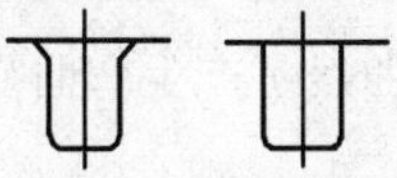	将工件不平的表面压平，将原先的弯曲件或拉深件压成正确形状	同拉深模具

表 1.1.3

工序名称	工序简图	特点及应用范围
冷挤压	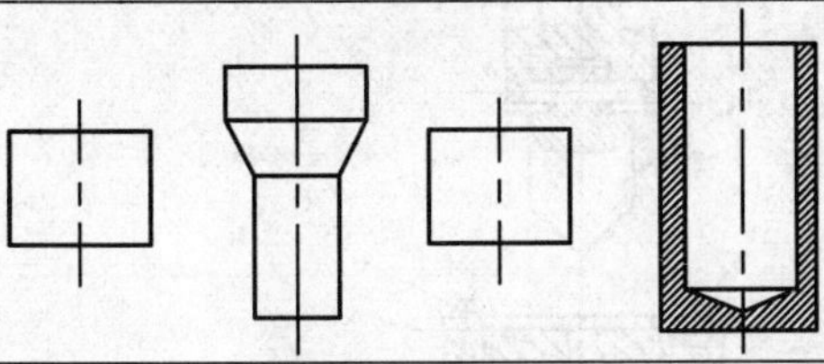	对放在模腔内的坯料施加强大压力，使冷态下的金属产生塑性变形，并将其从凹模孔或凸、凹模之间的间隙挤出，以获得空心件或横截面积较小的实心件
冷嵌	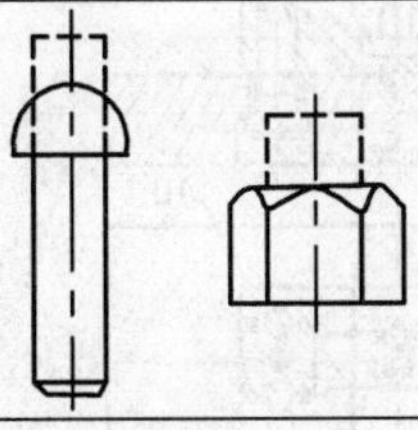	用冷嵌模使坯料产生轴向压缩，使其横截面积增大，从而获得螺钉、螺母类的零件
压花		压花是强行局部排挤材料，在工件表面形成浅凹花纹、图案、文字或符号，但在压花表面的背面并无对应于浅凹花纹的凸起

1.1.3　冲模的分类

所谓冲模就是加压将金属或非金属板料或型材分离、成型或接合而得到制件的工艺装备。冲压件的质量、生产效率以及生产成本等，与模具设计和制造有直接关系。冲压模具可按以下几个主要特征分类：

1. 根据工艺性质分类

（1）冲裁模。沿封闭或敞开的轮廓线使材料分离的模具，如落料模、冲孔模、切断模、切口模、切边模、剖切模等，如图 1.1.4 所示。

图 1.1.4　冲裁模

（2）弯曲模。使板料毛坯或其他坯料沿着直线（弯曲线）产生弯曲变形，从而获得一定角度和形状的工件的模具，如图 1.1.5 所示。

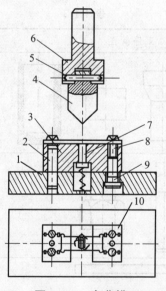

图 1.1.5　弯曲模

（3）拉深模。把板料毛坯制成开口空心零件，或使空心零件进一步改变形状和尺寸的模具，如图 1.1.6 所示。

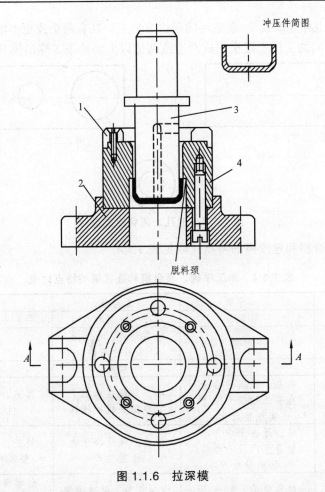

图 1.1.6　拉深模

（4）成型模。将毛坯或半成品工件按凸、凹模的形状直接复制成型，而材料本身仅产生局部塑性变形的模具，如胀形模、缩口模、扩口模、起伏成型模、翻边模、整形模等。

2. 根据工序组合程度分类

（1）单工序模。在压力机的一次行程中，只完成一道冲压工序的模具，如图 1.1.7 所示。

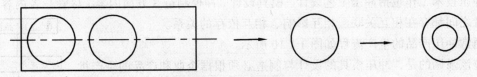

图 1.1.7　落料和冲孔

（2）复合模。只有一个工位，在压力机的一次行程中，在同一工位上同时完成两道或两道以上的冲压工序的模具，如图 1.1.8 所示。

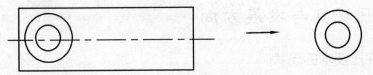

图 1.1.8　冲孔落料同时进行

（3）级进模（也称连续模）。在毛坯的送进方向上，具有两个或更多的工位，在压力机的一次行程中，在不同的工位上逐次完成两道或两道以上的冲压工序的模具，如图1.1.9所示。

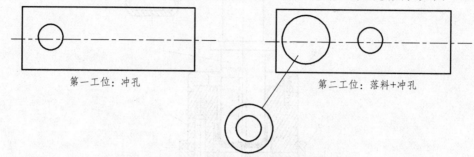

第一工位：冲孔　　　　　　　　　　第二工位：落料+冲孔

图1.1.9　冲孔、落料逐次进行

单工序模、复合模和连续模的特点比较见表1.1.4。

表1.1.4　单工序模、复合模和连续模的特点比较

项目	单工序模	复合模	连续模
冲压精度	一般较低	中、高级精度	中、高级精度
原材料要求	不严格	除条料外，小件也可用边角料	条料或卷料
冲压生产率	低	较高	高
实现操作机械化、自动化的可能性	较易，尤其适合于在多工位压力机上实现自动化	难，只能在单机上实现部分机械操作	容易，尤其适合于在单机上实现自动化
生产通用性	好，适合于中、小批量生产及大型件的大量生产	较差，仅适合于大批量生产	较差，仅适合于中、小型零件的大批量生产
冲模制造的复杂性和价格	结构简单，制造周期短，价格低	结构复杂，制造难度大，价格高	结构复杂，制造和调整难度大，价格与工位数成比例上升

1.1.4　冲模设计与制造的关系

冲压技术工作包括冲压工艺设计、模具设计、冲模制造3方面内容，尽管三者内容不同，但三者之间都存在相互关联、相互影响、相互依存的关系。

通常冲压产品的生产流程如图1.1.10所示。

应该强调的是，冲压模具的设计与制造必须根据企业和产品的生产批量的实际情况进行全面考虑，在保证产品质量的前提下，寻求最佳的技术经济性。

1.1.5　冲压现状与发展方向

1. 我国冲压技术的现状

我国冲压技术的现状是技术落后、经济效益低。其主要原因如下：

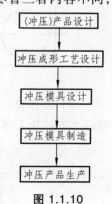

（冲压）产品设计

冲压成形工艺设计

冲压模具设计

冲压模具制造

冲压产品生产

图1.1.10

（1）冲压基础理论与成型工艺落后；

（2）模具标准化程度低；

（3）模具设计方法和手段、模具制造工艺及设备落后；

（4）模具专业化水平低。

以上因素导致我国模具在寿命、效率、加工精度、生产周期等方面与先进工业发达国家的模具具有相当大的差距。

2. 冲压技术发展方向

（1）加强冲压成型理论及冲压工艺理论方面的研究，开展 CAE 技术应用，开发和应用冲压新工艺。

（2）加强模具先进制造工艺及设备方面的研究，采用数控化、高速化、复合化加工技术，先进特种加工技术，精密磨削，微细加工技术，先进工艺装备技术，先进测量技术等先进技术，既可提高模具的精度，又能降低模具的制造成本。

（3）加强模具新材料及热处理、表面技术方面的研究，提高使用性能，改善加工性能，提高寿命。

（4）加强模具 CAD/CAM 技术方面的研究，二、三维相结合的数字化设计技术与数字化制造技术的应用，使工程技术人员能借助计算机对产品、模具结构、成型工艺、数控加工及成本等进行设计和优化。模具行业是最早应用 CAD/CAM 技术的行业之一。

（5）加强快速经济制模技术的研究，为了适应工业生产中多品种、小批量生产的需要，必须加快模具的制造速度，降低模具生产成本。

（6）加强先进的生产管理模式的研究，使企业实现低成本、高质量、高速度，从而提高企业的市场竞争能力。

1.2　冲压设备及其选用

1.2.1　常见的冲压设备

冲压设备属于锻压机械。常见的冲压设备有机械压力机和液压机，机械压力机按驱动滑块机构的种类又分为曲柄式和摩擦式，而曲柄式压力机应用较广。

曲柄压力机（见图 1.2.1）的组成及应用：

（1）床身。床身是压力机的机架，在床身上直接或间接地安装着压力机上的所有其他零部件，它是这些零部件的安装基础。在工作中，床身承受冲压载荷，并提供和保持所有零部件的相对位置精度。因此，除了应有足够精度外，床身还应有足够的强度和刚度，如图 1.2.2 所示。

（2）运动系统。运动系统的作用是将电动机的转动变成滑块连接的模具的往复冲压运动。运动的传递路线为电动机—小带轮—传动带—大带轮—传动轴—小齿轮—大齿轮—离合器—曲轴—连杆—滑块。大齿轮转动惯量较大，滑块惯性也较大，在运动中具有储存和释放能量，并且使压力机工作平稳的作用，如图 1.2.3 所示。

图 1.2.1   曲柄压力机

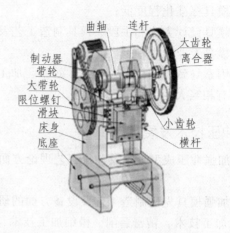

图 1.2.2   压力机传动结构图

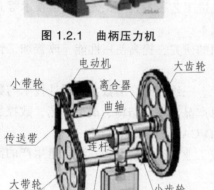

图 1.2.3   运动系统

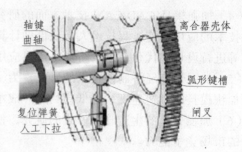

图 1.2.4   离合器

（3）离合器。离合器是用来接通或断开大齿轮与曲轴的运动传递的机构，即控制滑块是否产生冲压动作，由操作者操纵，如图 1.2.4 所示。离合器的工作原理：大齿轮空套在曲轴上，可以自由转动，离合器壳体和曲轴通过抽键刚性连接；在离合器壳体中，抽键随着离合器壳体同步转动，通过抽键插入到大齿轮中的弧形键槽或从键槽中抽出来，实现传动接通或断开；由操作者将闸叉下拉使抽键在弹簧（图中未示出）作用下插入大齿轮中的弧形键槽，从而接通传动；当操作者松开时，复位弹簧将闸叉送回原位，闸叉的楔形和抽键的楔形相互作用，使抽键从弧形键槽中抽出，从而断开传动。

（4）制动器。制动器是确保离合器脱开时，滑块比较准确地停止在曲轴转动的上死点位置。制动器的工作原理：利用制动轮对旋转中心的偏心，使制动带对制动轮的摩擦力随转动而变化来实现制动；当曲轴转到上死点时，制动轮中心和固定销中心之间的中心距达到最大，此时，制动带的张紧力就最大，从而在此处产生制动作用；转过此位置后，制动带放松，制动器则不制动。制动力的大小可通过调节拉紧弹簧来实现，如图 1.2.5 所示。

（5）上模紧固装置。模具的上模部分固定在滑块上，由压块、紧固螺钉压住模柄来进行固定，如图 1.2.6 所示。

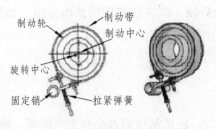

图 1.2.5　制动器

图 1.2.6　上模紧固

（6）滑块位置调节装置。为适应不同的模具高度，滑块底面相对于工作台面的距离必须能够调整。由于连杆的一端与曲轴连接，另一端与滑块连接，所以拧动调节螺杆，就相当于改变连杆的长度，即可调整滑块行程下死点到工作台面的距离。

（7）打料装置在有些模具的工作中，需要将制件从上模中排出。这要通过模具打料装置与曲柄压力机上的相应机构的配合来实现。打料装置的工作原理：当冲裁结束以后，制件紧紧地卡在模具孔里面，并且托着打料杆下端；而打料杆上端顶着横杆，三者一起随滑块向上移动，当滑块移动到接近上死点时，横杆受到两端的限位螺钉的阻挡，停止移动，迫使打料杆和与其紧密接触的制件也停止移动；而模具和滑块仍然向上移动若干毫米，于是，打料杆、制件就产生了相对于滑块的运动，将制件从模具中推下来，如图 1.2.7 所示。

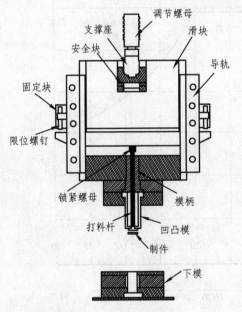

图 1.2.7　打料机构

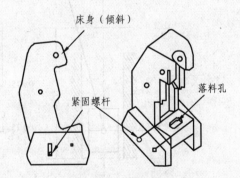

图 1.2.8　落料机构

（8）曲柄压力机的其他部分导轨。导轨装在床身上，为滑块导向，但导向精度有限，因此，模具往往自带导向装置，如图 1.2.2 所示。

安全块：安全块的作用是当压力机超载时，将其沿一周面积较小的剪切面切断，起到保护重要零件免遭破坏的作用，如图 1.2.7 所示。

落料孔：压力机工作台中设有落料孔（又称漏料孔），以便冲下的制件或废料从孔中漏下，如图 1.2.8 所示。

床身倾斜是通过对紧固螺杆的操作，使床身后倾，以便落料向后滑落排出，如图 1.2.8 所示。

1.2.2 曲柄压力机的选用

压力机的主要技术参数反映压力机的工艺能力，包括制件的大小及生产率等。同时，也是作为在模具设计中，选择所使用的冲压设备、确定模具结构尺寸的重要依据。

（1）公称压力。压力机滑块通过模具在冲压过程中产生的压力就是压力机工作压力。由曲柄连杆机构的工作原理可知，压力机滑块的静压力随曲柄转角的变化而变化。图 1.2.9 所示为压力机的许用压力曲线。从曲线中可以看出，当曲柄从离下死点 30°处转到下死点位置时，压力机的许用压力最大值规定为 F_{max}。所谓公称压力，是指压力机曲柄转到离下死点一定角度（称为公称压力角，等于 30°）时，滑块上所容许的最大工作压力。图中还显示了曲柄转角与滑块位移的对应关系。所选压力机的公称压力必须大于实际所需的冲压力。

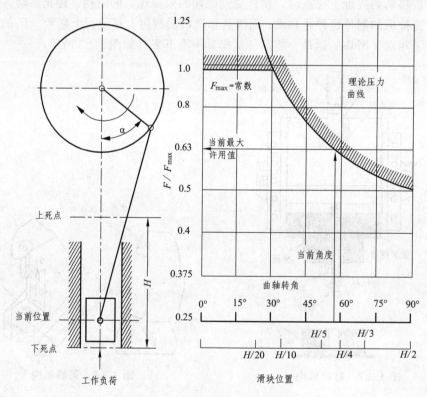

图 1.2.9 压力机的许用压力曲线

（2）滑块行程。滑块行程是指滑块从上止点移动到下止点的距离。对于曲柄压力机，其值等于曲柄长度的两倍。

（3）工作频率。滑块每分冲压次数反映了曲柄压力机的工作频率。滑块每分行程次数的多少，关系到生产率的高低。一般压力机的工作频率是不变的。

（4）压力机装模高度。压力机的装模高度是指滑块移动到下死点时，滑块底平面到工作台垫板上平面的高度。此高度可以通过调节螺杆进行调整，改变工作台垫板厚度也可改变这一高度，如图 1.2.10 所示。

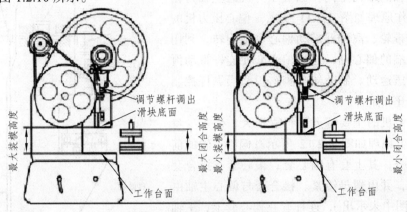

图 1.2.10 压力机装模高度

模具的闭合高度应在压力机的最大装模高度与最小装模高度之间，通常情况下，模具的闭合高度与压力机装模高度的理论关系为：

$$H_{\min} - H_1 \leqslant H \leqslant H_{\max} - H_1$$

亦可写成：

$$H_{\min} - M - H_1 \leqslant H \leqslant H_{\max} - H_1$$

式中 H ——模具的闭合高度；

      $H_{\min}$ ——压力机的最小闭合高度；

      $H_{\max}$ ——压力机的最大闭合高度；

      H_1 ——垫板的厚度；

      M ——连杆的调节量；

      $H_{\min} - H_1$ ——压力机的最小装模高度；

      $H_{\max} - H_1$ ——压力机的最大装模高度。

在生产上，可以采用下式计算：

$$H_{\min} - H_1 + 10 \text{ mm} \leqslant H \leqslant H_{\max} - H_1 - 5 \text{ mm}$$

（5）压力机工作台面尺寸。压力机工作台面尺寸应大于冲模的相应尺寸。在一般情况下，工作台面尺寸每边应大于模具下模座尺寸 50～70 mm，为固定下模留出足够的空间。

（6）落料孔尺寸。设置落料孔是为了冲件下落或在下模底部安装弹顶装置。下落件或弹顶装置的尺寸必须在落料孔所提供的空间以内。

（7）模柄孔尺寸。模柄直径应略小于滑块内模柄安装孔的直径，模柄的长度应小于模柄孔的深度。

（8）压力机电动机功率。压力机电动机功率应大于冲压时所需要的功率。

1.2.3   其他压力机简介

（1）偏心压力机。曲轴压力机的滑块行程不能改变，而偏心压力机的滑块行程是可变的。

偏心压力机和曲轴压力机的原理基本相同，其主要区别在于主轴的结构不同。偏心压力机的主轴为偏心轴，其工作原理如图 1.2.11 所示。偏心压力机的电动机通过带轮、离合器带动偏心主轴旋转，利用偏心主轴前端的偏心轴，通过偏心套使连杆带动滑块作往复冲压运动。制动器、脚踏板和操纵杆控制离合器的脱开和闭合。

偏心压力机的主要特点是行程不大，但可少量调节，其调节原理如图 1.2.12 所示。偏心主轴的前端为偏心部分，其上套有偏心套；偏心套与接合套由端齿啮合，并由螺母锁紧。接合套与偏心主轴由平键联接（图中未示出），连杆套在偏心套上，主轴转动带动偏心套绕主轴中心转动，使连杆和滑块做上下往复运动；其行程长度为 2 倍偏心距；松开螺母，使接合套的端齿脱开，转动偏心套，从而改变

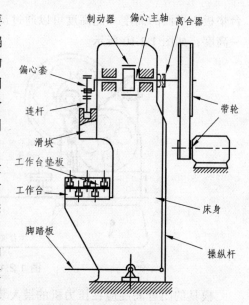

图 1.2.11　偏心压力机的工作原理

偏心套中心到主轴中心的距离，即可调节滑块行程。偏心套结构如图 1.2.13 所示。

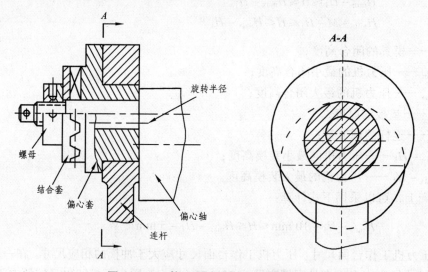

图 1.2.12　偏心压力机的行程调节原理

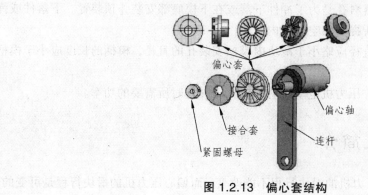

图 1.2.13　偏心套结构

（2）开式曲柄压力机和闭式曲柄压力机。开式曲柄压力机床身前面、左面和右面三个方向是敞开的，机床操作和安装模具都很方便，适合于自动送料；但由于床身呈 c 字形状，刚度相对较差，当冲压负荷较大时，床身变形较大，对冲压有不利影响。因此，只有中、小型压力机采用这种形式。图 1.2.14 所示为开式双动压力机，开式压力机的基本参数见表 1.2.1。

图 1.2.14　开式压力机照片

表 1.2.1　开式压力机参数

公称压力/kN			40	63	100	160	250	400	630	800	1000	1250	1600	2000	2500	3150	4000
产生公称压力时滑块距下死点距离/mm			3	3.5	4	5	6	7	8	9	10	11	12	12	13	13	15
滑块行程/mm			40	50	60	70	80	100	120	130	140	140	160	160	200	200	250
行程次数(次/mm)			200	160	135	115	100	80	70	60	60	50	40	40	30	30	25
最大封闭高度/mm	固定台和可倾式		160	170	180	220	250	300	360	380	400	430	450	450	500	500	550
	活动台位置	最高				300	360	400	460	480	500						
		最低				160	180	200	220	240	260						
封闭高度调节量/mm			35	40	50	60	70	80	90	100	110	120	130	130	150	150	170
滑块中心到床身距离/mm			100	110	130	160	190	220	260	290	320	350	380	380	425	425	480
工作台尺寸/mm	左右		280	315	360	450	560	630	710	800	900	970	1 120	1 120	800	800	900
	前后		180	200	240	300	360	420	480	540	600	650	710	710	650	650	700
工作台孔尺寸/mm	左右		130	150	180	220	260	300	340	380	420	460	530	530	650	650	700
	前后		60	70	90	110	130	150	180	210	230	250	300	300	350	350	400
	直径		100	110	120	160	180	200	230	260	300	340	400	400	460	460	530
立柱间距离/mm			130	150	180	220	260	300	340	380	420	460	530	530	650	650	700
活动台压力机滑块中心到床身紧固工作台平面距离/mm								150	180	210	250	270	300				
模柄孔尺寸/mm			$\phi30 \times 50$			$\phi50 \times 70$			$\phi60 \times 75$			$\phi70 \times 80$			T 形槽		
工作台模板厚度/mm			35	40	50	60	70	80	90	100	110	120	130	130	150	150	170
倾斜角(可倾式工作台压力机)/°			30	30	30	30	30	30	30	25	25	25	25				

闭式曲柄压力机床身两侧封闭,只能通过前后方向送料,机床操作空间较小;但机床床身左右对称,刚性好,能够承受较大的工作载荷,适用于精度要求较高的轻型压力机和一般要求的大、中型压力机。闭式双动压力机模型如图 1.2.15 所示。

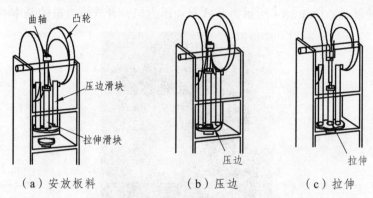

（a）安放板料　　　　　（b）压边　　　　　（c）拉伸

图 1.2.15　闭式双动力压力机模型

（3）单点、双点和四点压力机。分别有一个、两个或四个连杆同步驱动滑块。图 1.2.16 所示为闭式双点压力机原理图,图 1.2.17 所示为闭式单点压力机。闭式单点压力机基本参数和闭式双点压力机基本参数见表 1.2.2 和表 1.2.3。

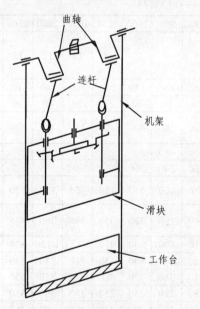

图 1.2.16　闭式双点压力机

图 1.2.17　闭式单点压力机

表 1.2.2　闭式单点压力机的基本参数

公称压力		公称压力行程 /mm	滑块行程 /mm		滑块行程数/(次/min)		最大装模高度 /mm	装模高度调节量/mm	导轨间距离 /mm	滑块底面前后尺寸 /mm	工作台面尺寸 /mm	
kN	t	/mm	Ⅰ型	Ⅱ型	Ⅰ型	Ⅱ型	/mm	量/mm	/mm	/mm	左右	前后
1 600	160	13	250	200	20	32	450	200	880	700	800	800
2 000	200	13	250	200	20	32	450	200	980	800	900	900

续表 1.2.2

公称压力		公称压力行程 /mm	滑块行程 /mm		滑块行程数 /(次/min)		最大装模高度 /mm	装模高度调节量/mm	导轨间距离 /mm	滑块底面前后尺寸 /mm	工作台面尺寸 /mm	
kN	t		Ⅰ型	Ⅱ型	Ⅰ型	Ⅱ型					左右	前后
2 500	250	13	315	250	20	28	500	250	1 080	900	1000	1 000
3 150	315	13	400	250	16	28	500	250	1 200	1 020	1 120	1 120
4 000	400	13	400	315	16	25	550	250	1 330	1 150	1 250	1 250
5 000	500	13	400		12		550	250	1 480	1 300	1 400	1 400
6 300	630	13	500		12		700	315	1 580	1 400	1 500	1 500
8 000	800	13	500		10		700	315	1 500	1 600	1 600	1 600
10 000	1 000	13	500		10		850	400	1 680	1 500	1 600	1 600
12 500	1 250	13	500		8		850	400	1 880	1 700	1 800	1 800
16 000	1 600	13	500		8		950	400	1 880	1 700	1 800	1 800
20 000	2 000	13	500		8		950	400	1 880	1 700	1 800	1 800

表 1.2.3　闭式双点压力机的基本参数

公称压力		公称压力行程 /mm	滑块行程 /mm	滑块行程数 (次/min)	最大装模高度 /mm	装模高度调节量/mm	导轨间距离/mm	滑块底面前后尺寸 /mm	工作台面尺寸/mm	
kN	t								左右	前后
1 600	160	13	400	18	600	250	1 980	1 020	1900	1 120
2 000	200	13	400	18	600	250	2 430	1 150	2350	1 250
2 500	250	13	400	18	700	315	2 430	1 150	2350	1 250
3 150	315	13	500	14	700	315	2 880	1 400	2800	1 500
4 000	400	13	500	14	800	400	2 880	1 400	2800	1 500
5 000	500	13	500	12	1 250	400	3 230	1 500	3150	1 600
6 300	630	13	500	12	1 250	500	3 230	1 500	3150	1 600
8 000	800	13	630	10	950	600	3 230/4 080	1 700	3 150/4 000	1 800
10 000	1 000	13	630	10	950	600	3 230/4 080	1 700	3 150/4 000	1 800
12 500	1 250	13	500	10	850	400	3 230/4 080	1 700	3 150/4 000	1 800
16 000	1 600	13	500	10	950	400	5 080/6 080	1 700	5 000/6 000	1 800
20 000	2 000	13	500	8	950	400	5 080/7 580	1 700	5 000/7 500	1 800
25 000	2 500	13	500	8	950	400	7 580	1 700	7 500	1 800
31 500	3 150	13	500	8	950	400	7 580/1 080	1 900	7 500/10 000	2 000
40 000	4 000	13	500	8	950	400	1 080	1 900	10 000	2 000

（4）摩擦压力机。摩擦压力机是利用摩擦盘与飞轮之间相互接触传递动力，并根据螺杆与螺母相对运动，使滑块产生上下往复运动的锻压机械。图 1.2.18 所示为摩擦压力机的传动

示意图。其工作原理如下：电动机通过 V 带及大带轮把运动传递给轴及左、右摩擦盘，使其横轴与左、右摩擦盘始终在旋转，并且横轴可允许在轴内作一定的水平轴向移动。具体工作过程为：压下手柄，横轴右移，使左摩擦盘与飞轮的轮缘相互压紧，迫使飞轮与螺杆顺时针旋转，带动滑块向下作直线运动，进行冲压加工；反之，手柄向上，滑块上升，滑块的行程用安装在连杆上的两个挡块来调节，压力的大小可通过手柄的压下量来控制飞轮与摩擦盘的接触力进行调整。实际压力允许超过公称压力 25%～100%，超负荷时，由于飞轮与摩擦盘之间产生滑动，所以不会因过载而损坏机床。由于摩擦压力机有较好的工艺适应性，结构简单，制造和使用成本较低，因此特别适用于校正、成型等冲压工艺。

（5）数控冲模回转头压力机。数控冲模回转头压力机是由计算机控制并带有模具库的数控冲切及步冲压力机，其优点是能自动快速地更换

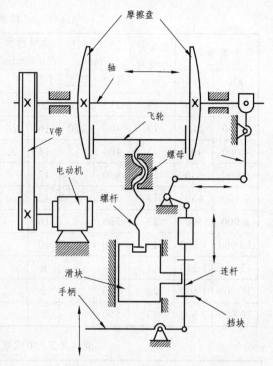

图 1.2.18　摩擦压力机传动示意图

模具，通用性强、生产率高，突破了冲压加工离不开专用模具的传统方式。图 1.2.19 所示为数控冲模回转头压力机的机械原理图。工作原理：主电动机通过带轮、蜗轮副带动曲轴—连杆—肘杆动作，使滑块往复运动，进行冲裁。冲模回转头装在床身上，通过两级圆锥齿轮和一级圆柱齿轮传动，电液脉冲马达使上、下转盘同步回转，以选择模具，并用液动定位销使转盘定位，保持上、下模的位置精度。制件板料由夹钳固定在工作台上。两个电液脉冲马达通过滚珠丝杠—滚珠螺母传动，使工作台纵、横向移动，以确定制件冲孔的坐标位置。数控冲模回转头压力机的外观如图 1.2.20 所示。

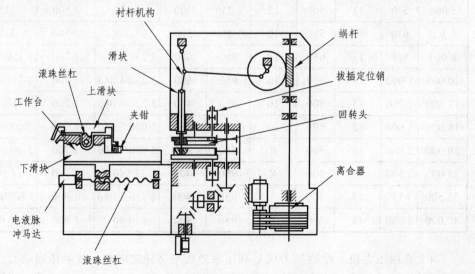

图 1.2.19　数控冲模回转头压力机机械原理图

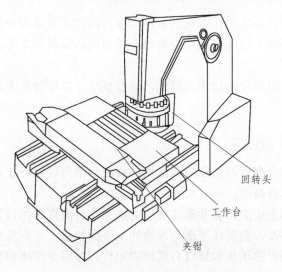

回转头

工作台

夹钳

图 1.2.20 数控冲模回转头压力机

数控冲模回转头压力机的冲孔方式与常规冲床的冲孔工艺不同。以图 1.2.21 所示的冲件为例，按照常规方法冲裁，通常在冲床上装一副模具，将一批板材上的这一相同孔冲出；然后换另一副模具，冲另外的孔。这种冲法对板材的操作循环次数多，换模时间长。若在回转压力机上冲裁，一次装夹就能冲出同一块板上所有相同的孔；然后，回转头自动换模，工作台带动板材移动位置，就可冲裁另一种孔。同样，利用组合冲裁，可以冲出形状较复杂的孔中的孔。

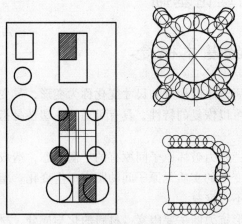

图 1.2.21 数控压力机冲裁方式

1.2.4 模具的安装

在压力机上安装和调整模具，是一件很重要的工作，它将直接影响制件的质量和安全生产。所以，既要熟悉机器的性能，又要熟悉安全操作规程。

1. 安装前的准备工作

（1）检查压力机的打料装置是否调整到最高位置；若不在最高位置，则须调整到最高位置。

（2）检查模具的闭合高度与压力机的装模高度之间的关系是否合理。

（3）检查下模顶杆和上模的打料杆是否符合压力机的除料要求（大型压力机则应检查气垫装置）。

（4）检查模具上下模板和滑块底面的油污是否擦净，并检查有无遗物，防止影响正常安装和发生意外事故。

2. 模具安装的一般顺序

（1）根据模具的闭合高度调整压力机滑块的高度，使滑块在下止点时其底平面与工作台面的距离大于模具的闭合高度。

（2）先将滑块升到上止点，将冲模放在压力机工作台面规定的位置，再将滑块停在下止点，然后调整滑块的高度，使其底平面与冲模的上平面接触，带有模柄的冲模，应使模柄进入模柄孔，并通过滑块上的压块和螺钉将模柄固定住，并将下模座初步固定在压力机的台面上（不拧紧螺钉）。

（3）将压力机滑块上调 3~5 mm，开动压力机，空行程 1~2 次，将滑块停于下止点，固定下模座。

（4）进行试冲，并逐步将滑块调整到所需的高度；如上模有打料杆，则应将压力机上的打料装置调整到需要的高度。

1.3　冲压变形的理论基础

1.3.1　塑性变形的基本概念

在外力的作用下，金属产生的形状和尺寸变化称为变形，其变形分为弹性变形与塑性变形。弹性是指卸载后变形可以恢复的特性，具有可逆性。塑性是指物体产生永久性变形的能力，具有不可逆性。

塑性变形的物理本质：外力破坏原子间原有的平衡状态，造成原子排列的畸变，引起金属形状和尺寸的变化，即变形的实质是原子间的距离产生变化。塑性变形是金属形状和尺寸产生永久改变，这种改变不可恢复。

影响金属的塑性与变形抗力的主要因素：材料的化学成分、材料内部组织、变形温度和变形速度等。

衡量材料塑性高低的参数称为塑性指标，塑性指标以材料开始破坏时的塑性变形量来表示，它可以借助各种实验方法来测定，常用伸长率和断面收缩率表示。

伸长率：$\delta = \dfrac{L_{\mathrm{k}} - L_0}{L_0} \times 100\%$

断面收缩率：$\psi = \dfrac{A_0 - A_{\mathrm{k}}}{A_0} \times 100\%$

式中　L_0——拉伸试样的原始长度；

L_k——拉伸试样破断后标距间的长度；

A_0——拉伸试样原始断面积；

A_k——拉伸试样破断处的断面积。

需要指出的是，由此所测定的塑性指标仅具有相对的比较意义。

塑性变形时，使金属产生变形的外力称为变形力。金属抵抗变形的力称为变形抗力，它反映材料产生塑性变形的难易程度，一般用金属材料产生塑性变形的单位变形力表示其大小。

金属塑性变形时，不仅使材料的形状和尺寸变化，往往还伴随着加工硬化产生。

1.3.2 塑性力学基础

分析研究冲压成型过程，需要从本质上揭示变形区的应力—应变特征及变化规律，进而确定冲压工艺和成型参数，毛坯变形区的应力状态和变形特点是决定各种冲压成型性质的主要依据。日本的吉田清太教授根据成型毛坯与冲压件的几何尺寸参数把冲压成型分成为胀形、拉伸、翻边与弯曲等类型。在绝大多数冲压成型过程中，板料表面上不受力或受力很小，可以认为垂直于板面方向上的应力为零（即厚向应力 $\sigma_t = 0$），毛坯变形区处于平面应力状态。使板料毛坯产生塑性变形的是作用于板面方向上相互垂直的两个主应力（记为径向应力 δ_r 和切向应力 σ_θ）。由于板较薄，通常近似认为这两个主应力在厚度方向上均匀分布。这样就可以根据塑性成型理论作出冲压成型时平面应力状态的应力图（见图 1.3..1）和相应的应变状态的变形图（见图 1.3.2）。

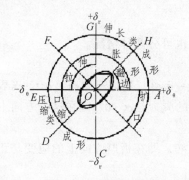

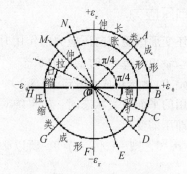

图 1.3.1 冲压应力图   图 1.3.2 冲压变形图

1. 两向拉应力

两向拉应力即 $\sigma_r > 0$，$\sigma_\theta > 0$，$\sigma_t = 0$。可以分为两种情况：$\sigma_r > \sigma_\theta > 0$，$\sigma_t = 0$ 和 $\sigma_\theta > \sigma_r > 0$，$\sigma_t = 0$。

（1）当 $\sigma_r > \sigma_\theta > 0$，$\sigma_t = 0$ 时，按全量理论可以写出如下应力与应变的关系式：

$$\frac{\varepsilon_r}{\sigma_r - \sigma_m} = \frac{\varepsilon_\theta}{\sigma_\theta - \sigma_m} = \frac{\varepsilon_t}{\sigma_t - \sigma_m} = k \qquad (1.3.1)$$

式中　ε_r、ε_θ、ε_t ——轴对称冲压成型时的经向、纬向和厚度方向上的主应变；

　　　σ_r、σ_θ、σ_t ——轴对称冲压成型时的经向、纬向与厚度方向上的主应力；

σ_m ——平均应力，$\sigma_m = (\sigma_r + \sigma_\theta + \sigma_t)/3$；

k ——正常数。

在平面应力状态时，式 1.3.1 可以表述为：

$$\frac{3\varepsilon_r}{2\sigma_r - \sigma_\theta} = \frac{3\varepsilon_\theta}{2\sigma_\theta - \sigma_r} = \frac{3\varepsilon_t}{-(\sigma_\theta + \sigma_r)} = k \qquad (1.3.2)$$

因为 $\sigma_r > \sigma_\theta > 0$，所以 $2\sigma_r - \sigma_\theta > 0$，则根据式 1.3.2 可推出 $\varepsilon_r > 0$。这表明，在两向拉应力的平面应力状态下，如果绝对值最大的拉应力是 σ_r，则在这个方向上的主应变一定是正应变，即是伸长变形。

因为 $\sigma_r > \sigma_\theta > 0$，所以 $-(\sigma_r + \sigma_\theta) < 0$，则根据式 1.3.2 可推出 $\varepsilon_t < 0$，即在板料厚度方向上的应变为负值，是压缩变形，厚度变薄。

在 σ_θ 方向上的变形决定于 σ_r 和 σ_θ 的数值：当 $\sigma_r = 2\sigma_\theta$ 时，$\varepsilon_\theta = 0$；当 $\sigma_r > 2\sigma_\theta$ 时，$\varepsilon_\theta < 0$；当 $\sigma_r < 2\sigma_\theta$ 时，$\varepsilon_\theta > 0$。

（2）当 $\sigma_\theta > \sigma_r > 0$，$\sigma_t = 0$ 时，必定有 $-(\sigma_r + \sigma_\theta) < 0$，所以 $\varepsilon_t < 0$，在板料厚度方向上的应变为负值，是压缩变形，厚度变薄。

（3）双向等拉应力状态（$\sigma_r = \sigma_\theta > 0$）时，有 $\varepsilon_r = \varepsilon_\theta > 0$；单向拉应力状态（$\sigma_\theta = 0$）时，有 $\varepsilon_\theta = -\varepsilon_r/2$。

这种变形情况在冲压应力图（见图 1.3.1）中处于 GOH 范围，在冲压变形图（见图 1.3.2）中处于 AON 范围。

2．两向压应力

冲压毛坯变形区受两向压应力的作用时，变形也可分两种情况。

（1）$\sigma_r < \sigma_\theta < 0$，$\sigma_t = 0$ 时的应力状态。

当 $\sigma_r < \sigma_\theta < 0$，$\sigma_t = 0$ 时，由式（1.3.2）可知 $2\sigma_r - \sigma_\theta < 0$，所以一定有 $\varepsilon_r < 0$。这表明：在两向压应力作用的平面应力状态时，如果绝对值最大的应力是 $\sigma_r < 0$，则在这个方向上的应变一定是负的，即压缩变形。

又因 $\sigma_r < \sigma_\theta < 0$，则 $-(\sigma_r + \sigma_\theta) > 0$，所以必定有 $\varepsilon_t > 0$，即在板厚方向上的应变是正的，板料增厚。

在 σ_θ 方向上的变形决定于 σ_r 和 σ_θ 的数值：当 $\sigma_r = 2\sigma_\theta$ 时，$\varepsilon_\theta = 0$；当 $\sigma_r > 2\sigma_\theta$ 时，$\varepsilon_\theta < 0$；当 $\sigma_r < 2\sigma_\theta$ 时，$\varepsilon_\theta > 0$。双向等压应力状态（$\sigma_r = \sigma_\theta < 0$）时，有 $\varepsilon_r = \varepsilon_\theta < 0$；单向压应力状态（$\sigma_\theta = 0$）时，有 $\varepsilon_\theta = -\varepsilon_r/2$。

这种受力与变形情况，在冲压应力图（见图 1.3.1）中处于 COD 范围，在冲压变形图（见图 1.3.2）中处于 GOE 范围。

（2）$\sigma_\theta < \sigma_r < 0$，$\sigma_t = 0$ 时的应力状态。

当 $\sigma_\theta < \sigma_r < 0$，$\sigma_t = 0$ 时，由式（1.3.2）可知 $2\sigma_\theta - \sigma_r < 0$，所以一定有 $\varepsilon_\theta < 0$。这表明，对于两向压应力作用的平面应力状态，如果绝对值最大的应力是 $\sigma_\theta < 0$，则在这个方向上的应变一定是负的，是压缩变形。

又因为 $\sigma_\theta < \sigma_r < 0$，则 $-(\sigma_\theta + \sigma_r) > 0$，所以必定有 $\varepsilon_t > 0$，即在板厚方向上的应变是正的，板料增厚。

在 σ_{θ} 方向上的变形决定于 σ_r 和 σ_{θ} 的数值：当 $\sigma_r < 2\sigma_{\theta}$ 时，$\varepsilon_{\theta} = 0$；当 $\sigma_{\theta} > 2\sigma_r$ 时，$\varepsilon_{\theta} < 0$；当 $\sigma_{\theta} < 2\sigma_r$ 时，$\varepsilon_{\theta} > 0$。

双向等压应力状态（$\sigma_r = \sigma_{\theta} < 0$）时，有 $\varepsilon_r = \varepsilon_{\theta} < 0$；单向压应力状态（$\sigma_r = 0$）时，有 $\varepsilon_r = -\varepsilon_{\theta}/2$。

这种受力与变形情况，在冲压应力图（见图 1.3.1）中处于 *DOE* 范围，在冲压变形图（见图 1.3.2）中处于 *GOL* 范围。

3. 两向异号应力

冲压毛坯变形区受两个方向上异号应力的作用，可以分为以下 4 种情况进行分析：

（1）$\sigma_r > 0$，$\sigma_{\theta} < 0$，$|\sigma_{\theta}| > |\sigma_r|$ 时的应力状态。

当 $\sigma_r > 0$，$\sigma_{\theta} < 0$，$|\sigma_{\theta}| > |\sigma_r|$ 时，由式（1.3.2）可知 $2\sigma_{\theta} - \sigma_r < 0$，所以一定有 $\varepsilon_{\theta} < 0$。这表明，在异号应力作用的平面应力状态时，如果绝对值最大的应力是压应力，则在这个绝对值最大的压应力方向上的应变是负的，即为压缩变形。

又因 $\sigma_r > 0$，$\sigma_{\theta} < 0$，可知 $2\sigma_r - \sigma_{\theta} > 0$，由式（1.3.2）可推出 $\varepsilon_t > 0$，即在拉应力的方向上的应变是正的，是伸长变形。

由于 $\sigma_r \in [0, -\sigma_{\theta}]$，当 $\sigma_r = -\sigma_{\theta}$ 时，$\varepsilon_r = -\varepsilon_{\theta} > 0$；单向压应力状态（$\sigma_r = 0$）时，有 $\varepsilon_r = -\varepsilon_{\theta}/2 > 0$。

这种应力和变形状态在冲压应力图（见图 1.3.1）中处于 *EOF* 范围，在冲压变形图（见图 1.3.2）中处于 *MOL* 范围。

（2）$\sigma_{\theta} > 0$，$\sigma_r < 0$，$|\sigma_r| > |\sigma_{\theta}|$ 的应力状态。

当 $\sigma_{\theta} > 0$，$\sigma_r < 0$，$|\sigma_r| > |\sigma_{\theta}|$ 时，可知 $2\sigma_r - \sigma_{\theta} < 0$，由式（1.3.2）可推出 $\varepsilon_r < 0$。这表明，在异号应力作用的平面应力状态时，如果绝对值最大的应力是压应力，则在这个绝对值最大的压应力方向上的应变是负的，即为压缩变形。

又因为 $\sigma_{\theta} > 0$，$\sigma_r < 0$，可知 $2\sigma_{\theta} - \sigma_r > 0$，由式（1.3.2）可推出 $\varepsilon_r > 0$，即在拉应力的方向上的应变是正的，是伸长变形。

由于 $\sigma_{\theta} \in [0, -\sigma_r]$，当 $\sigma_{\theta} = -\sigma_r$ 时，$\varepsilon_{\theta} = -\varepsilon_r > 0$；单向压应力状态（$\sigma_{\theta} = 0$）时，有 $\varepsilon_{\theta} = -\varepsilon_r/2 > 0$。

这种应力和变形状态在冲压应力图（见图 1.3.1）中处于 *BOC* 范围，在冲压变形图（见图 1.3.2）中处于 *DOE* 范围。

（3）$\sigma_{\theta} > 0$，$\sigma_r < 0$，$|\sigma_{\theta}| > |\sigma_r|$ 时的应力状态。

当 $\sigma_{\theta} > 0$，$\sigma_r < 0$，$|\sigma_{\theta}| > |\sigma_r|$ 时，可知 $2\sigma_{\theta} - \sigma_r > 0$，由式（1.3.2）可推出 $\varepsilon_{\theta} > 0$。这表明，在异号应力作用的平面应力状态时，如果绝对值最大的应力是拉应力，则在这个绝对值最大的压应力方向上的应变是正的，即为伸长变形。

又因 $2\sigma_r - \sigma_{\theta} < 0$，由式（1.3.2）可推出 $\varepsilon_r < 0$。即在压应力的方向上的应变是负的，是压缩变形。

由于 $\sigma_r \in [-\sigma_r, 0]$，当 $\sigma_r = \sigma_{\theta}$ 时，$\varepsilon_r = -\varepsilon_{\theta} < 0$；单向压应力状态（$\sigma_r = 0$）时，有 $\varepsilon_r = -\varepsilon_{\theta}/2 < 0$。

这种应力和变形状态在冲压应力图（见图 1.3.1）中处于 *AOB* 范围，在冲压变形图（见图 1.3.2）中处于 *COD* 范围。

（4）$\sigma_r > 0$，$\sigma_\theta < 0$，$|\sigma_r| > |\sigma_\theta|$时的应力状态。

当$\sigma_r > 0$，$\sigma_\theta < 0$，$|\sigma_r| > |\sigma_\theta|$时，可知$2\sigma_r - \sigma_\theta > 0$，由式（1.3.2）可推出$\varepsilon_r > 0$。这表明，在异号应力作用的平面应力状态时，如果绝对值最大的应力是拉应力，则在这个绝对值最大的压应力方向上的应变是正的，即为伸长变形。

又因$2\sigma_\theta - \sigma_r < 0$，由式（1.3.2）可推出$\varepsilon_\theta < 0$。即在压应力的方向上的应变是负的，是压缩变形。

由于$\sigma_\theta \in \left[-\sigma_r, 0 \right]$，当$\sigma_r = -\sigma_\theta$时，$\varepsilon_\theta = -\varepsilon_r < 0$；单向压应力状态（$\sigma_\theta = 0$）时，有$\varepsilon_\theta = -\varepsilon_r/2 < 0$。

这种应力和变形状态在冲压应力图（见图 1.3.1）中处于 *GOF* 范围，在冲压变形图（见图 1.3.2）中处于 *MON* 范围。

需要说明的是：这几种应力和变形状态对应于相关的冲压成型方法，它们之间的对应关系用文字标注在图 1.3.1 和图 1.3.2 上。由于塑性变形过程中材料所受的应力和由此应力所引起的应变之间存在有相互对应的关系，所以冲压应力图与冲压变形图也存在对应关系。每一种冲压变形都可以在冲压应力图上和冲压变形图上找到它固定的位置。根据冲压毛坯变形区内的应力状态或变形情况，利用冲压应力图或冲压变形图中的分界线（*BF* 线或 *DM* 线），就可以判断该冲压变形的性质与特点。

以上分析的几种变形情况把全部的冲压变形概括为两大类别，即伸长类与压缩类。当作用于冲压毛坯变形区内的拉应力的绝对值最大时，在这个方向上的变形一定是伸长变形，称为伸长类变形；当作用于冲压毛坯变形区的压应力的绝对值最大时，在这个方向上的变形一定是压缩变形，称为压缩类变形。伸长类变形和压缩类变形在冲压成型工艺中具有不同的特点见表 1.3.1。

表 1.3.1　伸长类变形与压缩类变形的比较

工艺项目	伸长类变形	压缩类变形
变形区的板厚	减薄	增厚
变形区的质量问题	变形程度过大引起变形区破坏	压应力作用下失稳起皱
成型极限	主要取决于板材的塑性 与板材厚度无关 可用断后伸长率及成型极限线判断	主要取决于传力区的承载能力 与板材抗失稳能力密切相关 与板材厚度有关
提高成型极限的措施	改善板材塑性 使变形均化，降低局部变形程度 工序间热处理	采用多道工序成型 改变传力区与变形区的力学关系 采用防起皱措施

同一类别的冲压成型方法，其毛坯变形区的受力与变形特点相同，与变形有关的一些规律也都是一样的。

1.3.3　金属塑性变形的基本规律

1. 硬化规律

冲压生产一般都是在常温下进行。对金属材料来说，在这种条件下进行塑性变形，必然要引起加工硬化，塑性降低，变形抗力提高。加工硬化可以使变形趋向均匀，但又会增大变形难度。

表示变形抗力随变形程度变化而变化的曲线叫硬化曲线，如图 1.3.3 所示。

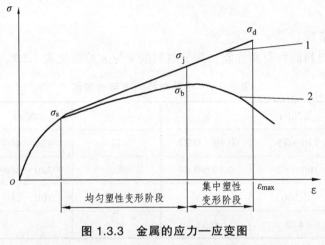

图 1.3.3　金属的应力—应变图

1—实际应力曲线；2—假象应力曲线

图中，ε 表示材料的应变，σ 表示材料在相应应变条件下的应力。图中的假象应力是按加载瞬间的荷载 F 除以试样变形前的原始截面积计算的，图中的实际应力是按变形过程中的真实应力计算的。从图中可以看出，实际应力曲线能真实反映变形材料的加工硬化现象。

图 1.3.4 所示为用实验方法求得的几种金属在室温下的硬化曲线。

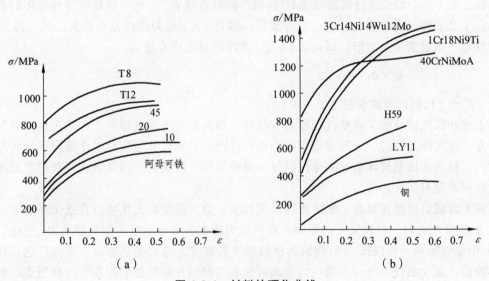

图 1.3.4　材料的硬化曲线

从曲线的变化规律来看，几乎所有的硬化曲线都有一个共同特点：在塑性变形的开始阶段，随变形程度的增大，实际应力剧烈增加，当变形程度达到某些值以后，变形的增加不再引起实际应力显著增加。这种变化规律可近似用指数曲线表示，其函数关系如下：

$$\sigma = k\varepsilon^n \qquad\qquad (1.3.3)$$

式中　σ ——实际应力，Pa；

　　　k ——材料系数；

　　　ε ——应变；

　　　n ——硬化指数。

k 和 n 取决于材料的种类和性能，部分材料的 k 与 n 的值见表 1.3.2。

表 1.3.2　各种材料的 k 与 n 的值

材　料	k/MPa	n	材料	k/MPa	n
软钢	710 ~ 750	0.19 ~ 0.22	铜	420 ~ 460	0.27 ~ 0.34
黄铜	760 ~ 820	0.39 ~ 0.44	硬铝	320 ~ 380	0.12 ~ 0.13
磷青铜	1 100	0.28	铝	160 ~ 210	0.25 ~ 0.27
银	470	0.31			

2. 卸载弹性恢复规律和反载软化现象

如果加载一定程度时卸载，这时应力与应变之间如何变化呢？

由图 1.3.5 可以看出，拉伸变形在弹性范围内的应力与应变是线性关系，若在该范围内卸载，则应力、应变仍按同一直线回到原点 O，没有残留变形。如果将试件拉伸使其应力超过屈服点 A，例如，达到 B 点（σ_B、ε_B），再逐渐卸下载荷，这时应力与应变则沿 BC 直线逐渐降低，而不再沿加载经过的路线 BAO 返回。卸载直线 BC 正好与加载时弹性变形的直线段平行，于是加载时的总应变 ε_B 就会在卸载后一部分（ε_t）因弹性回复而消失，另一部分（ε_s）仍然保留下来成为永久变形，即 $\varepsilon_B = \varepsilon_t + \varepsilon_s$。弹性回复的应变量为：

$$\varepsilon_t = \sigma_B / E$$

式中　E ——材料的弹性模量。

上述卸载规律反映了弹塑性变形共存规律，即在塑性变形过程中不可避免地会有弹性变形存在。在实际冲压时，分离或成型后的冲压件的形状和尺寸与模具工作部分形状和尺寸不尽相同，就是因卸载规律引起的弹性回复（简称回弹）造成的，因此该式对我们考虑冲压成型时的回弹很有实际意义。

如果卸载后再重新加载，则随着载荷的加大，应力应变的关系将沿直线 CB 逐渐上升，到达 B 点应力 σ_B 时，材料又开始屈服，按照应力应变关系继续沿着加载曲线 BE 变化，如图 1.3.6 中虚线所示，所以 σ_B 又可理解为材料在变形程度为 ε_B 时的屈服点。推而广之，在塑性变形阶段，硬化曲线上每一点的应力值都可理解为材料在相应变形程度下的屈服点。如果卸载后反向加载，即将试件先拉伸然后压缩，其应力应变关系将沿曲线 $OABCA'E'$ 规律变化。试验表明，反向加载时应力应变之间基本按拉伸时的曲线规律变化，但材料的屈服点 σ_s' 较拉伸时的屈服点 σ_s 有所降低，这就是所谓的反载软化现象。反载软化现象对分析某些冲压工艺（如拉弯）很有实际意义。

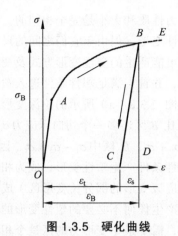

图 1.3.5　硬化曲线

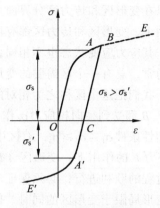

图 1.3.6　反载软化曲线

3. 最小阻力规律

金属在塑性变形时，金属沿着变形抗力最小的方向流动，这就是最小阻力定律。根据这个定律，在自由变形的情况下，金属的流动总是取最短的路线，因为最短路线的变形阻力最小，这个最短的路线，即是从该动点到断面周界的垂线。

如图 1.3.7 所示，立压一块方钢，金属沿着垂直备边的方向移动（最短的路线）。若在方形的横断面上划出对角线，就能够看出金属沿着箭头方向（即向着正方形的四边）移动的情况。当压缩方形断面柱体时，方形的四边将向外弯曲，因为金属会沿着 ab 及 cd 方向移动。同样，在这个方向上的金属质点流动的数量较多，当压下量增加时，方形断面就逐渐变成圆形断面。

4. 冲压成型中的变形趋向性分析和控制

（1）冲压成型中的变形趋向性。

在冲压成型过程中，坯料的各个部分在同一模具的作用下，却有可能发生不同形式的变形，即具有不同的变形趋向性。在这种情况下，判断坯料各部分是否变形和以什么方式变形以及能否通过正确设计冲压工艺和模具等措施来保证在进行和完成预期变形的同时，排除其他一切不必要的和有害的变形等，则是获得合格的高质量冲压件的根本保证。因此，分析研究冲压成型中的变形趋向及控制方法，对制定冲压工艺过程、确定工艺参数、设计冲压模具以及分析冲压过程中出现的某些产品质量问题等，都有非常重要的实际意义。一般情况下，总是可以把冲压过程中的坯料划分成为变形区和传力区。冲压设备施加的变形力通过模具，并进一步通过坯料传力区作用于变形区，使其发生塑性变形。

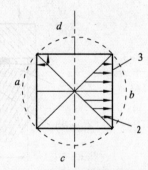

图 1.3.7　正方形受压缩时的
形态变化

1—变形工具；2—变形前的正方形
立柱；3—变形后的圆形断面 I；
4—变形后的外形

如图 1.3.8 所示，坯料的 A 区是变形区，B 区是传力区，C 区则是已变形区。由于变形区发生塑性变形所需的力是由模具通过传力区获得的，而同一坯料上的变形区和传力区都是相毗邻的，所以在变形区和传力区分界面上作用的内力性质和大小是完全相同的。在这样同一个内力的作用下，变形区和传力区都有可能产生塑性变形，但由于它们之间的尺寸关系及变形条件不同，其应力应变状态也不相同，因而它们可能产生的塑性变形方式及变形的先后是不相同的。通常，总有一个区需要的变形力比较小，并首先满足塑性条件进入塑性状态，产生塑性变形，我们把这个区称之为相对的弱区。如图 1.3.8（a）所示的拉深变形，虽然变形区 A 和传力区 B 都受到径向拉应力 σ_r 作用，但 A 区比 B 区还多一个切向压应力 σ_θ 的作用，根据屈雷斯加塑性条件 $\sigma_1 - \sigma_3 \geqslant \sigma_s$，$A$ 区中 $\sigma_1 - \sigma_3 = \sigma_\theta + \sigma_r$，$B$ 区中 $\sigma_1 - \sigma_3 = \sigma_r$，因为 $\sigma_\theta + \sigma_r > \sigma_r$，所以在外力 F 的作用下，变形区 A 最先满足塑性条件产生塑性变形，成为相对弱区。为了保证冲压过程的顺利进行，必须保证冲压工序中应该变形的部分（变形区）成为弱区，以便在把塑性变形局限于变形区的同时，排除传力区产生任何不必要的塑性变形的可能。由此可以得出一个十分重要的结论：在冲压成型过程中，需要最小变形力的区是个相对的弱区，而且弱区必先变形，因此变形区应为弱区。

"弱区必先变形，变形区应为弱区"的结论，在冲压生产中具有很重要的实用意义。很多冲压工艺的极限变形参数的确定、复杂形状件的冲压工艺过程设计等，都是以这个道理作为分析和计算依据的。如图 1.3.8（a）中的拉深变形，一般情况下 A 区是弱区而成为变形区，B 区是传力区。但当坯料外径 D 太大、凸模直径 d 太小而使得 A 区凸缘宽度太大时，由于要使 A 区产生切向压缩变形所需的径向拉力很大，这时可能出现 B 区会因拉应力过大率先发生塑性变形甚至拉裂而成弱区。因此，为了保证 A 区成为弱区，应合理确定凸模直径与坯料外经的比值 d/D（即拉深系数），使得 B 区拉应力还未达到塑性条件以前，A 区的应力先达到塑性条件而发生拉压塑性变形。

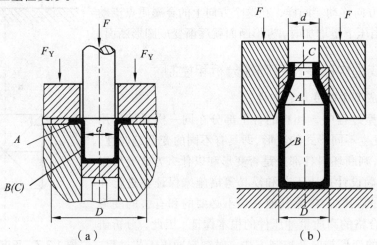

图 1.3.8　冲压成型时坯料的变形区和传力区

（2）控制变形趋向性的措施。

① 改变坯料各部分的相对尺寸。实践证明，变形坯料各部分的相对尺寸关系，是决定变形趋向性的最重要因素，因而改变坯料的尺寸关系，是控制坯料变形趋向性的有效方法。在图 1.3.9 中，模具对环形坯料进行冲压时，当坯料的外径 D、内径 d_0 及凸模直径 d_P 具有不同的相对关系时，就可能具有 3 种不同的变形趋向（即拉深、翻孔和胀形），从而形成 3 种形状完全不同的冲件：当 D、d_0 都较小，并满足条件 $D/d_P < 1.5 \sim 2$，$d_0/d_P < 0.15$ 时，宽度为（$D - d_P$）

的环形部分产生塑性变形所需的力最小而成为弱区，因而产生外径收缩的拉深变形，得到拉深件，如图 1.3.9（b）所示；当 D、d_0 都较大，并满足条件 $D/d_P > 2.5$、$d_0/d_P < 0.2 \sim 0.3$ 时，宽度为 $(d_P - d_0)$ 的内环形部分产生塑性变形所需的力最小而成为弱区，因而产生内孔扩大的翻孔变形，得到翻孔件，如图 1.3.9（c）所示；当 D 较大、d_0 较小甚至为 0，并满足条件 $D/d_P > 2.5$、$d_0/d_P < 0.15$ 时，这时坯料外环的拉深变形和内环的翻孔变形阻力都很大，结果使凸、凹模圆角及附近的金属成为弱区而产生厚度变薄的胀形变形，得到胀形件，如图 1.3.9（d）所示。胀形时，坯料的外径和内孔尺寸都不发生变化或变化很小，成型仅靠坯料的局部变薄来实现。

② 改变模具工作部分的几何形状和尺寸。这种方法主要是通过改变模具的凸模和凹模圆角半径来控制坯料的变形趋向。如在图 1.3.9（a）中，如果增大凸模圆角径 r_T、减小凹模圆角半径 r_T'，可使翻孔变形的阻力减小，拉深变形阻力增大，所以有利于翻孔变形的实现；反之，如果增大凹模圆角半径而减小凸模圆角半径，则有利于拉深变形的实现。

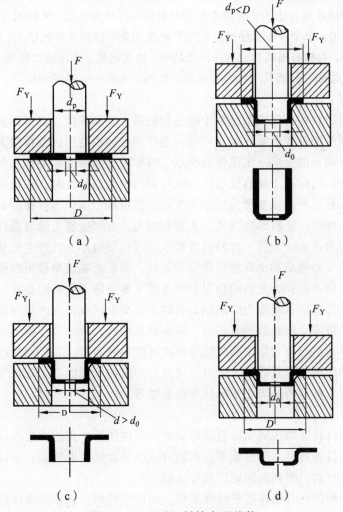

图 1.3.9　环形坯料的变形趋势

③ 改变坯料与模具接触面之间的摩擦阻力。在图 1.3.9 中，若加大坯料与压料圈及坯料与凹模端面之间的摩擦力（如加大压力 F_Y 或减少润滑），则由于坯料从凹模面上流动的阻力

增大，结果不利于实现拉深变形而利于实现翻孔或胀形变形。如果增大坯料与凸模表面间的摩擦力，并通过润滑等方法减小坯料与凹模和压料圈之间的摩擦力，则有利于实现拉深变形。所以正确选择润滑及润滑部位，也是控制坯料变形趋向的重要方法。

④ 改变坯料局部区域的温度。这种方法主要是通过局部加热或局部冷却来降低变形区的变形抗力或提高传力区强度，从而实现对坯料变形趋向的控制。例如，在拉深和缩口时，可采用局部加热坯料变形区的方法，使变形区软化，从而利于拉深或缩口变形；又如，在不锈钢零件拉深时，可采用局部深冷传力区的方法来增大其承载能力，从而达到增大变形程度的目的。

1.3.4　冲压材料及其冲压成型性能

1. 冲压成型性能的概念

材料对各种冲压成型方法的适应能力称为材料的冲压成型性能。材料的冲压成型性能好，就是指其便于冲压成型，单个冲压工序的极限变形程度和总的极限变形程度大，生产率高，容易得到高质量的冲压件，且模具损耗低，不易出废品等。由此可见，冲压成型性能是一个综合性的概念，它涉及的因素很多，但就其主要内容来看，有两个方面：一是成型极限，二是成型质量。

（1）成型极限。

成型极限是指材料在冲压成型过程中能达到的最大变形程度。对于不同的冲压工序，成型极限是采用不同的极限变形系数来表示的。当作用于坯料变形区的拉应力为绝对值最大的应力时，在这个方向上的变形一定是伸长变形，故称这种冲压变形为伸长类变形，如胀形、扩口、圆孔翻孔等；当作用于坯料变形区的压应力的绝对值最大时，在这个方向上的变形一定是压缩变形，故称这种冲压变形为压缩类变形，如拉深、缩口等。在伸长类变形中，变形区的拉应力占主导地位，坯料厚度变薄，表面积增大，有产生破裂的可能性；在压缩类变形中，变形区的压应力占主导地位，坯料厚度增厚，表面积减小，有产生失稳起皱的可能性。由于这两类变形的变形性质和出现的问题完全不同，因而影响成型极限的因素和提高极限变形参数的方法就不同。伸长类变形的极限变形参数主要决定于材料的塑性，压缩类变形的极限变形参数一般受传力区承载能力的限制，有时则受变形区或传力区失稳起皱的限制。所以提高伸长类变形的极限变形参数的方法有：提高材料塑性；减少变形的不均匀性；消除变形区的局部硬化或其他引起应力集中而可能导致破坏的各种因素，如去毛刺或坯料退火处理等。提高压缩类变形的极限变形系数的方法有：提高传力区的承载能力，降低变形区的变形抗力或摩擦阻力；采取压料等措施防止变形区失稳起皱等。

（2）成型质量。

成型质量是指材料经冲压成型以后所得到的冲压件能够达到的质量指标，包括尺寸精度、厚度变化、表面质量及物理力学性能等。影响冲压件质量的因素很多，不同冲压工序的情况又各不相同，这里只对一些共性问题作简要说明。

材料在塑性变形的同时总伴随着弹性变形，当冲压结束，载荷卸除以后，由于材料的弹性回复，造成冲件的形状与尺寸偏离模具工作部分的形状与尺寸，从而影响了冲件的尺寸和形状精度。因此，为了提高冲件的尺寸精度，必须掌握回弹规律，控制回弹量。

材料经过冲压成型以后，一般厚度都会发生变化，有的变厚，有的减薄。厚度变薄后直接影响冲件的强度和使用，因此对强度有要求时，往往要限制其最大变薄量。

材料经过塑性变形以后，除产生加工硬化现象外，还由于变形不均匀，材料内部将产生残余应力，从而引起冲件尺寸和形状的变化，严重时还会引起冲件的自行开裂。消除硬化及残余应力的方法是冲压后及时安排热处理退火工序。

2. 板料的冲压成型性能的试验方法

板料的冲压成型性能是通过试验来确定的。板料冲压成型性能的试验方法很多，但概括起来可分为直接试验和间接试验两类。在直接试验中，板料的应力状态和变形情况与实际冲压时基本相同，试验所得结果比较准确。而在间接试验中，板料的受力情况和变形特点都与实际冲压时有一定的差别，所得结果只能在分析的基础上间接地反映板料的冲压成型性能。

（1）间接试验。

间接试验有拉伸试验、剪切试验、硬度试验和金相试验等。其中，拉伸试验简单易行，不需专用板料试验设备，而且所得的结果能从不同角度反映板料的冲压性能，所以它是一种很重要的试验方法。板料拉伸试验的方法：在待试验的板料的不同部位和方向上截取试料，制成如图 1.3.10 所示的标准拉伸试样，然后在万能材料试验机上进行拉伸。拉伸过程中，应注意加载速度不能过快，开始拉伸时可按 5 mm/min 以下速度加载，开始屈服时应进行间断加载，并随时记录载荷大小和试样截面尺寸。当开始出现缩颈后宜改用手动加载，并争取记录载荷及试样截面尺寸 1~2 次。根据试验结果或利用自动记录装置可绘得板料拉伸时的实际应力—应变曲线（见图 1.3.11 中的实线）及假想应力-应变曲线（即拉伸曲线，见图 1.3.11 中的虚线）。

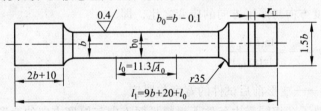

图 1.3.10　拉伸试验用标准试样

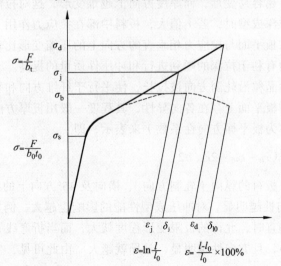

图 1.3.11　实际应力曲线与假象应力曲线

通过拉伸试验，可以测得板料的强度、刚度、塑性、各向异性等力学性能指标。根据这些性能指标，即可定性估计板料的冲压成型性能。

① 强度指标（屈服点 σ_s、抗拉强度 σ_b 或缩颈点应力 σ_j）。强度指标对冲压成型性能的影响通常用屈服点与抗拉强度的比值 σ_s/σ_b（称为屈强比）来表示。一般屈强比愈小，则 σ_s 与 σ_b 之间的差值愈大，表示材料允许的塑性变形区间愈大，成型过程的稳定性愈好，破裂的危险性就愈小，因而有利于提高极限变形程度，减小工序次数。因此，σ_s/σ_b 愈小，材料的冲压成型性能愈好。

② 刚度指标（弹性模量 E、硬化指数 n）。弹性模量 E 愈大或屈服点与弹性模量的比值 σ_s/E（称为屈弹比）愈小，在成型过程中抗压失稳的能力愈强，卸载后的回弹量小，有利于提高冲件的质量。硬化指数 n 可根据拉伸试验结果求得。n 值大的材料，硬化效应就大，这对于伸长类变形来说是有利的。因为 n 值愈大，在变形过程中材料局部变形程度的增加会使该处变形抗力增大，这样就可以补偿该处因截面积减小而引起的承载能力的减弱，制止了局部集中变形的进一步发展，具有扩展变形区、使变形均匀化和增大极限变形程度的作用。

③ 塑性指标（均匀伸长率 δ_j 或细颈点应变 ε_j、断后伸长率 δ 或断裂收缩率 Ψ）。均匀伸长率 δ_j 是在拉伸试验中开始产生局部集中变形（即刚出现缩颈时）的伸长率（即相对应变），它表示板料产生均匀变形或稳定变形的能力。一般情况下，冲压成型都在板料的均匀变形范围内进行，故 δ_j 对冲压性能有较为直接的意义。断后伸长率 δ 是在拉伸试验中试样拉断时的伸长率。通常 δ_j 和 δ 愈大，材料允许的塑性变形程度也愈大。

④ 各向异性指标（板厚方向性系数 r、板平面方向性系数 Δr）。板厚方向系数 r 是指板料试样拉伸时，宽度方向与厚度方向的应变之比，即

$$r = \frac{\varepsilon_b}{\varepsilon_t} = \frac{\ln(b/b_0)}{\ln(t/t_0)} \qquad (1.3.4)$$

式中 b_0、b、t_0、t —— 变形前后试件的宽度与厚度。

r 值的大小反映了在相同受力条件下板料平面方向与厚度方向的变形性能差异，r 值越大，说明板平面方向上越容易变形，而厚度方向上越难变形，这对拉深成型是有利的。如在复杂形状的曲面零件拉深成型时，若 r 值大，板料中部在拉应力作用下，厚度方向变形较困难，则变薄量小，而在板平面与拉应力相垂直的方向上的压缩变形比较容易，则板料中部起皱的趋向性降低，因而有利于拉深的顺利进行和冲压件质量的提高。

由于板料经轧制后晶粒沿轧制方向被拉长，使平行于纤维方向和垂直于纤维方向材料的力学性能不同，因此在板平面上存在各向异性，其程度一般用板厚方向性系数在几个特殊方向上的平均差值 Δr（称为板平面方向性系数）来表示，即

$$\Delta r = (r_0 + r_{90} - 2r_{45})/2 \qquad (1.3.5)$$

式中 r_0、r_{90}、r_{45} —— 板料的纵向（轧制方向）、横向及 45° 方向上的板厚方向性系数。

Δr 值越大，则方向性越明显，对冲压成型性能的影响也越大。例如弯曲，当弯曲件的折弯线与板料纤维方向垂直时，允许的极限变形程度就大，而当折弯线平行于纤维方向时，允许的极限变形程度就小，且方向性越明显，差异就越大。由此可见，生产中应尽量设法降低板料的 Δr 值。

由于存在板平面方向性，实际应用中板厚方向性系数一般也采用加权平均值 $\bar{r}$ 来表示，即

$$\bar{r} = (r_0 + r_{90} + 2r_{45})/4 \qquad\qquad (1.3.6)$$

（2）直接试验。

直接试验（又称模拟试验）是直接模拟某一种冲压方式进行的，故试验所得的结果能较为可靠地鉴定板料的冲压成型性能。直接试验的方法很多，下面简要介绍几种较为重要的试验方法。

① 弯曲试验。弯曲试验的目的是鉴定板料的弯曲性能。常用的弯曲试验是往复弯曲试验，如图 1.3.12 所示，将试样夹持在专用试验设备的钳口内，反复折弯直至出现裂纹。弯曲半径 *r* 越小，往复弯曲的次数越多，材料的成型性能就越好。这种试验主要用于鉴定厚度在 2 mm 以下的板料。

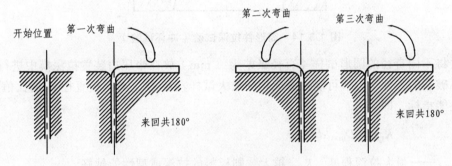

图 1.3.12　往复弯曲试验

② 胀形试验。鉴定板料胀形成型性能的常用试验方法是杯突试验，试验原理如图 1.3.13 所示。试验时将符合试验尺寸的板料试样 2 放在压料圈 4 与凹模 1 之间压紧，使凹模孔口外受压部分的板料无法流动；然后用试验规定的球形凸模 3 将试样压入凹模，直至试样出现裂纹为止，测量出此时试样上的凸包深度 *IE*，作为胀形性能指标。*IE* 值越大，表示板料的胀形性能越好。

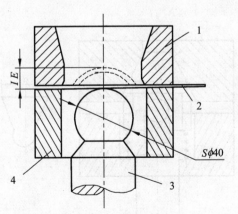

图 1.3.13　胀形试验（杯突试验）

1—凹模；2—试样；3—球形凸模；4—压料圈

③ 拉深试验。鉴定板料拉深成型性能的试验方法主要有筒形件拉深试验和球底锥形件拉深试验两种。图 1.3.14 所示为筒形件拉深试验（又称冲杯试验）。

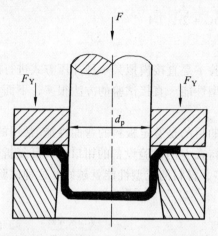

图 1.3.14　筒形件拉深试验（冲杯试验）

依次将不同直径的圆形试样（直径级差为 1 mm）放在带压边装置拉深模中进行拉深，在试样不破裂的条件下，取可能拉深成功的最大试样直径 D_{max} 与凸模直径 d_p 的比值 K_{max} 作为拉深性能指标，即

$$K_{max} = D_{max}/d_p \qquad\qquad (1.3.7)$$

式中　K_{max} ——最大拉深程度，K_{max} 越大，则板料的拉深成型性能越好。

图 1.3.15 所示为球底锥形件拉深试验（又称福井试验），用球形凸模和 60°角的锥形凹模在不用压料的条件下对直径为 D 的圆形试样进行拉深，使之成为无凸缘的球底锥形件，然后测出试样底部刚刚开裂时的锥口直径 d，并按下式算出 CCV 值：

$$CCV = (D - d)/D \qquad\qquad (1.3.8)$$

CCV 的值越大，则板料的成型性能越好。

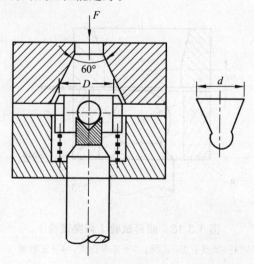

图 1.3.15　球底锥形件拉深试验（福井试验）

球底锥形件拉深试验与筒形件拉深试验相比，试验时不用压料装置，可避免压料条件对试验结果的影响，而且只用一个试样就能简便地完成试验。同时，因锥形件拉深时，凸缘区材料向内流动的拉深变形和传力区材料变薄的胀形变形是同时进行的，故试验还可以对板料的拉深性能和胀形性能同时进行综合鉴定。

1.3.5　对冲压材料的基本要求

冲压所用的材料，不仅要满足冲压件的使用要求，还应满足冲压工艺的要求和后续加工（如切削加工、电镀、焊接等）的要求。冲压工艺对材料的基本要求主要是：

1. 具有良好的冲压成型性能

对于成型工序，为了有利于冲压变形和冲压件质量的提高，材料应具有良好的冲压成型性能，即应具有良好的塑性（均匀伸长率 δ_j 高），屈强比 σ_s/σ_b 和屈弹比 σ_s/E 小，板厚方向性系数 r 大，板平面方向性系数 Δr 小。

对于分离工序，只要求材料有一定的塑性，而对材料的其他成型性能指标没有严格的要求。

2. 具有较高的表面质量

材料的表面应光洁平整，无氧化皮、裂纹、锈斑、划伤、分层等缺陷。因为表面质量好的材料，成型时不易破裂，也不易擦伤模具，冲件的表面质量也好。

3. 材料的厚度公差应符合国家标准

一定的模具间隙适用于一定厚度的材料，若材料的厚度公差太大，不仅会直接影响冲件的质量，还可能导致模具或压力机的损坏。

1.4　模具材料的选用

1.4.1　冲压对模具材料的要求

不同的冲压方法，其模具类型不同，模具工作条件有差异，对模具材料的要求也有所不同。表 1.4.1 是不同模具的工作条件及对模具工作零件材料的性能要求。

表 1.4.1　不同模具的工作条件及对模具工作零件材料的性能要求

模具类型	工作条件	模具零件材料的性能要求
冲裁模	主要用于各种板料的冲切成型，其刃口在工作过程中受到强烈的摩擦和冲击	具有高的耐磨性、冲击韧性以及耐疲劳断裂性
弯曲模	主要用于板料的弯曲成型，工作负荷不大，但有一定的摩擦	具有高的耐磨性和断裂抗力
拉深模	主要用于板料的拉深成型，工作应力不大，但凹模入口处承受强烈的摩擦	具有高的硬度及耐磨性，凹模工作表面粗糙度值比较低

1.4.2 冲模材料的选用原则

在冲压模具中，使用了各种金属材料和非金属材料，主要有碳钢、合金钢、铸铁、铸钢、硬质合金、低熔点合金、锌基合金、铝青铜、合成树脂、聚氨酯橡胶、塑料、层压桦木板等。制造模具的材料要求具有高硬度、高强度、高耐磨性、适当的韧性、高淬透性和热处理不变形（或少变形）及淬火时不易开裂等性能。合理选取模具材料及实施正确的热处理工艺是保证模具寿命的关键。对用途不同的模具，应根据其工作状态、受力条件及被加工材料的性能、生产批量及生产率等因素综合考虑，并对上述要求的各项性能有所侧重，然后作出对钢种及热处理工艺的相应选择。对模具材料的选择一般应考虑以下几方面的问题：

1. 生产批量

当冲压件的生产批量很大时，模具的工作零件凸模和凹模的材料应选取质量高、耐磨性好的模具钢。对于模具的其他工艺结构部分和辅助结构部分的零件材料，也要相应地提高。在批量不大时，应适当放宽对材料性能的要求，以降低成本。

2. 被冲压材料的性能、模具零件的使用条件

当被冲压加工的材料较硬或变形抗力较大时，冲模的凸、凹模应选取耐磨性好、强度高的材料。例如，拉深不锈钢时，可采用铝青铜凹模，因为它具有较好的抗黏着性；而导柱导套则要求具有较高的耐磨性和较好的韧性，故多采用低碳钢表面渗碳淬火。又如，碳素工具钢的主要不足是淬透性差，在冲模零件断面尺寸较大时，淬火后其中心硬度仍然较低，但是，在行程次数很大的压床上工作时，由于它的耐冲击性好反而成为优点。对于固定板、卸料板类零件，不但要有足够的强度，而且要求在工作过程中变形小。另外，还可以采用冷处理和深冷处理、真空处理和表面强化的方法提高模具零件的性能。对于凸、凹模工作条件较差的冷挤压模，应选取有足够硬度、强度、韧性、耐磨性等综合机械性能较好的模具钢，同时应具有一定的红硬性和热疲劳强度等。

3. 开发专用模具钢

对特殊要求的模具，应开发应用具有专门性能的模具钢。

4. 考虑我国模具的生产和使用情况

选择模具材料要根据模具零件的使用条件来决定，做到在满足主要条件的前提下，选用价格低廉的材料，降低成本。

1.4.3 冲模常见材料及热处理要求

模具材料的种类很多，应用也极为广泛。冲压模具所用材料主要有碳钢、合金钢、铸铁、铸钢、硬质合金、钢结硬质合金以及锌基合金、低熔点合金、环氧树脂、聚氨酯橡胶等。冲压模具中，凸、凹模等工作零件所用的材料主要是模具钢，常用的模具钢包括碳素工具钢、

合金工具钢、轴承钢、高速工具钢、基体钢、硬质合金和钢结硬质合金等（可参见GB/T699—1999、GB/T1298—1986、GB/T1299—2000、JB/T5826—1991、JB/T5825—1981、JB/T5827—1991 等）。常用模具钢的性能比较见表 1.4.2。

表 1.4.2　常用模具钢的性能比较

类别	牌号	耐磨性	耐冲击性	淬火不变形性	淬硬深度	红硬性	脱碳敏感性	切削加工性
碳素工具钢	T7、T8	差	较好	较差	浅	差	大	好
	T9～T13	较差	中等	较差	浅	差	大	好
合金工具钢	Cr12	好	差	好	深	较好	较小	较差
	Cr12MoV	好	差	好	深	较好	较小	较差
	9Mn2V	中等	中等	好	浅	差	较大	较好
	Cr6WV	较好	较差	中等	深	中等	中等	中等
	CrWMn	中等	中等	中等	浅	较差	较大	中等
	9CrWM	中等	中等	中等	浅	较差	较大	中等
	Cr4W2MoV	较好	较差	中等	深	中等	中等	中等
	6W6Mo5Cr4V	较好	较好	中等	深	中等	中等	中等
	5CrMnMo	中等	中等	中等	中	较差	较大	较好
	5CrNiMo	中等	中等	中等	中	较差	较大	较好
	3Cr2W8V	较好	中等	较好	深	较好	较小	较差
高速工具钢	W18Cr4V	较好	较好	中等	深	好	小	较差
	W6Mo5Cr4V2	较好	中等	中等	深	好	中等	较差
	W6Mo5Cr4V3	好	差	中等	深	好	较小	差

常用冷作模具钢国内外牌号对照见表 1.4.3。

表 1.4.3　冷作模具钢国内、外牌号对照

中国（GB/T1299—2000 等）	日本（JISG4404—1983 等）	美国（ASTMA681—1984 等）
T9/T10	SK3	W1/W2
Cr12	SKD1	D3
Cr12Mo1V1	SKD11	D2
Cr12MoV	SKD11	
9Mn2V		02
CrWMn	SKS31	
9CrWMn	SKS3	01
W6Mo5Cr4V2	SKH51	M2

模具工作零件的常用材料及热处理要求见表 1.4.4。

表 1.4.4　模具工作零件的常用材料及热处理要求

模具类型		零件名称及使用条件	材料牌号	热处理硬度 HRC	
				凸模	凹模
冲裁模	1	冲裁料厚 $t \leq 3$ mm，形状简单的凸模、凹模和凸凹模	T8A，T10A，9Mn2V	58~62	60~64
	2	冲裁料厚 $t \leq 3$ mm，形状复杂或冲裁厚 $t > 3$ mm 的凸模、凹模和凸凹模	CrWMn，Cr6WV，9Mn2V，Cr12，C12rMoV，GCr15	58~62	62~64
	3	要求高度耐磨的凸模、凹模和凸凹模，或生产量大、要求特长寿命的凸、凹模	W18CCr4V，120Cr4W2MoV	60~62	61~63
			65Cr4Mo3W2VNb（65Nb）	56~58	58~60
			YG15，YG20	—	
	4	材料加热冲裁时用凸、凹模	3Cr2W8，5CrNiMo，5CrMnMo	48~52	
			6Cr4Mo3Ni2WV（CG-2）	51~53	
弯曲模	1	一般弯曲用的凸、凹模及镶块	T8A，T10A，9Mn2V	56~60	
	2	要求高度耐磨的凸、凹及镶块；形状复杂的凸、凹模及镶块；冲压生产批量特大的凸、凹模及镶块	CrWMn，Cr6WV，Cr12，Cr12MoV，GCr15	60~64	
	3	材料加热弯曲时用的凸、凹模及镶块	5CrNiMo，5CrNiTi，5CrMnMo	52~56	
拉深模	1	一般拉深用的凸模和凹模	T8A，T10A，9Mn2V	58~62	60~64
	2	要求耐磨的凹模和凸凹模，或冲压生产批量大、要求特长寿命的凸、凹模材料	Cr12，Cr12MoV，GCr15	60~62	62~64
			YG8，YG15	—	
	3	材料加热拉深用的凸模和凹模	5CrNiMo，5CrNiTi	52~56	

模具一般零件的常用材料及热处理要求见表 1.4.5。

表 1.4.5　模具一般零件的常用材料及热处理要求

零件名称	使用情况	材料牌号	热处理硬度 HRC
上、下模板（座）	一般负载	HT200，HT250	—
	负载较大	HT250，Q235	
	负载特大，受高速击	45	—
	用于滚动式导柱模架	QT400-18，ZG310-570	
	用于大型模具	HT250，ZG310-570	
模柄	压入式、旋入式和凸缘式	Q235	—
	浮动式模柄的球面垫块	45	43~48
导柱、导套	大量生产	20	58~62（渗碳）
	单件生产	T10A，9Mn2V	56~60
	用于滚动配合	Cr12，GCr15	62~64

续表 1.4.5

零件名称	使用情况	材料牌号	热处理硬度 HRC
垫块	一般用途	45	43～48
	单位压力特大	T8A，9Mn2V	52～56
推板、顶板	一般用途	Q235	
	重要用途	45	43～48
推杆、顶杆	一般用途	45	43～48
	重要用途	Cr6WV，CrWMn	56～60
导下销	一般用途	T10A，9Mn2V	56～62
	高耐磨	Cr12MoV	60～62
固定板、卸料板		Q235，45	
定位板		45	43～48
		T8	52～56
导料板（导尺）		45	43～48
托料板		Q235	
挡料销、定位销		45	43～48
废料切刀		T10A，9Mn2V	56～60
定距侧刃		T8A，T10A，9Mn2V	56～60
侧压板		45	43～48
侧刃挡板		T8A	54～58
拉深模压边圈		T8A	54～58
斜楔、滑块		T8A，T10A	58～62
		45	43～48
限位圈（块）		45	43～48
弹簧		65Mn，60Si2MnA	40～48

模具零件加工常热处理方法有退火、调质、淬火、回火、渗碳、氮化等，见表 1.4.6。

表 1.4.6　模具零件加工常见热处理方法

热处理方法	定　义	目的及应用
退火	将钢件加热到临界温度以上，保温一定时间后随炉温或在土灰、石英中缓慢冷却的操作过程	消除模具零件毛坯或冲压件的内应力，改善组织，降低硬度，提高塑性
正火	将钢件加热到临界温度以上，保温一定时间后，放在空气中自然冷却的操作过程	其目的与退火基本相同
淬火	将钢件加热到临界温度以上，保温一定时间，随后放在淬火介质（水或油等）中快速冷却的操作过程	改变钢的力学性能，提高钢的硬度和耐磨性，增加模具的使用寿命
回火	将淬火钢件重新加热到临温度以下的一定温度（回火温度），保温一定时间，然后在空气或油中冷却到室温的操作过程	它是在淬火后马上进行的一道热处理工序，其目的是消除淬火后的内应力和脆性，提高塑造性与韧性，稳定零件尺寸

续表 1.4.6

热处理方法	定 义	目的及应用
调质	将淬火后的钢件进行高温回火	使钢件获得比退火、正火更好的力学综合性能，可作为最终热处理，也可作为模具零件淬火及软氮化前的预先热处理
渗碳	将钢件放在含碳的介质即渗碳剂中，使其加热到一定温度（850 ℃～900 ℃），使碳原子渗入到钢件表面层内的操作过程	使模具零件表面具有高硬度和耐磨性，而心部仍保留原有的良好韧性和强度，属于表面强化处理
氮化	将钢件放在含氮的气氛中，加热至500 ℃～600 ℃，将氮渗入钢件表面层内的操作过程	提高模具零件表面，使其具有高硬度和耐磨性，用于工作负荷不大，但耐磨性要求高及要求耐蚀的模具零件

凸模和凹模加工过程中热处理工序安排，见表 1.4.7。

表 1.4.7   凸、凹模热处理工序安排

模具性质	工艺路线安排
一般冲模	锻造→退火→机械加工成型→淬火回火→钳工修正、装配
采用成型磨削或电加工工艺制造的冲模	锻造→退火→机械粗加工→淬火回火→精加工（成型磨削或电加工）→钳工修正、装配
复杂冲模	锻造→退火→机械粗加工→调质→机械加工成型→淬火回火→成型磨削或电加工→钳工修正、装配
旧模具翻新	高温回火或退火→机械加工成型→淬火回火→钳工修正、装配

1.5   模具零件的加工方法及工艺规程的编制

1.5.1   模具制造的特点

冲模制造属于机械制造范畴，但与一般机械制造相比，它具有如下一些特点：

1. 冲模按单件、多品种方式生产

由于冲模是一种使用寿命较长的工具(一套冲模可以成型几十万个以上的冲压件)，因此，同一品种和规格的冲模不能同时生产很多的数量，这就决定了冲模的生产规模是单件生产的性质。此外，由于冲模属于专用工具，冲压件的品种又比较繁多，这就决定了冲模生产是多品种生产。单件、多品种生产在制造工艺上的特点就是"配作"，即以加工好其中的一个零件作为基准件，配作加工另一件来保证零件之间的相对位置或配合精度要求。同时，为了降低加工成本，加工过程中一般采用通用夹具和刀具，由划线和试切法来保证尺寸精度。模具零件的毛坯一般采用铸造、锻造或购买标准模板。另外，同一工序的加工往往集中的内容较多，工艺编制时也往往只编制简单的综合工艺过程卡片。

2. 冲模生产具有成套加工性

冲模生产的成套性包括两个方面：一方面是冲模零件的成套性，另一方面是冲压工序的成套性。冲模零件的成套性就是根据冲模的标准化、系列化设计，使冲模坯料成套供应，冲模各零部件的备料、锻、车、铣、刨、磨等初次及二次加工成套地投入和交出，并由生产管理部门专人负责管理，最后由钳工修整并按装配图进行装配、试冲、调整，直至冲出合格的冲压件来。冲压工序的成套性是指一个冲压件需要多工序多套冲模来成型时，在加工和调整中必须保持工序的成套性，即各道工序的冲模应由一个调整工或调整组负责按工序顺序进行调整，直至冲出合格冲压件为止。

3. 装配后的冲模均需试冲和调整

冲模在装配后，虽按设计图样检验合格，但仍不能成为最后的产品，它必须经过试冲调整并冲出合格冲压件后才能成为合格的产品。这是因为在冲压件设计、冲压工艺制定、冲模设计与制造等方面都含有不确定因素，不能事先给以精确判断，故按设计意图制造出来的冲模（特别是成型类冲模）一般不能一次性冲出合格冲压件，必须将制造好的冲模先安装到压力机上进行试冲，并根据试冲时出现的缺陷进行修整。冲模制造的这个过程就是冲模的试模调整过程。

4. 有的冲模需要通过试验决定尺寸

在弯曲、拉深、翻边等塑性成型工序中，由于冲压中坯料的塑性变形规律不能准确控制，计算出来的坯料或工序件尺寸也不精确，因此这些成型工序的坯料或工序件尺寸往往需要在理论计算基础上通过试冲才能最终决定。在这种情况下，一般应先制造出成型模，待试验决定坯料尺寸后，再制造冲制坯料的冲裁模。有些复杂形状件的成型模，其工作部分的形状与尺寸也需通过多次试冲才能最后确定。

1.5.2　模具零件的加工方法

由于冲模的主要零件是成套性的单件、小批量生产，因此加工方法视其加工条件而有较大的差异。在加工手段落后的条件下，模具的加工主要依靠普通机械加工并配合钳工修配完成。随着科学技术的发展，模具的加工制造技术也有了很大的进步，已由一般的机械加工方法发展到以数控机床加工为主的现代模具加工方法，并逐步实现模具计算机辅助设计与制造（CAD/CAM）。

1. 常规机械加工方法

（1）车床加工。

车床是工厂中最普通的机械加工设备。车床的种类很多，在冲模制造中，除特殊情况外，一般使用普通车床。

在冲模零件加工中，车床主要用来加工圆形凸模、凹模镶套、导柱、导套等圆截面形状的零件，也可车锥面、镗孔，平端面、车螺纹、滚花等。经车削后的表面如需用磨削来进一步提高精度和表面质量，一般应留出 0.3～0.5 mm 的磨削余量。

（2）钻床加工。

钻床是一种孔加工机床。在钻床上可进行钻孔、铰孔、攻丝、孔端倒角等加工。在冲模制造中，钻床常用来加工各种螺栓过孔、螺纹孔、销钉孔、圆形漏料孔以及作键或线切割加工前的预孔加工。钻床的类型有台钻、立钻和摇臂钻，其中较小的零件在台钻上加工，较大的零件在立钻上加工，具有多个平行孔系的零件在摇臂钻上加工。在冲模中，一般同一螺钉或销钉要同时穿过几块不同模板，为了保证各模板上孔的位置一致，通常采用配钻的方式，即先加工好其中一件上的各孔，再以该件为基准，配作加工其他各件上的各孔。例如，加工冲模时，可先将凹模按图样要求加工出螺孔、销孔及其他有同位要求的圆形孔，并经淬硬后作为基准件，再通过基准件上这些已加工好的孔来引钻其他固定板、卸料板、模座上的各孔，使各模板上孔的位置保持一致。

（3）铣床加工。

铣床和铣刀的种类很多，故加工范围极广，可铣各种平面、沟槽及一些不规则曲面。在冲模制造中，应用最广的是立式铣床和万能铣床，加工的主要对象是各种冲模零件的平面及型孔，如各种模板的六而、模板上非圆形孔的粗加工或半精加工等。利用铣床铣削冲模零件的平面时，在立式铣床和卧式铣床上都可加工，但立铣的加工质量和生产率都比较高，故在冲模标准件大批量生产中常采用立铣。利用铣床铣削模板上的型孔时，通常是先在模板上按图样要求划线，用钻头在划线内周钻孔去掉余料，然后用立铣刀在立式铣床或万能铣床上按划线加工成型。当孔形是尖角时，也只能先铣出圆角，再在铣削后经过钳工进行修整。铣削后的零件如需用磨削来提高精度和表面粗糙度等级时，一般应留有 0.3～0.5 mm 的磨削余量。

（4）刨床加工。

冲模零件刨加工的主要设备是牛头刨床和龙门刨床。牛头刨床可以粗加工冲模零件的外形平面，也可刨斜面及垂直面，但加工时坯料上应进行划线，以作为加工的依据。这种机床操作简便，但生产效率和精度比铣床低，主要用于小型模板的平面加工和倒角，尤其适用于加工窄长形表面。龙门刨床主要用于大型模具零件的平面加工，它可同时安装几把刨刀，因而可同时对零件的不同部位进行刨削。冲模零件的重要表面在刨削后应留 0.3～0.5 mm 的磨削余量。目前，原以刨床加工的平面多为铣床加工所代替，以提高生产效率。

（5）镗床加工。

在普通镗床上除了能将已加工过的孔通过切削扩大到所需的尺寸和精度以外，也可进行钻削、铰孔和倒角等。在冲模制造中，镗床广泛应用于有精度要求的大型模具导向孔和四角导向面的加工，也可用来加工圆筒形件拉深模的凹模腔。另外，当孔距公差要求不高，只要求两个（或多个）零件的孔位一致（同轴）时，在成批或大量生产的情况下，可采用一般专用镗床加工。如标准冲模模架的上、下模座的导柱和导套安装孔都是标准的，则可采用专用的双轴镗床来加工。

2. 精密切削机床加工

在冲模零件加工中，所用到的精密切削机床主要是精密坐标镗床。精密坐标镗床能准确地加工出由直角坐标所确定的不同位置的各孔，孔距位置精度可达 0.005～0.015 mm。在冲模造中，坐标镗床主要用于加工多圆孔凹模、卸料板和凸模固定板等零件中孔距精度要求较高的孔，也可以作准确的划线、中心距测量和其他线性尺寸的检验等工作。利用坐标镗床镗孔时，应根据被加工零件的形状来选择合理的定位基准。基准的定位方法主要有以划线、外圆或孔为定位基准，矩形件或不规则外形零件应以加工孔或以相互垂直的加工面为定位基准。对于一些需热处理淬硬的冲模零件，由于热处理时易发生变形，致使热处理之前镗好的孔位精度受到破坏，这时为了保证各模板（如凸模固定板与凹模）上相应孔同心，可采用配镗法。即在镗削某一零件（如凸模固定板）时，其孔位不是按图样中的尺寸和公差进行加工，而是根据另一零件（如凹模或凸凹模）热处理淬硬后的实际孔位来配作加工。

3. 成型切削机床加工

（1）仿形刨床加工。

仿形刨床加工是加工冲模零件的专用设备之一，主要用来加工各种小型复杂形状的凸模、凸凹模、凹模或电加工用的电极等。其加工后的零件精度及表面粗糙度等级都比普通刨床高，尺寸精度可达 ± 0.02 mm，表面粗糙度达 $Ra = 0.63 \sim 2.5$ μm。

图 1.5.1 所示为仿形刨床的加工示意，图中的滑块 2、联动摆臂 4 能沿固定立柱 1 作上下运动，当滑块 2 到达最下部位置时，摆臂 4 绕轴 3 转动，从而形成刨刀的加工运动动作。仿刨前，零件毛坯需经一般机械加工将必要的基准面（包括安装基准面和划线平面）精加工出来，然后划出轮廓线（或压出印痕），再按划线（或印痕）铣出轮廓并留均匀的仿刨余量（单边约 0.2 ~ 0.5 mm），最后按划线（或印痕）仿刨成型。若需淬硬的零件，仿刨时还应留出热处理后钳工研磨余量，单边约 0.01 ~ 0.02 mm。仿刨时，还应注意刀具的选择、刀具装夹位置及工件装夹方法等，否则会影响仿刨的正常工作。

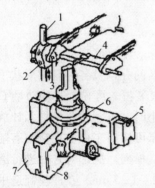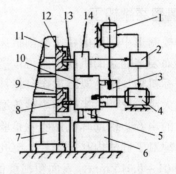

图 1.5.1　仿形刨床加工示意图	图 1.5.2　仿形铣床加工示意
1—固定立柱；2—滑块；3—轴；4—摆臂； 5—导轨；6—回转盘；7、8—滑板	1、4—电动机；2—放大器；3—横梁；5—立柱； 6、7—底座；8—铣刀；9—工件；10—主轴箱； 11—支架；12—靠模；13—触销；14—随动机构

（2）仿形铣床加工。

仿形铣床是依靠仿形触销跟踪一个三维靠模来仿制三维型面的一种成型切削加工机床。图 1.5.2 所示为仿形铣床加工示意，加工时，触销 13 始终压向靠模 12，并沿靠模相对移动，从而发出信号，经机床随动机构 14 和放大器 2 放大后用来控制驱动装置，使铣刀 8 跟随触销做相应的位移而完成对工件 9 的加工。采用仿形铣床加工时，除注意工件与靠模的装夹调整外，主要还应注意触销与铣刀的选择。触销的形状应与被加工型面的形状相适应，触销的倾斜角及端头圆弧半径均相应小于被加工型面的最小斜角和最小圆角半径。如铣削立体型面时，宜采用锥形指状铣刀或球头铣刀，其铣刀的锥角或球头圆弧半径均应小于被加工面的斜角和圆弧半径；加工平面轮廓的型面时，则采用端头为平面的端铣刀；粗加工时宜选侧刃螺旋角较大的铣刀，精加工时应采用刀齿数较多的端铣刀。仿形铣床主要用于加工大中型冲模工作零件上的立体型面，其加工精度可达±0.01 mm，表面粗糙度达 $Ra = 0.8 \sim 1.6$ mm，生产效率也较高，但加工的型面仍需钳工修整，且机床结构较复杂，事先需制作靠模，加工前的调整要求较高。目前，仿形铣床也正在被数控机床取代，但在给定模型的情况下，采用仿形铣床加工仍是最合理的加工方法。

4. 普通磨削加工

冲模零件经过切削机床加工以后，为了提高表面质量，一般都还需经过磨削加工。磨削加工的主要设备是磨床，它是冲模加工不可缺少的设备。常用的普通磨削加工机床有平面磨床、外圆磨床、内圆磨床和万能磨床等。平面磨床主要用来磨削冲模零件中表面质量要求较高的平面，如各种模板的接合面与基准面、凸模的端面与平面状工作型面等。在平磨之前，零件应经过车、铣、刨等粗加工或半精加工，需热处理淬硬的零件一般在热处理以后进行平磨，但热处理前需要建立工艺基准时也应安排平磨。经平磨以后的平面其表面粗糙度值可达 $Ra = 0.8$ μm 以下。外圆磨床、内圆磨床及万能磨床主要用来磨削冲模零件中的内外圆柱面、内外圆锥面及台肩部位，如圆形或圆锥形凸摸与凹模、定位销、导正销、导柱与导套等。内、外圆磨削的工序安排与平磨基本相同，磨削精度可达 IT6 ~ IT9 级，表面粗糙度值可达 $Ra = 0.8$ μm 以下。

5. 精密磨削加工

在冲模制造中采用的精密磨削机床主要是坐标磨床。坐标磨床是以消除材料的热处理变形为目的而发展起来的机床，它可以磨削孔距精度很高的孔以及各种轮廓形状。该种机床设有精密坐标机构，砂轮架和工作台各移动部分装有数显装置，可显示其移动量（以"μm"为单位）的大小。此外，当使用小砂轮磨削且磨量又极小时，可利用磨触指示计放大砂轮和工件接触时的声音，借助耳机做听觉检验。因此坐标磨床可以对工件实现精密磨削。坐标磨床可以精确地对工件的内孔、外径、沉孔、锥孔及垂直、横向、底部等各面进行磨削，磨削精度可达 0.01 ~ 0.015 mm，表面粗糙度值可达 $Ra = 0.32 \sim 1.25$ μm。在冲模制造中，坐标磨床主要用来磨削凹模或凸模上位置精密的圆孔（圆柱孔或圆锥孔）及精密拉深模或成型模的凹模型孔等。

6. 成型磨削加工

成型磨削是磨削复杂型面的一种精加工方法。在冲模制造中，成型磨削用来精加工经热处理淬硬后的凸模、凹模拼块等工作零件的型面，也可精加工电火花电极的工作型面，是目前比较有效的精加工方法。冲模工作零件中的型面一般都是由圆柱面与平面相切或相交所组成，属于直母线型面。成型磨削的基本原理：把这些形状复杂的型面分解成若干个平面、圆柱面等简单型面，然后分段磨削，并使其连接圆滑、光洁，符合图样要求。成型磨削的方法主要有两种：一种是在平面磨床上采用成型砂轮或专用夹具进行磨削；另一种是选用光学曲线磨床等专用成型磨床进行磨削。

（1）在平面磨床上的成型磨削加工。

在平面磨床上进行成型磨削加工的方法有如下两种：

① 利用成型砂轮磨削。这种方法是先把砂轮修整成与被加工工件型面完全吻合的反型面，然后再以此砂轮对工件进行磨削，使其获得所需的形状和精度。砂轮的修整方法有两种：一种是用金刚石通过专用的夹具修整；另一种是用挤轮通过挤砂轮工具修整。其中，前者一般用于单件小批量零件磨削，后者用于批量零件的磨削。

② 利用专用夹具磨削。这种方法是将被磨削的工件按照一定条件装夹在专用夹具上，在加工过程中通过夹具依次移动或转动来调整工件相对砂轮的位置进行磨削，从而获得所需的形状和精度。通常采用的磨削夹具有精密平口钳、正弦磁力台、正弦分度夹具、万能夹具、旋转磁力台和中心孔夹板等。

在平面磨床上进行成型磨削，特别是在平面磨床上利用专用夹具进行成型磨削时，因为每次磨削时工艺上所需要的尺寸往往与被磨削零件的设计尺寸是不一致的，所以在成型磨削前，应根据设计尺寸换算出所需的工艺尺寸，并绘出成型磨削工艺尺寸图。此外，这种磨削操作复杂，并需要熟练的技术，但由于不需要专用的成型磨削设备，所以，利用平面磨床进行成型磨削的方法目前在一般中、小型工厂中仍有使用。

（2）光学曲线磨床加工。

光学曲线磨床是利用光学投影放大系统将工件被磨削部分的形状尺寸放大映像到屏幕上，与夹在屏幕上的工件放大图对照进行加工的。光学曲线磨床的工作原理如图 1.5.3 所示，光线从光源 1 射出，把工件 2 和砂轮 3 的阴影射入物镜 4 上，并经过棱镜片 5、6 的折射和平

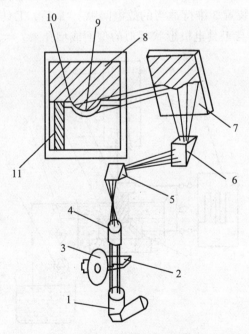

图 1.5.3　光学磨床工作原理

1—光源；2—工件；3—砂轮；4—物镜；5、6—棱镜片；7—平面镜；8—光屏；
9—放大后的工件影像；10—工件轮廓放大图；11—放大后的砂轮影像

面镜 7 的反射，可在光屏 8 上得到放大 50 倍的工件影像 9。将工件加工轮廓放大，工件轮廓图 10（也放大 50 倍）挂在光屏上并使放大图与工件影像基准重合，控制砂轮 3 使其沿工件轮廓作磨削运动，将磨削前留下的加工余量磨去，使工件实际轮廓的影像与其放大图轮廓线完全重合为止，即完成磨削。光学曲线磨床使用的砂轮一般为薄片砂轮，厚度为 0.5～8 mm，直径在 ϕ125 mm 以内。为了保证加工精度，工件的放大图必须画得很准确，图上线条偏差应小于 0.5 mm。

光学曲线磨床可以磨削平面、圆弧面和非圆弧形的复杂曲面，特别适合于单件小批量生产中各种冲模零件上复杂曲面的磨削。

不同常规加工方法可能达到的加工精度与表面粗糙度，可参考相关工艺手册。

7. 电火花加工

（1）电火花加工的原理、特点及应用。

电火花加工原理：电火花加工是利用两电极间脉冲放电时产生的电腐蚀作用，对工件进行加工的一种工艺方法，如图 1.5.4 所示。工件 1 和工具电极 4 分别接脉冲电源 2 的两个输出端，工件与工具电极间充满工作液 5（通常为煤油）。加工时，脉冲电源产生脉冲电压，工具电极趋近工件，当工具电极与工件间达到一定距离（放电间隙）时，极间的工作液在很强的脉冲电压作用下被电离击穿而发生火花放电，瞬间的高温便在工件上蚀除一个小坑穴，同时工具电极也会因放电而出现损耗。放电后的电蚀产物由流动的工作液排至放电间隙之外，经过短暂的间隔时间（即脉冲间隔），极间恢复绝缘，完成一次脉冲放电腐蚀。接着再进行下一次的脉冲放电，又使工件蚀除一个小坑。如此不断地进行故电腐蚀，工具电极不断地向工件移动（由自动进给调节装置 3 维持适当的放电间隙），最后，工具电极的形状就复制在工件上，从而在工件上加工出与工具电极形状相似的型面或型孔来。

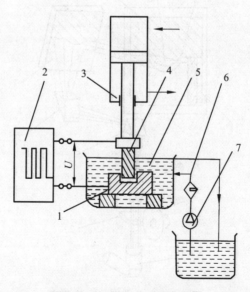

图 1.5.4　电火花加工原理

1—工件；2—脉冲电源；3—自动进给装置；4—工具电极；5—工作液；6—过滤器；7—泵

电火花加工的特点：

① 采用电火花加工时，由于火花放电的电流密度很高，产生的高温足以熔化或气化任何导电材料，因此可以加工任何硬、脆、软、粘或高熔点金属材料，包括热处理后的钢质零件。这样，对需热处理淬硬的冲模零件，可以将电火花加工安排在热处理工序之后，从而可消除热处理后变形对零件精度的影响，从而提高了冲模零件的加工精度。

② 电火花加工时工具电极与工件不接触，两者之间的宏观作用力极小，所以便于加工小孔、窄缝等零件，而不受电极和工件刚度的限制。对于各种具有复杂形状型孔的凹模均可采用成型电极一次加工而不必担心加工面积过大而引起变形和开裂等问题，这样凹模可不用镶拼结构而采用整体结构，既能节约模具设计制造工时，又可提高凹模强度。

③ 采用电火花加工冲模，凸、凹模之间易于获得均匀的冲裁间隙和所需的漏料斜度，刃口平直耐磨，从而可以提高冲压件的质量和模具寿命。

④ 电火花加工是直接利用电能加工，操作方便，便于实现生产中的自动控制及加工自动化。加工后的零件精度高，表面粗糙度可达 $Ra = 1.25 \ \mu m$，只需钳工稍加修整后即可装配使用。

电火花加工也存在一些缺点，如难于达到较小的表面粗糙度值，型孔尖角的加工难于达到要求，工具电极有损耗而影响加工精度等。

电火花加工的应用：由于电火花加工的独特优点，加上数控电火花机床的普及，电火花加工技术已在模具制造等部门得到了广泛应用。在冲模制造中，电火花加工可用来加工各种凹模及凸凹模的型孔或型面、卸料板与凸模固定板的型孔等。但随着电火花线切割加工的广泛应用，一般冲模工作零件的电火花加工已逐渐为线切割加工所取代，因而冲模零件的电火花加工主要只用于成型模和小孔冲模及多型孔冲模中的凹模及相应凸模固定板的加工。

（2）电火花加工的工艺规律。

① 加工斜度。在电火花加工过程中，由于电蚀作用，工件与电极之间存在着电蚀产物，这些电蚀产物在放电期间排出的过程中便在电极与工件侧面之间产生二次放电。二次放电使电极入口处的间隙增大，形成加工斜度，如图 1.5.5 所示。加工斜度的大小主要取决于单个脉冲能量的大小和电蚀产物的排出情况。

② 电极损耗。在电火花加工过程中，对工件进行电蚀加工的同时，工具本身也受到电蚀，因而产生电极损耗。电极损耗是影响加工精度的一个重要因素，因此，加工中应设法减少电极损耗。影响电极损耗的因素主要是电源的电参数（脉冲宽度、峰值电流、脉冲间隔）、

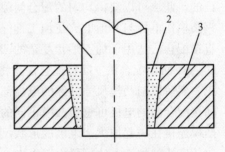

图 1.5.5　加工斜度

1—工具电极；2—电蚀产物；3—工件

极性的配合、电极材料、加工面积、冲抽油方式及电极形状等。在冲模加工时，通常以长度损耗率（即电极长度方向上的损耗尺寸与工件上已加工出的深度尺寸之比）来衡量工具电极的损耗。

③ 极性效应。在电火花加工过程中，即使阳极和阴极都用同一种材料，也总是其中一个电极的蚀除量比另一个多些，这种现象称为"极性效应"。一般的，当阳极蚀除速度大于阴极时，称作"正极性"，反之称作"负极性"。影响极性效应的主要因素是放电时的脉冲

宽度。一般采用较窄的脉冲（放电时间小于 50 μs）加工时，阳极蚀除速度大于阴极，此时工件应接阳极，工具电极接阴极，即采用正极性加工；反之，用较宽的脉冲（大于 300 μs）加工时，阴极的蚀除速度大于阳极，应采用负极性加工。从提高加工生产率和减小工具电极损耗的要求出发，极性效应愈显著愈好。若采用交变的脉冲电源加工，则单个脉冲的极性效应便互相抵消，从而增加了工具电极的损耗。因此，一般都采用单向直流脉冲电源进行电火花加工。

④ 表面变质层。由于电火花放电的瞬时高温作用和液体介质的急冷作用，工件加工表面会产生一层与原来材质不同的变质层。表面变质层的厚度与工件材料及电源脉冲参数有关，它随脉冲能量的增加而增厚。粗加工时变化层一般为 0.1～0.5 mm，精加工时一般为 0.01～0.05 mm。加工钢质工件时，表面变质层的硬度一般比较高，所以经电火花加工后工件的耐磨性提高。但变质层的存在给后续研磨抛光增加困难，而且变质层中的金相组织变化和产生的残余应力会降低工件的疲劳强度。所以，对要求疲劳强度高的冲模零件，最好将表面变质层去掉（如采用机械抛光、电解抛光等）或采用喷砂等表面处理方法来改善表面层质量。

（3）冲模电火花加工工艺。

在实际生产中，冲模电火花加工的工艺过程是：选择电火花加工工艺方法→设计制造电极，准备待加工零件，在机床上装夹校正电极及待加工零件，调整机床主轴上、下位置选择电规准，开机加工中间检验→转换电规准加工，卸下零件检查。下面对各主要工艺内容进行简要介绍。

① 电火花加工工艺方法。

对于冲模，凸、凹模配合间隙（特别是冲裁凸、凹模间隙）是一个很重要的质量指标，其大小和均匀性直接影响冲压件质量和模具寿命。采用电火花加工冲模时，其加工方法根据保证凸、凹模间隙方法的不同可分为以下三种：

a. 直接配合法。直接配合法是直接利用适当加长的凸模作工具电极加工凹模的型孔，加工后将凸模上的损耗部分切除。凸、凹模配合间隙的大小是靠调节电参数来控制放电间隙保证的。此法可以获得均匀的配合间隙，模具质量高，不需另外制造电极，工艺简单。但是用钢凸模作电极与其他电火花加工性能好的电极材料相比，加工稳定性差，加工速度也较低。直接配合法适用于加工形状复杂的凹模或多型孔凹模。

b. 间接配合法。间接配合法是将电极毛坯与凸模毛坯连接（粘接或钎焊）在一起同时加工，然后以与凸模尺寸一致的电极部分对凹模进行电火花加工。加工后再将电极部分去除。间接配合法的电极可选与凸模不同的材料（如铸铁），所以电加工性能比直接法好，且电极与凸模连接在一起加工，电极的形状尺寸与凸模一致，加工后凸、凹模间隙均匀，是一种使用比较广泛的加工方法。但由于电极与凸模必须同时磨削，这就限制了其他电加工性能更好的材料（如紫铜、石墨等）的选用。

上述两种加工方法都是靠控制放电间隙来保证凸、凹模配合间隙的。当凸、凹模配合间隙很小时，放电间隙也要求很小，而过小的放电间隙使得加工困难，这时可将电极的工作部分用化学侵蚀法蚀除一层金属，使断面尺寸单边缩小 $\delta - Z/2$（Z 为凸、凹模双边配合间隙，δ 为单边放电间隙），以满足加工时的间隙要求。反之，当凸、凹模配合间隙较大时，可用电镀法将电极工作部分的断面尺寸单边扩大 $Z/2 - \delta$。

c. 修配凸模法。修配凸模法是根据凹模尺寸与精度单独设计制造电极，而凸模不加工到最终尺寸，留有一定修配余量，用制好的电极电火花加工出凹模后，再按凹模的实测尺寸来修配凸模，以达到所要求的配合间隙。这种方法可选用电加工性能好的电极材料，放电间隙也不受配合间隙的限制，但由于电极与凸模是分别制作的，所以配合间隙很难保证均匀一致，而且增加了制造电极和钳工的工作量，主要用于加工形状较简单的冲模。由于电火花加工时会产生加工斜度，所以为了防止凹模型孔工作部分产生反向斜度而影响漏料，在电火花加工凹模型孔时应将凹模底面朝上，使型孔的加工斜度正好成为凹模的漏料斜度。

② 工具电极设计与制造。

电火花加工冲模时，工具电极的形状精确地复制在模具型孔上，因此模具型孔的加工精度与电极精度有密切的关系。为了保证电极的精度，在设计电极时必须适当地选择电极材料和确定合理的结构与尺寸，同时还应考虑使电极便于制造和安装。

a. 电极材料。根据电火花加工原理，电极材料应选择损耗小、加工过程稳定、生产率高、机械加工性能好、来源丰富、价格低廉的导电材料。常用电极材料的种类和性能见表 1.5.1，具体选用时应根据加工对象、工艺方法、电源类型等因素综合考虑。

表 1.5.1　常用电极材料的种类和性能

电极材料	电火花加工性能		机械加工性能	说　明
	加工稳定性	电极损耗		
钢	较差	中等	好	常用电极材料,但在选择电参数时应注意加工的稳定性
铸铁	一般	中等	好	常用电极材料
石墨	尚好	较小	尚好	常用电极材料,但机械强度较差,易崩角
黄铜	好	大	尚好	电极损耗太大
紫铜	好	较小	较差	常用电极材料,但磨削较困难
铜钨合金	好	小	尚好	价格高,多用于深孔,直壁孔、硬质合金穿孔
银钨合金	好	小	尚好	价格昂贵,用于精密冲模或有特殊要求的加工

b. 电极结构。电极结构形式应根据电极外形尺寸的大小与复杂程度、电极的加工工艺性等因素综合考虑。常用的电极结构形式主要有整体式、组合式及镶拼式三种。

◆ 整体式电极。整体式电极用整块材料制成，一般作成上下截面尺寸一致的直通式，如图 1.5.6 所示。当电极的体积较大时，为了减轻重量，可在其端面开孔或挖空。对于体积小易变形的电极，可在其有效长度以上的部分将截面尺寸增大。整体式电极是一种常用结构形式。

◆ 组合式电极。在同一模板上有多个型孔时，可以将多个电极组合在一起，一次完成各型孔的加工，这种电极称为组合式电极，如图 1.5.7 所示。用组合式电极加工生产率高，各型孔间的加工精度取决于电极的加工与装配精度。

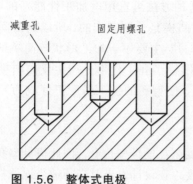

图 1.5.6   整体式电极

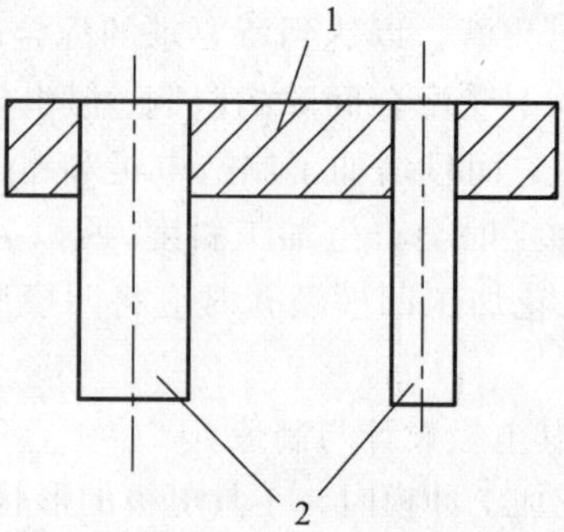

图 1.5.7   组合式电极

1—电极固定板；2—电极

◆ 镶拼式电极。对于形状复杂的电极，采用整体结构又不便加工时，通常将其分成块，分别加工后再镶拼成整体，这种电极称为镶拼式电极，如图 1.5.8 所示。既便于加工，又节省材料，常用于复杂型孔的加工。

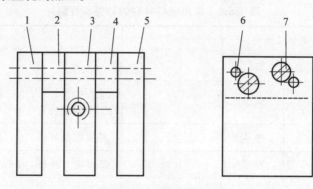

图 1.5.8   镶拼式电极

1、2、3、4、5—电极拼块；6—定位销；7—固定螺钉

c. 电极尺寸。电极尺寸包括电极截面尺寸和电极长度尺寸。

◆ 电极截面尺寸。根据凸、凹模图样上尺寸及公差的标注方式不同，电极截面尺寸按下述两种情况确定。

当凹模型孔标注尺寸及公差时，电极的截面尺寸按型孔尺寸均匀地缩小一个放电间隙 δ。

当凸模标注尺寸及公差，而凹模按凸模配作保证双面配合间隙 Z 时，电极的截面尺寸根据配合间隙 Z 的大小不同分三种情况确定：

配合间隙等于放电间隙（$Z = 2\delta$）时，电极截面尺寸与凸模截面尺寸完全相同；

配合间隙小于放电间隙（$Z < 2\delta$）时，电极截面尺寸应比凸模截面尺寸均匀地缩小（$2\delta - Z$）/2；

配合间隙大于放电间隙（$Z > 2\delta$）时，电极截面尺寸应比凸模截面尺寸均匀地放大（$2\delta - Z$）/2。

电极截面尺寸的公差一般取型孔制造公差的 1/3 ~ 1/2，以考虑加工过程中机床、装夹校正等误差的影响。电极工作表面的粗糙度 Ra 值应不大于型孔要求的粗糙度值，一般可取为相等。

◆ 电极长度尺寸。电极长度尺寸取决于所加工零件的厚度、电极材料、使用次数，装型孔的结构形状与尺寸、电加工余量等因素，一般情况可按下式计算（见图 1.5.9）：

$$L = kt + h + l + (0.4 \sim 0.8)(n-1)kt \qquad (1.5.1)$$

式中　L ——电极长度，mm；

　　　t ——型孔有效厚度（电火花加工深度），mm；

　　　h ——当型孔底部挖空时电极需增加的长度，mm；

　　　l ——需夹持电极时增加的长度，一般取 10 ~ 20 mm；

　　　n ——电极使用次数；

　　　k ——与电极材料、型孔复杂程度等因素有关的系数。一般紫铜为 2.0 ~ 2.5，黄铜为 3.0 ~ 3.5，石墨为 1.7 ~ 2.0，铸铁为 2.5 ~ 3.0，钢为 3.0 ~ 3.5。当电极损耗小、型孔简单、电极轮廓无尖角时取小值，反之取大值。

　　生产中为了减少脉冲参数的转换次数，简化操作，有时将电极适当加长，并将加长部分的截面尺寸均匀减小，做成阶梯电极分别完成粗、精加工，如图 1.5.9（c）所示。阶梯部分的长度 L_1 一般取型孔有效厚度的 1.5 倍左右，缩小量 h_1 取 0.1 ~ 0.15。由于阶梯部分缩小量较小，故一般可用化学侵蚀方法均匀腐蚀而成。

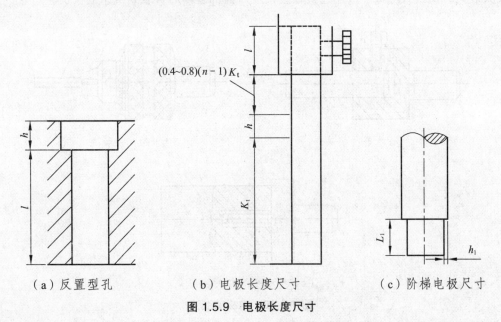

（a）反置型孔　　　　（b）电极长度尺寸　　　　（c）阶梯电极尺寸

图 1.5.9　电极长度尺寸

　　③ 电极的制造。

　　若电极是单独制造，则一般可按下述工艺路线进行：

　　a. 刨或铣：按图样要求，将电极毛坯刨或铣成所要求的形状，并留有 1 mm 左右的加工余量。

　　b. 平磨：在平面磨床上磨六面（铜及石墨电极应在小台钳上用刮研的方法刮平或磨平）。

　　c. 划线：按图样要求在划线平台上划出电极截面轮廓线。

　　d. 刨或铣：按划线在刨床或铣床上加工成型，并留有 0.2 mm 左右的精加工余量。

　　e. 成型磨削或仿刨：对于铸铁或钢制电极，可用成型磨削加工成型；而对于铜电极，不能用成型磨削，可采用仿形刨削加工成型。

f. 退磁处理及钳工修整：将电极进行退磁处理后再按图样要求精修成型，并进行钻孔和装配等工作。

电极的加工除采用上述方法外，还可采用电火花线切割加工成型。电极加工后都应经钳工修整后才使用，其表面粗糙度 Ra 值应小于 1.6 μm。

④ 凹模的准备。

凹模的准备是指用电火花加工前凹模应达到的加工要求。为了提高电火花加工效率，保证加工精度和便于工作液强迫循环，凹模应先将型孔的大部分余量去除，只留出 0.3~1.5 mm 的单边余量，并经过热处理后平磨上、下面及基准，最后进行退磁处理后方可进行电火花加工。

⑤ 电极和工件的装夹与定位。

a. 装夹。整体式电极大多数是用通用夹具直接装夹在电火花机床主轴下端。如直径不大的电极可用标准套筒夹装夹[见图 1.5.10（a）]或钻夹头装夹[见图 1.5.10（b）]，尺寸较大的电极可用标准螺纹夹头装夹[见图 1.5.10（c）]，多电极可用通用夹具加定位块装夹。或用专用夹具装夹，镶拼式电极一般用连接板连接成所需的整体后再装到机床上校正。

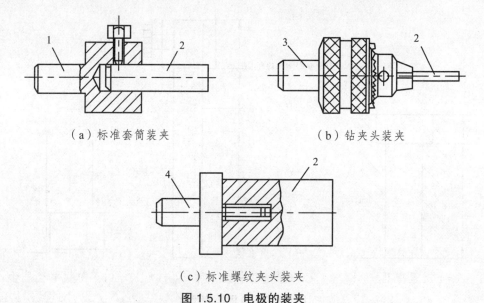

（a）标准套筒装夹   （b）钻夹头装夹

（c）标准螺纹夹头装夹

图 1.5.10　电极的装夹

1—标准套筒；2—电极；3—钻夹头；4—标准螺纹夹头

工件的装夹一般是将工件先安放在机床工作台上，与电极相互定位后再用压板和螺钉压紧。

b. 校正。电极装夹完毕后必须进行校正，使其轴心线（或轮廓素线）垂直于机床的工作台面（或凹模平向）。常用的校正方法有精密角尺校正和百分表校正两种。其中，精密角尺校正是利用精密角尺对缝隙来校正电极与工作台的垂直度，直至上下缝隙均匀为止，如图 1.5.11（a）所示；百分表校正是将百分表靠在电极上，通过上下移动电极时百分表的跳动量来校正电极与工作台的垂直度，直至百分表指针基本不动为止，如图 1.5.11（b）所示。

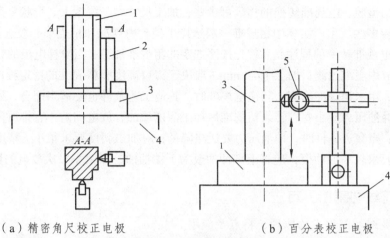

（a）精密角尺校正电极　　　　　　（b）百分表校正电极

图 1.5.11　电极的校正

1—电极；2—角尺；3—凹模；4—工作台；5—百分表

c. 定位。定位是指确定电极与工件之间的相互位置，以达到一定的精度要求。常用的定位方法有划线法和块规角尺法。其中，划线法是先按图样在凹模的两面划出型孔线，再沿线打样冲眼，电火花加工时根据凹模背面的样冲眼确定电极的位置，此法适用于定位要求不高且凹模背面不加工台阶的情况；块规角尺法是先在凹模上磨出一角尺面作为定位基准，然后将一精密角尺与凹模的角尺面吻合，再在角尺与电极之间填块规便可确定型孔的位置，如图 1.5.12 所示。

⑥ 电规准的选择与转换。

电规准是指在电火花加工过程中使用的一组电脉冲参数，如电流峰值、脉冲宽度、脉冲间隔等。电规准选择是否恰当，不仅影响模具加工精度，还直接影响加工生产率和经济效益，应根据工件的加工要求、电极和工件材料、加工工艺指标和经济效果等进行选择，并在加工过程中正确及时地转换。

冲模加工时，常选择粗、中、精三种规准，每一种又可分为数挡来实现。从一个规准调整到另一个规准称为规准的转换。粗规准主要用于粗加工，一般采用较大的电流峰值和较长的脉冲宽度（20～60 μs），规准的加工速度较高，电极损耗小（钢电极损耗在 10%以下），被加工表面粗糙度 $Ra = 12.5$～6.3 μm。

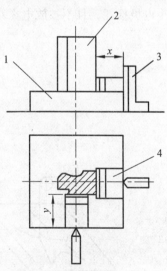

中规准是粗、精加工间过渡性加工所采用的规准，用以减小精加工余量，促进加工稳定性和提高加工速度。中规准采用的脉冲宽度一般为 6～20 μs，被加工表面粗糙度 $Ra = 3.2$～1.6 μm。

图 1.5.12　块规角尺定位法

1—凹模；2—电极；3—精密角尺；
4—块规

精规准用来进行精加工，是达到冲模零件各项技术要求（如配合间隙、刃口斜度、表面粗糙度等）的主要规准。精规准一般采用小的电流峰值、高频率和短的脉冲宽度（2～6 μs），被加工表面粗糙度可达 $Ra = 1.6$～0.8 μm。

电规准的转换通常由转换挡数来表示，而挡数又是根据加工对象来确定的。一般加工尺小、形状简单的型腔，电规准转换的挡数可少些；加工尺寸大、深度大、形状复杂的型腔，电规准转换挡数应多些。生产实际中粗规准一般选择 1 挡，中规准和精规准一般选择 2 ~ 4 挡。

　　冲模加工电规准转换的程序是：首先按照选定的粗规准加工；当阶梯电极的台阶处进给到刃口时，转换成中规准过渡；加工 1 ~ 2 mm（取决于刃口高度和精规准的稳定程度）后，再转为精规准加工，用末挡规准修穿。转换电规准时，其他工艺条件也要适当配合，如粗规准加工时排屑容易，冲油压力应小些；转入精规准后加工深度增加，放电间隙小，排屑困难，冲油压力应逐渐增大；当穿透工件时，冲油压力要适当降低；对加工斜度要求很小、精度要求较高和表面粗糙度值要求较小的冲模，应将上部冲油改为下端抽油，以减小二次放电的影响。

8. 电火花线切割加工方法

　　（1）电火花线切割加工的原理、特点及应用。

　　① 电火花线切割加工的基本原理。

　　电火花线切割加工的基本原理与前述电火花加工一样，也是通过工具电极和工件之间脉冲放电时的电腐蚀作用对工件进行加工的。但线切割加工无需制作成型工具电极，而是采用移动着的细金属丝作为电极进行切割加工。图 1.5.13 所示为电火花线切割加工原理图，工件 3 接脉冲电源的正极，电极丝 6 接负极，电极丝在贮丝筒 8 的带动下以一定速度运动，而安装工件的工作台 1 相对电极丝按预定的要求在水平两坐标方向运动，从而使电极沿着工作台所合成出的轨迹曲线对工件进行电腐蚀，实现切割加工。加工过程中电极丝与工件之间浇以循环流动的工作液，以便及时带走电蚀产物。电极丝以一定速度运动（称为走丝运动）可减小电极损耗，且不被放电火花烧断，同时也有利于电蚀产物的排除。

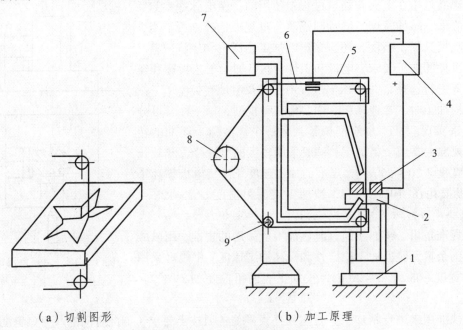

（a）切割图形　　　　　　　　（b）加工原理

图 1.5.13　线切割原理

1—工作台；2—夹具；3—工件；4—脉冲电源；5—线架；6—电极丝；
7—工作液箱；8—贮丝筒；9—导轮

　　我国广泛使用的电火花线切割机床主要是数控电火花线切割机床，按其走丝速度分为快走丝和慢走丝两种。快走丝线切割机床采用直径为 0.08 ~ 0.2 mm 的钼丝或直径为 0.03 ~ 0.1 mm 的钨丝作电极，走丝速度约为 8 ~ 10 m/s，且为双向往复循环运行，反复通过加工间隙。工作液通常采用 5%左右的乳化液和去离子水等。常用脉冲电源的脉宽为 0.1 ~ 100 μs，频率为 10 ~ 100 kHz。目前，该类机床的加工精度可达±0.01 mm，表面粗糙度 Ra = 2.5 ~ 0.63 μm，一般生产效率可达 30 ~ 40 mm²/min，切割厚度最大可达 500 mm。

　　慢走丝线切割机床采用直径为 0.03 ~ 0.35 mm 的铜丝作电极，走丝速度为 3 ~ 12 m/min，电极丝只是单向通过加工间隙，不重复使用，避免了电极损耗对加工精度的影响。工作液主要是去离子水和煤油。加工精度可达±0.001 mm，表面粗糙度可达 Ra = 0.32 μm。这类机床还能进行自动穿电极丝和自动卸除加工废料等，自动化程度较高，但其售价比快走丝要高得多。

　　目前国内主要生产和使用的是快走丝数控电火花线切割机床。

　　② 电火花线切割加工的特点与应用。

　　电火花线切割加工与电火花加工相比具有如下特点：

　　a. 不需要另行设计制作电极，因而缩短了生产周期。

　　b. 由于电极丝比较细小，因此可以方便地加工出形状复杂、细小的内外成型表面，克服了成型磨削不宜加工内成型表面和电火花不宜加工外成型表面的缺点。采用四轴联动，还可加工锥面和上下异形体等零件。

　　c. 制造冲模时，在凸、凹模间隙适当（等于放电间隙）的情况下，凸、凹模可以同时加工出来，且间隙均匀。

　　d. 因电极丝在加工过程中作快速移动，且采用了正极性加工，所以电极丝的损耗很小，有利于提高加工精度。

　　e. 只要编制不同的程序就可加工不同的工件，灵活性强，自动化程度高，操作方便，加工周期短，成本低。

　　由于电火花线切割加工具有许多突出的优点，因而在国内外发展都较快，已获得了广泛的应用。在冲模制造中，电火花线切割可用来加工各种材料和硬度的凸模、凹模、卸料型孔与固定板安装孔等，特别是用来加工形状复杂、带有尖角窄缝的小型凹模型孔或凸模，也可用来加工样板及电极。

　　（2）电火花线切割加工工艺。

　　电火花线切割加工冲模工作零件的工艺过程如图 1.5.14 所示。

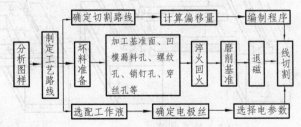

图 1.5.14　线切割加工工艺过程

　　① 线切割前的工件准备。

　　模具工作零件一般经机械加工、热处理等工序后再进行线切翻加工。对于凹模，当型孔尺寸较大时，为减小线切割加工量，线切割前需将型孔下部漏料部分铣（或车）出，并在型孔部位（一般距加工点 1～2 mm）钻出穿丝孔（孔径ϕ2～ϕ5 mm）。凹模材料的淬透性较差时，还应对型孔预加工去除部分材料，一单边只留 3～5 mm 的切割余量，以消除因材料内部残余应力变化而影响加工精度。对于凸模，毛坯经机械加工后还应保留适当余量（一般不小于5 mm），并注意留出装夹部位。

② 线切割工艺参数的选择。

a. 脉冲参数。脉冲参数主要根据被加工零件的尺寸、精度和表面粗糙度要求确定。快走丝线切割加工的脉冲参数可参考表 1.5.2 选取。

表 1.5.2　快走丝线切创割冲参数的选择

应　用	脉冲宽度 $l_1/\mu s$	电流峰值 I_e/A	脉冲间隙 $l_0/\mu s$
快速切割或加工大厚度工件 Ra>2.5 μm	20～40	>12	一般 $l_0=$（3～4）l_1
半精加工 $Ra=$1.25～2.5 μm	6～20	6～12	
精加工 Ra<1.25 μm	2～6	<4.8	

b. 电极丝选择。对电极丝的要求是具有良好的导电性和抗电蚀性，抗拉强度高，材质均匀。常用的电极丝有钼丝、钨丝、黄铜丝等。钨丝抗拉强度高，一般用于各种窄缝的精加工，但价格昂贵；黄铜丝抗拉强度较低，适应于慢走丝加工；钼丝抗拉强度也较高，适用于快走丝加工。电极丝直径应根据切缝宽度、工件厚度和转角尺寸来确定，一般加工带尖角、窄缝的小型模具宜选用较细的电极丝，用于大厚度或大电流切割时应选用较粗的电极丝。

c. 工作液的选配。工作液对切割速度、表面粗糙度等有较大影响。慢走丝切割时普遍使用去离子水，快走丝切割时常用乳化液。乳化液由乳化油和工作介质（自来水或蒸馏水、高纯水等）配制而成，浓度为 5%～10%。

③ 工件的装夹与校正。

工件装夹时必须保证工件的切割部位位于机床工作台纵、横进给的允许范围内，同时要不妨碍电极丝的切割运动。常见的装夹方式有悬臂装夹式、桥式装夹式和板式装夹式，如图1.5.15 所示。其中，悬臂装夹式用于工件的加工要求不高或悬臂较短的场合；桥式装夹式通用性强，大中小工件都适用；板式装夹式精度较高，适用于常规与批量生产。

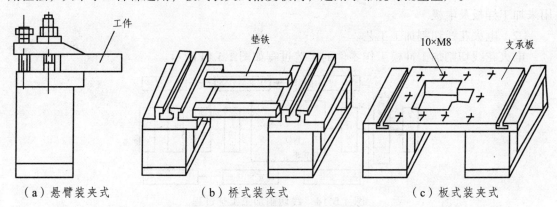

（a）悬臂装夹式　　　　　（b）桥式装夹式　　　　　（c）板式装夹式

图 1.5.15　线切割加工时工件的装夹方式

工件装夹后还要进行校正，使工件的基准面与机床的工作台面和工作台的进给方向保持平行，以保证所切割的表面与基准面之间的相对位置精度。工件的校正方法常用的有百分表校正法和划线校正法，如图 1.5.16 所示。其中，百分表校正法是利用磁力表架将百分表固定在机床丝架或其他固定位置上，使百分表与工件基准面相接触，依次在相互垂直的三个坐标方向往复移动工作台，直至百分表指针的偏摆范围达到精度所要求的数值；划线校正法是利用固定在丝架上的划针与工件图形的基准线或基准面，往复移动工作台，根据目测划针与基准间的偏离情况将工件调整到正确位置。划线校正法用于工件切割面与基准间的位置精度要求不高的场合。

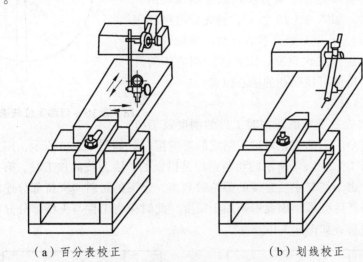

（a）百分表校正　　　　　　　　　（b）划线校正

图 1.5.16　线切割加工时工件的校正方法

④ 电极丝位置的调整。

线切割加工之前，应将电极丝调整到切割的起始位置上。常用的调整方法有以下几种：

a. 目测法。对加工精度要求不高的工件，可以直接用目测或借助放大镜进行观测。图 1.5.17 所示为利用穿丝孔处划出的十字基准线，分别从基准线的两个方向（与工作台纵、横两个进给方向平行）观察电极丝与基准线的相对位置，根据偏离情况移动工作台，直到电极丝与基准线中心重合，此时工作台纵、横方向上的读数就是电极丝中心的坐标位置。

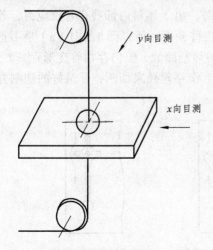

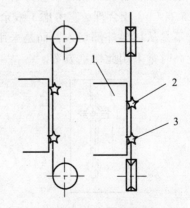

图 1.5.17　比目测法调整电极丝位置　　　**图 1.5.18　火花法调整电极丝位置**

1—工件；2—电极丝；3—火花

　　b. 火花法。如图 1.5.18 所示，移动工作台使工件基准面逐渐靠近电极丝，在出现放电火花的瞬间，记下工作台的相应坐标值，再根据放电间隙与电极丝直径推算电极丝中心的坐标。

　　c. 自动定位法。自动定位法就是让电极丝在工件圆形基准孔的中心自动定位，数控功能较强的线切割机床常用这种方法。如图 1.5.19 所示，首先让电极丝在 X 轴或 Y 轴方向与孔壁接触，接着在另一坐标轴方向进行上述过程，经过几次重复，数控线切割机床的数控装置自动计算后就可找到孔的中心位置。

　　⑤ 切割路线的确定。

图 1.5.19　自动定位法确定电极丝位置

　　工件的切割路线主要考虑切割时工件的刚度及工件热处理后内部残余应力的变化对加工精度的影响情况。如图 1.5.20 所示，用悬臂装夹法加工外形零件时，图 1.5.20（a）所示的切割路线是错误的，因为按此加工时，第一条边切割完成后继续加工时，由于坯料主要连接的部位被割离，余下的材料与夹持部分连接较少，工件刚度大为降低，易产生变形，因此影响加工精度。此时应将工件与夹持部分分离的路线安排在总切割路线的最后，如图 1.5.20 所示。

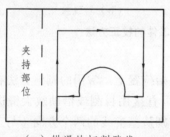
（a）错误的切割路线

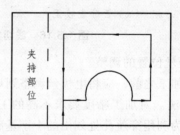
（b）正确的切割路线

图 1.5.20　考虑工件刚度的切割路线

　　如图 1.5.21 所示，线切割经淬硬的钢制工件时，由于坯料内部残存着拉应力，若从坯料外向内切割工件，会大大破坏内应力的平衡，使工件变形，所以图 1.5.21（a）是不正确的方案；图 1.5.21（b）较合理，它考虑了残余应力时的切割路线，但仍存在着变形；图 1.5.21（c）中电极丝不是从坯料外部切入，而是采用在坯料上作穿丝孔来切割，是最好的切割方案，精度要求较高时常采用此切割方案。

（a）不正确的方案

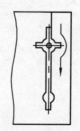
（b）可采用的方案

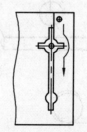
（c）最好的方案

图 1.5.21　考虑残余应力时的切割路线

切割型孔类淬硬工件时，为减小因残余应力引起的变形，可采用两次切割方法，如图 1.5.22 所示。第一次粗加工型孔，每边留 0.1 ~ 0.5 mm 精加工余量，以补偿材料应力平衡状态受到破坏而产生的变形；达到新的平衡后，再进行第二次精加工，这样就可以达到满意的加工效果。一般数控装置具有间隙补偿功能，所以第二次切割时只需在第一次切割的程序基础上外偏一个值，而不必另编程序。

⑥ 数控线切割程序编制。

要使数控线切割机床按预定的要求自动完成切割加工，首选要把被加工零件的切割顺序、切割方向及有关参数等信息，按一定格式记录在机床所需要的输入介质（如磁盘或纸带）上，再输入机床数控装置，经数控装置运算变换以后控制

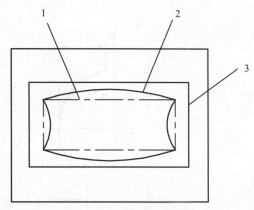

图 1.5.22　二次切割法

1—第一次切割路线；2—第一次切割后的实际图形；3—第二次切割的图形

机床的运动，从而实现零件的自动加工。从被加工的零件图样到获得机床所需控制介质的全过程称为程序编制。数控线切割的程序编制方法有手工编程和计算机自动编程两种，程序的格式有 3B、4B 和 ISO 代码三种。这里以 3B 格式的手工编程为例介绍数控线切割加工程序编制的基本方法，其余程序格式及编程方法可参考有关资料。

a. 程序格式及指令。

数控线切割 3B 程序格式为

$$\text{B}\quad\text{X}\quad\text{B}\quad\text{Y}\quad\text{B}\quad\text{J}\quad\text{G}\quad\text{Z}$$

其中　B ——分隔符号，用来区分和隔离 X、Y、J 等数码，当 B 后面的数码为 0 时，0 可以不写。

　　X、Y ——直线的终点坐标或圆弧的起点坐标，编程时均取绝对值，单位为 μm。切割坐标系的原点，加工直线时取在直线的起点，加工圆弧时取在圆心。坐标轴的方向始终与机床的 X 拖板和 Y 拖板运动方向一致，当直线与 X 轴和 Y 轴重合时，x、y 坐标均取 0。

　　J ——计数长度，指从起点加工到终点时机床某个方向（计数方向）拖板进给的总长度，即为切割曲线（直线）在 X 轴或 Y 轴上的投影长度，单位为 um。当圆弧跨过几个象限时，应在相应的计数方向上累加，如图 1.5.23 所示。编程时，J 必须填满 6 位数，不足 6 位时在高位处补 0。

　　G ——计数方向，用 G_X 或 G_Y 表示，当计数长度按 X 拖板运动方向（X 轴）计数时，用 G_X 表示，否则用 G_Y 表示。为保证加工精度，计数方向由切割段终点所在位置按图 1.5.24 选取，图中，终点在非阴影区时取 G_X，在阴影区时取 G_Y。

　　Z ——加工指令，用来区分被切割图线的不同状态和所在象限，加工指令共有 12 种，以 L 表示直线，R 表示圆弧，S 表示顺圆，N 表示逆圆，字母下标 1、2、3、4 表示象限，如图 1.5.25 所示。

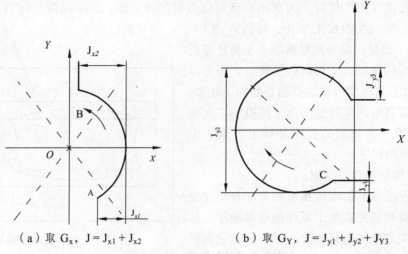

（a）取 G_x，$J = J_{x1} + J_{x2}$　　　　　　（b）取 G_Y，$J = J_{y1} + J_{y2} + J_{Y3}$

图 1.5.23　圆弧计数长度确定

加工斜线　　　　　　　　　　　　　　　加工圆弧

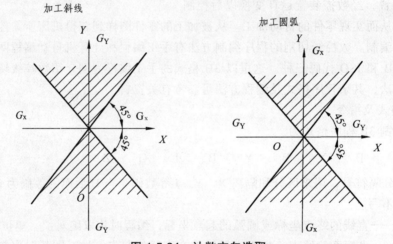

图 1.5.24　计数方向选取

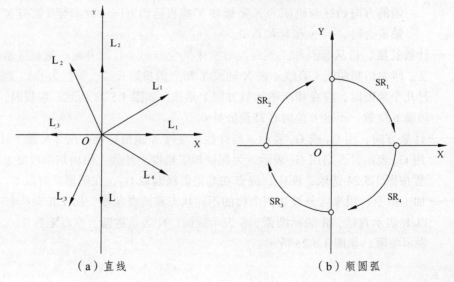

（a）直线　　　　　　　　　　　　　　　（b）顺圆弧

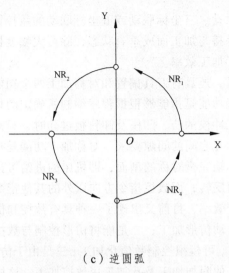

（c）逆圆弧

图 1.5.25　加工指令的确定

b. 程序编制时应注意的问题。

◆　程序单是按加工顺序依次逐段编制的，每加工一线段就得填写一段程序。

◆　程序单中除安排切割工件图形线段的程序外，还应安排切入、停机、拆丝或穿丝、空走等程序。

◆　编程计算是按计算坐标系求得各交点坐标值，而程序中的数码和指令则是按切割坐标系确定的，因此应根据交点的计算坐标位移求得其切割坐标值。

◆　由于电极丝半径 r 和单面放电间隙 δ 的存在，当切割型孔零件时，应将电极丝中心轨迹沿加工轮廓向内偏移 $r + \delta$ 的距离；当切割外形零件时，则应向外偏移 $r + \delta$ 的距离。

◆　程序编制完成后，必须对每一段程序进行检查和校对，以防止因程序出错而造成工件报废。检查的方法可用笔代替电极丝，用坐标纸代替工件进行空运行绘图。有条件的话也可用计算机模拟运行程序，检查所显示的电极丝中心轨迹是否正确。

9. 数控机床加工方法

数控机床通常是指按加工要求预先编制的程序，由控制系统发出数字信息指令进行切削加工机床。数控机床具有加工精度高、自动化程度高、操作者劳动强度低和利于生产管理等一系列优点，因而在机械制造特别是模具制造中得到了越来越广泛的应用。在冲模制造中，对一些形状复杂、加工精度高、必须用数学方法决定的复杂曲线或曲面轮廓的零件，以及需钻、镗、铰、铣等工序联合进行加工的零件和大型零件，用电火花或电火花线切割加工不太适应，用普通机械加工又难以达到甚至达不到要求，这时采用数控机床加工就比较方便了。

目前，在冲模加工中，常用的数控机床主要有数控铣床、数控磨床和数控加工中心机床等。

（1）数控铣床加工。

数控铣床的控制系统是一台小型电子计算机，它不但能使刀具和工件自动移动到程序指令指定的位置上进行加工，而且还能自动修正刀具的尺寸和变换主轴的速度，实现复杂形状零件的精密加工。

数控铣床主要用来加工各种平面、沟槽及复杂曲面。根据被加工零件的复杂程度和精度要求不同，可采用两坐标联动、三坐标联动或五坐标联动的数控铣床。其中，五坐标联动的数控铣床的铣刀轴可一直保持与加工面成垂直状态，除可大幅度提高精度外，还可以对侧凹部分进行加工，大大提高了加工效率。

数控铣床在加工零件时，还具有刀具偏置和对称加工两个功能，从而给加工冲模零件带来了极大的方便。刀具偏置功能是指能够根据程序编制所确定的切削轨迹向内侧或外侧自由偏置一个距离，这样在加工冲模的凸、凹模及卸料板过孔时，只需编制一个程序，加工时通过刀具偏置功能即可保证相互之间的间隙要求。对称加工功能是指能够通过简单的对称加工程序使机床加工出与某坐标轴完全对称的型面，即机床的进给可按数控指令的方向或相反的方向运动，刀具轴也能自由反转，而数控指令方向以外的其他指令仍然不变。

为提高加工精度和生产效率，目前又出现了一种具有数控和仿形相结合的多功能数控铣床。这种铣床一是能进行自动仿形加工；二是能将仿形控制与数控相结合，收集仿形动作及仿形条件的资料并进行储存，可模拟控制数值化加工；三是由于仿形加工与数控加工相结合，即主要形状用仿形加工，其他附加加工及孔加工用数控加工，这样可大大提高加工效率，且精度也可大大改善，为冲模零件的精密加工提供了极方便的条件。

（2）数控磨床加工。

目前利用数控技术进行磨削加工的主要方法有数控成型磨床加工和连续轨迹坐标磨床加工。

① 数控成型磨床加工。

利用数控成型磨床进行成型磨削的方式主要有三种：第一种方式是利用数控装置控制安装在工作台上的砂轮修整装置，自动修整出所需的成型砂轮，然后利用成型砂轮磨削工件；第二种方式是利用数控装置将砂轮修整成圆弧或双斜边圆弧形，然后由数控装置控制机床的垂直和横向进给运动，完成成型磨削加工；第三种方式是前两种方式的组合，即磨削前用数控装置将砂轮修整成工件形状的一部分，再控制砂轮依次磨削工件的不同部位，这种方法适用于磨削具有多处相同型面的工件。数控成型磨削较普通成型磨削的自动化程度和磨削精度都高，现已进入实用阶段，为复杂精密模具零件的加工自动化提供了便利的条件。

② 连续轨迹坐标磨床加工。

连续轨迹坐标磨床加工的特点是可以连续进行高精度的轮廓形状磨削，并且可以磨削具有曲线组合的型槽，可用于级进冲模、精密冲模中高精度零件的精加工，是目前比较先进的磨削加工设备之一。利用连续轨迹坐标磨床进行磨削加工的特点是：可连续不断地对零件进行加工，从而大大缩短了加工时间；加工可不受操作者技术水平的限制，完全可进行无人化运行；可进行高精度的轮廓形状加工，并能确保冲模的凸、凹模间隙均匀。

（3）数控加工中心加工。

数控加工中心是一种多工序自动加工机床。它配有能容纳数十种甚至上百种刀具的刀库和相应的机械手，具有按程序自动换刀、工件换位和多坐标自动控制功能，可以在工件的一次安装中连续完成多个表面、多个工位的车、铣、镗、钻、攻螺纹等多种切削加工。利用数控加工中心可对冲模零件进行如下几方面的加工：

① 多孔加工。有些冲模，特别是大中型冲模，往往在零件上设有很多圆孔，并且孔的大小不一，在这种情况下采用数控加工中心自动加工最为方便。

② 成型加工只要在数控加工中心上输入正确的加工程序（可通过自动编程装置或CAD/CAM自动编程系统编制），即可对任何形状的工件进行自动加工，并且从粗加工到精加

工都可预定刀具和选择切削条件，因此可用来加工精度要求高、形状复杂的冲模工作零件或各种模板。

10. 其他加工方法

（1）冷挤压加工。

冷挤压加工是利用淬硬的挤压冲头或挤压圈，在油压机的高压作用下缓慢挤入具有一定塑性的坯料以获得与冲头外形或挤压圈内形相同、凸凹相反的模具零件的一种无切屑的压力加工方法。冷挤压加工的加工精度较高，表面质量好，有的淬火后可不再进行磨削，且生产效率高，一个冲头或挤压圈可重复加工多个工件，因此多用于加工冲模中形状比较复杂、数量较多的同类凸模或凹模的工作型面。如电动机定子片及转子片中的凸、凹模，由于每一副冲模中需要十余个同样规格大小的凸模及凹模型孔，采用冷挤压加工非常适宜。

① 冷挤压加工凸模。

图 1.5.26 所示为冷挤压加工凸模的工作示意图，图中，压套 6 用 45 钢制成，而第一与第二挤压圈 3、4 则是由 Cr12 钢或硬质合金制成，并经热处理淬硬至 HRC60 ~ 62。压套与挤压圈用销钉 5 紧固，第二挤压圈内型腔形状及尺寸与凸模要求的形状及尺寸相同，而第一挤压圈应比第二挤压圈内孔周边大 0.05 ~ 0.08 mm。挤压时，为了让凸模能顺利地进入挤压圈内，在压套 6 的上端安装有导向板 2，以供挤压时导向用。

凸模毛坯在挤压前，应经刨、磨加工成型，各面只留 0.1 mm 左右的挤压余量。经挤压后的凸模再经钳工适当修整并淬硬后即可使用。

② 冷挤压加工凹模型孔。

用冷挤压方法加工凹模型孔时，应先将所要加工的凹模型孔用机械加工方法加工成型，周边留 0.2 ~ 0.3 mm 的挤压余量。然后用挤压冲头对凹模型孔进行挤压，根据凹模精度及余量可用 2 ~ 3 个冲头依次挤，每次挤去 0.07 ~ 0.1 mm 的余量。冷挤压后的凹模，再经磨削后，钳工稍加修整并经热处理淬硬后即可使用。

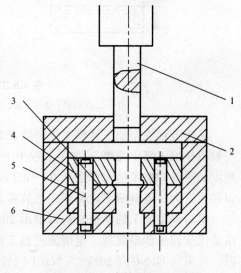

图 1.5.26　冷挤压加工凸模

1—凸模；2—导向板；3—第二挤压圈；
4—第一挤压圈；5—销钉；6—压套

（2）电解加工。

电解加工是利用金属在外电场的作用下，在电解液中所产生的阳极溶解作用，使零件加工成型的一种方法。利用电解加工可以对零件进行成型磨削、抛光、修磨等加工，在冲模制造中广泛应用于凸、凹模（特别是硬质合金等难加工材料的凸、凹模）的成型加工及精加工。这里只简要介绍电解成型和电解磨削的加工原理及特点。

① 电解成型加工。

图 1.5.27 所示为电解成型加工原理，在工具电极 1 和工件 2 之间接上直流电源 5，工件接电源正极（阳极），工具电极接电源负极（阴极），并使工件与电极之间保持较小的间隙（一般为 0.1 ~ 1 mm），在间隙中通过高速流动（50 ~ 60 m/s）的电解液。当接通电源，给阳极和

阴极之间加上直流电压（5～25 V、1 000～10 000 A）时，阳极（工件）表面便不断产生溶解。由于阳极与阴极之间各点距离不等，则电流密度也不一样，因而阳极表面的溶解速度也不相同，距离近的地方溶解速度快。随着阴极不断进给，阳极表面不断被溶解，电解产物也不断被电解液冲走，最终阳极（工件）表面与阴极（电极）表面达到基本吻合，从而在工件上加工出相似于电极表面相反形状的工作型面。

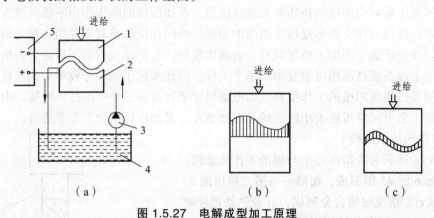

图 1.5.27　电解成型加工原理
1—工具电极；2—丁件；3—电解液泵；4—电解液；5—直流电派

　　采用电解成型加工冲模零件的特点是：加工效率高（一般比电火花加工效率高 4 倍，比一般机械加工高十几倍）；加工过程中工具电极基本不损耗，故可重复使用；不受工件材料和硬度的限制；加工精度可达 0.05～0.2 mm，表面粗糙度可达 $Ra = 0.6～0.2$ μm。但电解加工设备投资大，电解液对设备和工艺装备有腐蚀作用。

　　电解成型加工的电极材料可采用 20、20Cr、45、45Cr、1Cr18Ni9Ti、黄铜等，经铣削后由钳工按样板修整成型。电解液根据工件材质不同可采用不同的配方，如加工碳钢及合金钢时，可采用 $NaNO_3$（20%）+ NaCl（3%～10%）或 NaCl（7%～18%）；加工 YG 类硬质合金时，可采用 NaOH（8%～10%）+ 酒石酸（8%～16%）+ NaCl（2%）+ CrO_3（0.2%～0.5%）。经电解加工后的零件可采用 $NaNO_2$（2%）+ Na_2CO_3（0.6%）+ 甘油（0.5%）防腐剂处理，以防锈蚀。

　　② 电解磨削加工。

　　图 1.5.28 所示为电解磨削加工原理，工件 5 接电源正极（阳极），导电砂轮 3 接电源负极（阴极），两极间保持一定的电解间隙，并在电解间隙中注入电解液。接通电源后，阳极（工件）的金属表面发生化学溶解，表面金属原子失去电子变成离子而溶解于电解液中，同时电解液中氧与金属离子化合在阳极表面生成一层极薄的氧化膜。这层氧化膜具有较高的电阻使阳极溶解过程减缓，这时通过高速旋转的砂轮将这层氧化膜不断刮除，并被电解液带走。这样阳极溶解和机械磨削共同交替作用的结果，使工件表面不断被蚀除而形成光滑和一定尺寸精度的工作型面。

　　电解磨削的加工效率高，表面质量好（基本不产生磨削热烧伤和变形，表面粗糙度可达 $Ra = 0.025～0.12$ mm），而且具有较高的加工精度，所以目前在模具制造中应用较广，特别适用于硬质合金冲模零件的精加工。

　　电解磨削砂轮目前常用的有金刚石电解磨轮、树脂结合剂电解磨轮、氧化铝（碳化硅）导电磨轮、石墨磨轮等。电解液的配方也较多，其中适用于硬质合金和钢制零件溶解速度相近的配方为 $NaNO_3$（5%）+ Na_2HPO_3（1.5%）+　KNO_3（0.3%，PH = 8 ~ 9）+ NaB_2O_7（0.3%）+ H_2O（92.9%）。

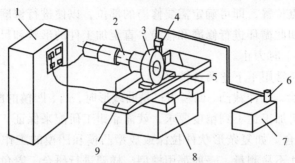

图 1.5.28　电解磨削加工原理

1—直流电源；2—绝缘主轴；3—导电砂轮；4—电解液喷嘴；5—工件；
6—电解液泵；7—电解液箱；8—机床本体；9—工作台

（3）钳工修整加工。

冲模零件的加工主要是机、电加工或机电一体化加工，但无论采用何种方式，也离不开钳工手工技巧的操作。钳工加工方法很多，这里主要介绍钳工压印加工和研配加工。

① 压印加工。

压印加工是一种钳工加工方法。图 1.5.29 所示为凹模型孔的压印加工，用已加工好并经淬硬的成品凸模（或用特制的压印工艺冲头）作为压印基准件，垂直放置在相应的凹模型孔上，通过手动压力机施以压力，经凸模的挤压和切削作用，在凹模上压出印痕，钳工按印痕均匀锉修型孔下部的加工余量后再压印，再锉修，如此反复进行，直至做出相应的型孔。压印前，凹模应预先加工好型孔轮廓，并留单面余量 0.1 ~ 0.2 mm。压印过程中应使用角尺反复校正基准件与工件之间的垂直度。

压印加工也可以用加工好的凹模作为压印基准件加工凸模。采用压印加工的凸模应经过预先加工，沿刃口轮廓留 0.1 mm 左右的单面加工余量。凸模经压印后，也可按印痕由仿刨加工完成，此时余量每边可放大到 0.5 ~ 1 mm 左右。

压印多型孔工件时，需采用精密方箱夹具或精锤出工艺孔来定位，以便控制型孔间位置。也可利用已制出的一个多型孔件（如凹模或卸料板）作为导向件对工件进行压印。压印加工

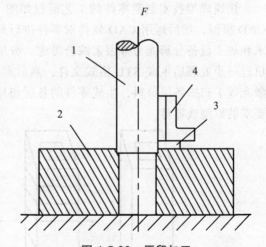

图 1.5.29　压印加工

1—成品凸模；2—凹模；3—垫块；4—角尺

是在冲模制造中缺少专用的电加工及成型磨削设备，或用成型磨削等方法难以达到凸、凹模间隙配合要求的情况下采用的一种加工方法。

② 研配加工。

研配是一种手工制模精加工方法，主要用于两个互相配合的曲面要求形状和尺寸一致的

情况。研配加工的基本过程是：先将一个零件按图样加工好（通常是按样板或样架加工）作为基准件，然后加工另一件时，将基准件的成型表面涂上红丹粉并使基准件与加工件的成型表面相接触，根据在加工件成型表面上印出的接触印痕多少，即可知道两个成型表面吻合程度。同时，根据接触点位置，即可确定需要修磨的部位，以便进行修磨。经修磨后，再着色检验，再进行修磨。如此循环进行修磨和检验，直至加工件的形状和尺寸与基准件完全一致（即着色检验全部接触）时为止。

冲模钳工的研配通常用于下述两种情况：

a. 二维曲面的配合。如冲裁凸、凹模刃口是曲线形时，凸、凹模的配合面就是二维曲面。当冲裁间隙较小时，机加工达不到精度要求，就需靠钳工研配来保证。

b. 三维曲面的配合。如复杂形状件拉深或成型凸模和凹模的工作型面一般都是三维曲面，它们的形状和尺寸不易测量，一般都用模型、样架进行研合，着色检验后，再进行修磨成型。钳工的研配工作一般采用风动砂轮机或在专用的修磨机上进行。研合时，导向要正确，并保证每次研合的方向和位置不变。

（4）快速成型技术。

快速成型制造技术简称 RPM，是国外 20 世纪 80 年代末发展起来的一类先进制造技术。它集数控技术、计算机技术和新型材料技术（有些还涉及激光技术）于一体，改变了传统切削加工方法材料递减的加工原理，而采用材料累加原理来制造模型或零件，因此可成型任意复杂形状的零件，也无需刀具、夹具和模具，从而大大缩短产品的制造周期，提高产品的竞争力，特别适合于新产品开发或多品种、小批量零件的制造。目前，RPM 技术已成为加速新产品开发及实现并行工程的有效手段，一些工业发达国家（如美、日等）已经全面应用这一技术来提高制造业的竞争能力。

快速成型技术制造零件的工艺流程如图 1.5.30 所示。首先在计算机上设计零件的三维 CAD 模型，然后运用 CAD 软件对零件进行分层切片离散化，分层厚度应根据零件的技术要求和加工设备分辨能力等因素综合考虑。分层后对切片进行网格化处理。所得数据经过计算机进一步处理后生成 STL 格式文件，然后利用 STL 格式文件通过计算机控制造型工具（如激光等）扫描各层材料，生成零件的各层切片形状，并实现各层切片之间的联接，以得到所要求的原型或零件。

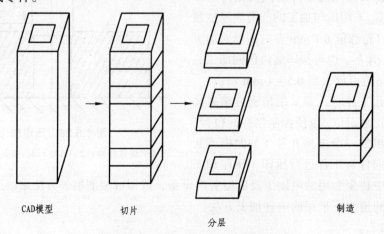

CAD模型   切片   制造

分层

图 1.5.30   快速成型技术制造流程

RPM 技术开创了不需任何机械加工而快速精确制造模具的方法。用 RPM 技术制造模具的方法一般是：先用 RPM 技术制造原型零件（其材料通常为树脂、胶纸、石蜡等），再通过喷涂法、石膏模铸造、实型铸造、熔模铸造等方法制造模具零件。也可用 RPM 技术直接制造模具零件，如用 RPM 技术中的选择性激光烧结法（SLS）可直接烧结合金粉末制造金属零件。

RPM 技术应用在冲模制造中，可制造中等精度、复杂的拉深模、成型模及简易冲模（如锌基合金冲模）等，其生产周期与机械加工相比可缩短 40%~60%，生产成本可降低 50%~70%。一般地说，生产的零件件数越少，形状越复杂，RPM 技术就越能显示其加工优越性。目前，RPM 和铸造的结合，已在企业中产生了巨大的经济效益。随着 RPM 原型精度的提高，它在模具制造领域的应用也将前景光明。

1.5.3　模具零件的检测

零件加工检测是零件精度和模具产品质量的根本保证和基础，模具零件的检测内容和检测手段视不同的零件类型、不同的生产条件和不同的生产规模而有所不同。模具零件的检测内容主要包括零件几何量和零件组织性能检测。这里主要介绍零件几何量检测。在几何量检测中，除尺寸公差检测外，形位公差的检测也是十分重要的。下面介绍模具零件形位公差常见的检测项目、检测方法及常用量具（或量仪）。

1. 平面度、直线度的检测

平面是一切精密制造的基础，它的精度用平面度（对于面积较大的平面）或直线度（对于较窄的平面、母线或轴线）来表示，通称平直度。检验平面度误差和直线度误差的一般量具或量仪有检验平板、检验直尺和水平仪；精密量具或量仪有合像水平仪、电子水平仪、自准直仪和平直度测量仪等。

2. 圆度、圆柱度的检测

用圆度仪可以测圆度误差和圆柱度误差。圆度仪是一种精密计量仪器，对环境条件有较高的要求，通常为计量部门用来抽检或仲裁产品中的圆度和圆柱度时使用。其测量结果可用数字显示，也可绘制出公差带图。但垂直导轨精度不高的圆度仪不能测量圆柱度误差，而具有高精度垂直导轨的圆度仪才可直接测得零件的圆柱度误差。这种仪器可对外圆或内孔进行测量，也可测量用其他方式不便检测的零件垂直度或平行度误差。测量时，将被测零件放置在圆度仪上，同时调整被测零件的轴线，使其与量仪的回转轴线同轴，然后测量并记录被测零件在回转一周过程中截面上各点的半径差（测圆柱度时，如果测头设有径向偏差可按上述方法测量若干横截面，或测头按螺旋线绕被测面移动测量），最后由计算机计算圆度或圆柱度误差。圆度误差测量方如图 1.5.31 所示，同轴度误差测量方法如图 1.5.32 所示。

在模具设计中，对圆度公差项目的使用较多，如国家标准冷冲模中的导柱、导套、模柄等零件都要求控制圆柱度。圆柱度误差可以看作是圆度、母线直线度和母线间平行度误差的综合反映，因而在不具备完善的检测设备条件时可通过这三个相关参数的误差来间接评定圆柱度误差。

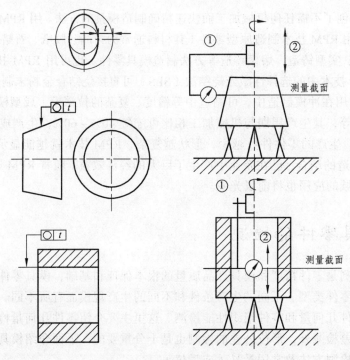

图 1.5.31   圆度误差测量方法

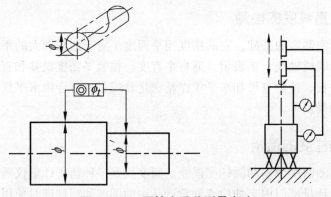

图 1.5.32   同轴度误差测量方法

3. 同轴度的检测

常用测量方法和所用量具和量仪如下：

（1）用圆度仪测量同轴度误差如图 1.5.33 所示。调整被测零件，使基准轴线与仪器主轴的回转轴线同轴，在被测零件的基准要素和被测要素上测量若干截面，并记录轮廓图形，根据图形按定义求出同轴度误差。

（2）用平板、刃口 V 形架和百分表测量同轴度误差如图 1.5.34 所示。

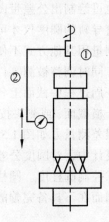

图 1.5.33   用圆度仪测量同轴度误差的方法

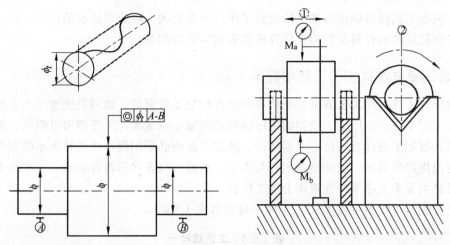

图 1.5.34 用 V 形架测量同轴度误差的方法

4. 形位公差的综合检测

采用现代检测设备，可同时对模具零件多项形位公差进行综合检测。

（1）圆度仪不仅能检测零件的圆度和圆柱度，还可对零件外圆或内孔进行垂直度或平行度检测。

（2）三坐标测量仪是由 X、Y、Z 三轴互成直角配置的三个坐标值来确定零件被测点空间位置的精密测试设备，其测量结果可用数字显示，也可绘制图形或打印输出。由于配有三维触发式测头，因而对准快、精度高。其标准型多用于配合生产现场的检测，精密型多用于精密计量部门进行检测、课题研究或对有争议尺寸的仲裁。三坐标测量仪可以方便地进行直角坐标系之间或直角坐标系与极坐标系之间的转换，可以用于线性尺寸、圆度、圆柱度、角度、交点位置、球面、线轮廓度、面轮廓度、齿轮的齿廓、同轴度、对称度、位置度以及遵守最大实体原则时的最佳配合等多种项目的检测。

选用检测量具、量仪的基本原则是：

① 根据生产实际条件和生产规模选用。模具生产一般是单件小批量生产，所选用的量具多为通用量具。

② 根据检测对象，确定量具的测量范围及其不确定度。

③ 要考虑测量的方便性和经济性。

1.5.4 模具零件加工工艺规程的编制

1. 模具零件加工工艺规程的制订步骤

（1）在制订模具零件工艺规程前，应详细分析模具零件图、技术条件、结构特点以及该零件在模具中的作用等。

（2）选择模具零件坯料制造方法。

（3）初拟订工艺水平路线，注意粗、精加工基准的选择，确定热处理工序，划分加工阶段。在拟订工艺过程中，应正确选择加工设备、工具、夹具和量具。

（4）根据工艺路线确定各加工阶段的工序尺寸及公关，确定半成品的尺寸。

（5）根据坯料的材料及性能，计算或查表确定切削用量。

2. 填写模具零件加工工艺规程卡

完成模具零件加工工艺方案的分析和确定各种加工数据后，填写机械加工工艺规程卡和机械加工工序卡片。工序卡上绘制的工序图可适当缩小或放大，工序图可以简化，但必须画出轮廓线，被加工表面及定位、夹紧部位。被加工表面必须用粗实线或其他不同颜色的线条表示，定位用符号表示，辅助支承用符号表示，夹紧力及方向用符号表示。工序图上表示的零件位置必须是本工序零件在机床上加工位置。

工艺过程卡可以参考表 1.5.3，工序卡可参考表 1.5.4。

表 1.5.3　工艺规程卡

编制	签字		日期	模具名称					
				模具编号					
校核				零件名称					
				零件图号					
批准				材料名称					
				毛坯尺寸			件数		
工序	工种	机床号	加工说明和技术要求	定额工时		实际工时	加工者	检验员	等级
1									
2									
3									
…									
现场工艺执行者	签字	日期	质量情况			等级			

表 1.5.4　工序卡

编制	签字		日期	模具名称		
				模具编号		
校核				零件名称		
				零件图号		
批准				材料名称		
				毛坯尺寸	件数	
序号	工种	机床号	加工简图	工序内容和工艺要求说明	工艺参数	工装
现场工艺执行	签字	日期	加工者	签字	日期	实际工时
检验员			质量情况		等级	

　　模具制造是模具设计过程的延续，它以模具设计图样为依据，通过对原材料的加工和装配，使其成为具有使用功能的特殊工艺装备，主要进行模具工作零件的加工、标准件的补充加工、模具的装配与试模。其中，编制模具零件加工工艺规程是模具制造的前期工作，模具零件加工工艺规程是指导模具加工的工艺文件。

本学习情境小结

　　本学习情境讲授的主要内容是：冲压成型与模具技术的有关概念、冲压设备及其选用、冲压变形的理论基础、模具材料的选用、模具零件的加工方法及工艺规程的编制，通过本学习情境的学习，学生应该熟悉冲压与冲模的相关概念；理解冲压设备参数意义和掌握设备的选用方法；掌握材料变形的理论基础和制件材料、模具材料的选用方法；了解模具零件的普通加工方法和特种加工方法并能够编写模具零件的机械加工工艺规程；了解冲压的现状及发展方向。同时也应达到提高学生学习冲压技术的兴趣，为后面情境学习打下学习基础的目的。

思考与练习题

　　1. 什么是冲压？它与其他加工方法相比有什么特点？为何冲压加工的优越性只有在批生产的情况下才能得到充分体现？

　　2. 冲压工序可分为哪两大类？它们的主要区别和特点是什么？

　　3. 简述冲压技术的发展趋势。

　　4. 影响金属塑性的因素有哪些？

　　5. 什么叫加工硬化和硬化指数？加工硬化对冲压成型有何有利和不利的影响？

　　6. 什么叫伸长类变形和压缩类变形？试从受力状态、材料厚度变化、破坏形式等方面比较这两类变形的特点。

　　7. 何谓材料的各向异性系数？其大小对材料的冲压成型有哪些方面的影响？

　　8. 何谓材料的冲压成型性能？冲压成型性能主要包括哪两方面的内容？材料冲压成型性能良好的标志是什么？

　　9. 金属塑性变形过程中的卸载规律与反载软化现象在冲压生产中有何实际意义？

　　10. 用"弱区必先变形，变形区应为弱区"的规律说明圆形坯料拉深成型的条件。

　　11. 冲压对材料有哪些基本要求？如何合理选用冲压材料？

　　12. 试述冲模制造的工艺过程及特点。

　　13. 铣床加工与刨床加工相比有何相同和不同之处？各适应加工什么类型和要求的零件？

　　14. 比较光学曲线磨床与坐标磨床的加工特点与适应范围。

　　15. 对具有圆形型孔的多型孔凹模，加工时如何保证各型孔之间的位置精度？

　　16. 在机械加工中，非圆形凸模和凹模的粗（半精）加工、精加工各分别采用哪些方法？试比较这些加工方法的优缺点。

　　17. 在冲模零件加工中，保证非淬硬零件（如凸模固定板与卸料板）与淬硬零件（如凹模凸凹模）之间型孔（包括画形孔与非圆形孔）位置一致的工艺方法有哪些？

　　18. 用于冲模数控加工的机床有哪些？一般什么情况下采用数控机床加工？

19. 什么是电火花加工中的极性效应？加工时如何选择加工极性？

20. 在用电火花加工方法进行凹模型孔加工时，怎样保证凸模与凹模的配合间隙？

21. 电火花加工与电火花线切割加工各有何优点？在冲模加工中，什么情况下采用电火花加工？在什么情况下采用电火花线切割加工？加工前工件应达到什么要求？

学习情境 2　冲裁工艺分析与
冲裁模具的设计

【知识目标】
- 掌握冲裁变形过程的分析。
- 掌握冲模间隙的确定方法。
- 掌握冲模刃口尺寸的计算方法。
- 掌握冲裁件的工艺设计和工艺参数的计算方法。
- 掌握冲裁模的设计方法。
- 了解精密冲裁模和硬质合金冲裁模。

【技能目标】
- 能对中等复杂程度冲裁件进行工艺分析、工艺计算、工艺设计。
- 能够对加工中等复杂程度冲裁件的模具及零部件进行设计。

本情境学习任务

1. 完成图 1 所示落料件的工艺设计和模具设计。

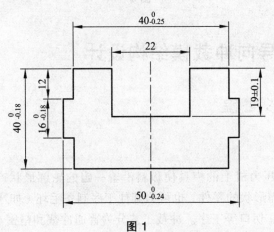

图 1

2. 完成图 2 所示冲孔、落料件的工艺设计和模具设计。

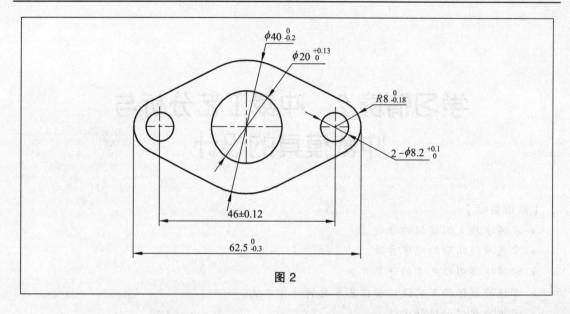

图 2

引入：冲裁加工是冲压加工中的基本工序，图 3 所示各种常用工具和电动机硅钢片就是采用冲裁加工而成。这些工具的共同特点：平板类零件，形状比较简单，使用量大，生产批量大。

图 3

2.1　单工序无导向冲裁模结构设计

2.1.1　冲裁变形过程

1. 冲裁工艺概念

冲裁是指利用装在压力机上的模具使板料沿着一定的轮廓形状产生分离的一种冲压工艺。它可以直接冲出所需形状的零件，也可为其他工序制备毛坯（如弯曲、拉深等工序），主要有冲孔、落料、切边、切口等工序。冲裁工艺分为普通冲裁和精密冲裁两大类。这里只介绍普通冲裁。

2. 冲裁工序分类

冲裁工序的种类很多，最常用的是冲孔和落料。板料经过冲裁以后，分为冲落部分和带孔部分，如图 2.1.1 所示。从板料上冲下所需形状的零件（毛坯）叫落料，在工件上冲出所需形状的孔叫冲孔（冲去部分为废料），如图 2.1.2 所示垫片冲裁件。冲制外形属于落料；冲制内形属于冲孔。

图 2.1.1　冲裁件示意　　　　　　图 2.1.2　垫片冲裁件

3. 冲裁变形过程

普通冲裁过程如图 2.1.3 所示，当冲裁间隙正常时，板料的冲裁变形过程可以分为 3 个阶段，即弹性变形阶段、塑性变形阶段、断裂阶段。

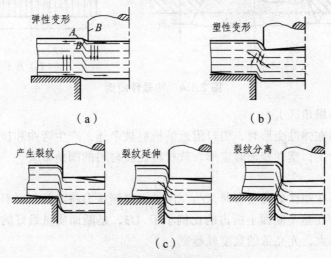

图 2.1.3　冲裁变形过程

（1）弹性变形阶段。

如图 2.1.3（a）所示，当凸模开始接触板料并下压时，变形区内产生弹性压缩、拉伸与弯曲等变形，这时凸模和凹模刃口分别略微挤入板料中。当凸模切入深度达到一定程度时，板料内应力达到弹性极限（此时 $\sigma < \sigma_s$）。

现象：凸模下面的板料略有弯曲，凹模上面的板料开始上翘，若卸去凸模压力，板料能够恢复原状，不产生永久变形（只到弹性变形的极限，无塑性变形）。

（2）塑性变形阶段。

如图 2.1.3（b）所示，凸模继续下压，板料的内应力达到屈服极限，板料在与凸、凹模刃口接触处产生塑性变形，此时凸模切入板料，板料挤入凹模，产生塑性剪切变形，形成光亮的剪切断面。随着塑性变形加大，变形区的材料硬化加剧，冲裁变形力不断增大，当刃口附近的材料由于拉应力的作用出现微裂纹时，标志着塑性变形阶段结束（此时 $\sigma \geqslant \sigma_s$）。

现象：凸模和凹模都切入板料，形成光亮的剪切断面（发生塑性剪切变形，形成光亮带，但没有产生分离，没有裂纹，板料还是一个整体）。

（3）断裂阶段。

如图 2.1.3（c）所示，凸模继续下压，当板料的内应力达到强度极限 $(\sigma > \sigma_b)$ 时，在凸模、凹模的刃口接触处，板料产生微小裂纹。

现象：在应力作用下，裂纹不断扩展，当上、下裂纹汇合时，板料发生分离；凸模继续下压，将已分离的材料从板料中推出，完成冲裁过程。

4. 冲裁件的断面特征

冲裁件的断面具有明显的区域性特征，在断面上明显地区分为圆角带、光亮带、断裂带和毛刺四个部分。图 2.1.4 所示为冲孔件和落料件断面的四个区域。

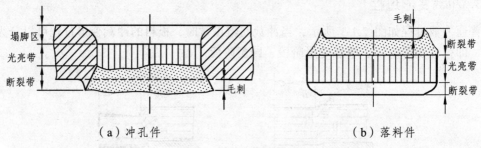

（a）冲孔件　　　　　　　　　　　（b）落料件

图 2.1.4　冲裁件断面

（1）圆角带（塌角区）。

圆角带是板料在弹性变形时，刃口附近的板料被牵连，产生弯曲和拉深变形而形成的。它在弹性变形时产生，塑性变形时定形。软材料比硬材料的圆角带大。

（2）光亮带。

光亮带是板料在塑性剪切变形时，凸、凹模刃口侧压力将毛料压平而形成的光亮垂直的断面，通常光亮带在整个断面上所占的比例小于 1/3，是断面质量最好的区域。板料的塑性越好，冲裁间隙越大，光亮带的宽度就越宽。

（3）断裂带。

断裂带是由刃口处的微裂纹在拉应力作用下不断扩展而形成的撕裂面，在断裂阶段产生的。断裂带是断面质量较差的区域，表面粗糙，且有斜度。塑性越差，冲裁间隙越大，断裂带越宽且斜度越大。

（4）毛刺（又称环状毛刺）。

毛刺是因为微裂纹产生的位置不是正对刃口，而是在刃口附近的侧面上，加之凸、凹模之间的间隙及刃口不锋利等因素，使金属拉断成毛刺而残留在冲裁件上。普通冲裁件的断面毛刺难以避免。凸模刃口磨钝后，在落料件边缘产生较大毛刺；凹模刃口磨钝后，在冲孔件边缘会产生较大毛刺；间隙不均匀，会使冲裁件产生局部毛刺。

圆角带、光亮带、断裂带、毛刺四个部分在整个断面上所占比例不是固定的，随着材料的机械性能、凸模和凹模之间的间隙、模具结构等不同而变化。

5. 冲裁件的工艺性

（1）冲裁件的结构工艺性。

① 形状设计应力求简单、对称，同时应减少排样废料。如图 2.1.5 所示，如果图 2.1.5（a）所示零件的外形要求不高，只有三个孔位要求较高，就可改为图 2.1.5（b）所示形状，

仍能保证三个孔的位置精度，这样冲裁时就可以节省材料。

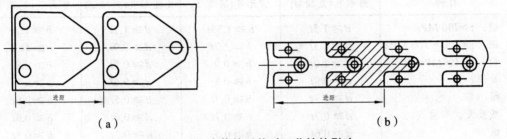

(a)　　　　　　　　　　　　　　　　(b)

图 2.1.5　冲裁件形状对工艺性的影响

② 外形和内孔应避免尖角，用圆弧过渡。这样可便于模具加工，减少热处理变形或冲压时的模具工作零件的开裂，减少冲裁时尖角处的崩刃和过快磨损。过渡圆弧的最小圆角半径 r_{min} 见表 2.1.1。

表 2.1.1　冲裁件的最小过渡圆角半径 r_{min}

零件种类			黄铜、纯铜、铝	合金钢	软钢	备注
落料	交角	≥90°	0.18t	0.35t	0.25t	≥0.25 mm
		>90°	0.35t	0.70t	0.50t	≤0.50 mm
冲孔	交角	≥90°	0.20t	0.45t	0.30t	≥0.30 mm
		<90°	0.40t	0.90t	0.60t	≤6 mm

注：t 为材料厚度，当 t<1 mm 时，均以 t=1 mm 计。

③ 要保证冲裁件的强度以及凸模和凹模的强度。冲裁件尽量避免狭长的槽与过长的悬臂。图 2.1.6 所示的凸起和凹槽的宽度应保证 $b>2t$。若 b 值太小，则相应的凸模很薄，强度不足，甚至无法生产。应保证孔与孔之间的距离 $c'≥1.5t$，孔与边缘之间的距离 $c≥t$，否则会严重降低凹模的强度。

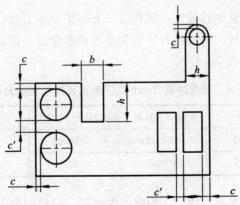

图 2.1.6　冲裁件的结构工艺性

④ 冲孔时，孔径不能太小，以防止凸模折断或弯曲。可冲压的最小的孔径有两种情况。表 2.1.2 所示为无导向凸模冲孔的最小孔径；表 2.1.3 所示为带保护套凸模冲孔的最小孔径。

表 2.1.2　无导向凸模可冲孔的最小孔径

材料	圆形孔(直径 d)	方形孔(孔宽 b)	长圆形孔(直径 d)	矩形孔(孔宽 b)
钢，$\tau>700$ MPa	$d\geqslant 1.5t$	$b\geqslant 1.35t$	$d\geqslant 1.1t$	$b\geqslant 1.2t$
钢，$\tau=400\sim700$ MPa	$d\geqslant 1.3t$	$b\geqslant 1.2t$	$d\geqslant 0.9t$	$b\geqslant 1.0t$
钢，$\tau<400$MPa	$d\geqslant 1.0t$	$b\geqslant 0.9t$	$d\geqslant 0.7t$	$b\geqslant 0.8t$
黄铜、铜	$d\geqslant 0.9t$	$b\geqslant 0.8t$	$d\geqslant 0.6t$	$b\geqslant 0.7t$
铝、锌	$d\geqslant 0.8t$	$b\geqslant 0.7t$	$d\geqslant 0.5t$	$b\geqslant 0.6t$
纸胶板、布胶板	$d\geqslant 0.7t$	$b\geqslant 0.7t$	$d\geqslant 0.4t$	$b\geqslant 0.5t$
纸	$d\geqslant 0.6t$	$b\geqslant 0.5t$	$d\geqslant 0.3t$	$b\geqslant 0.4t$

注：τ 为材料抗剪强度。

表 2.1.3　带保护套凸模冲孔的最小孔径

材　料	圆形孔(直径 d)	矩形孔(孔宽 b)
硬钢	$d\geqslant 0.5t$	$b\geqslant 0.4t$
软钢及黄铜	$d\geqslant 0.35t$	$b\geqslant 0.3t$
铝、锌	$d\geqslant 0.3t$	$b\geqslant 0.28t$

2.1.2　冲裁件质量及其影响因素

冲裁件质量是指断面情况、尺寸精度和形状精度。断面情况尽可能垂直、光洁、毛刺小。尺寸精度应保证在图纸规定的公差范围之内。零件的外形应满足图纸要求；表面应尽可能平直，即拱弯小。影响零件质量的因素有：材料性能、间隙大小及均匀性、刃口锋利程度、模具精度以及模具的结构形式等。

1. 冲裁件断面质量及其影响因素

冲裁件断面有四个明显的特征区：圆角带、光亮带、断裂带、毛刺区。四个特征区中，光亮带越宽，断面质量越好。普通冲裁中毛刺是不可避免的。普通冲裁 2 mm 以下的金属板料时，允许的毛刺高度见表 2.1.4。

表 2.1.4　普通冲裁 2 mm 以下金属板料毛刺的允许高度

料厚 t	$\leqslant 0.3$	$>0.3\sim 0.5$	$>0.5\sim 1.0$	$>1.0\sim 1.5$	$>1.5\sim 2.0$
试模时	$\leqslant 0.015$	$\leqslant 0.02$	$\leqslant 0.03$	$\leqslant 0.04$	$\leqslant 0.05$
生产时	$\leqslant 0.05$	$\leqslant 0.08$	$\leqslant 0.10$	$\leqslant 0.13$	$\leqslant 0.15$

（1）冲裁模刃口间隙大或不均匀，均能产生毛刺。导致间隙不合理的因素除制造与装配的尺寸与形状的误差外，压力机的平行度、安装正确与否、冲模结构刚度及导向精度、板料挠曲度等均能引起冲裁过程间隙的变化。

（2）刃口由于磨损或其他原因产生圆角。

（3）修边冲孔时，制件形状与刃口形状不相符。

2. 冲裁件尺寸精度及其影响因素

（1）冲模的制造精度。冲裁模精度越高，冲裁件的精度也越高，其关系见表 2.1.5。

表 2.1.5 冲模制造精度与冲裁件精度之间的关系

冲模制造精度	材料厚度 t/mm										
	0.5	0.8	1.0	1.5	2	3	4	5	6	8	10	12
IT6～IT7	IT8	IT8	IT9	IT10	IT10	—	—					
IT7～IT8	—	IT9	IT10	IT10	IT12	IT12	IT12					
IT9	—	—	—	IT12	IT12	IT12	IT12	IT12	IT14	IT14	IT14	IT14

（2）材料的性质。比较软的材料，弹性变形量较小，冲裁后的回弹值亦较小，零件精度较高；反之，较低。

（3）冲模间隙。当间隙适当时，在冲裁过程中，板料的变形区在剪切作用下被分离，使落料尺寸等于凹模尺寸，冲孔尺寸等于凸模尺寸。

当间隙过大时，板料在冲裁过程中除受剪切外还产生较大的拉伸与弯曲变形，冲裁后因材料的弹性恢复，将使冲裁件的尺寸向实体方向收缩。落料件尺寸将小于凹模尺寸，冲孔件将大于凸模尺寸；但因拱弯的弹性恢复方向与以上相反，故偏差值是二者的综合结果。

若间隙过小，则板料的冲裁除受到剪切外还会受到较大的挤压作用，冲裁后，材料的弹性恢复使冲裁件尺寸向实体的反方向膨胀。对于落料件，其尺寸将会大于凹模尺寸，冲孔件尺寸将会小于凸模尺寸。

3. 冲裁件形状误差及其影响因素

冲裁件形状误差是指制件形状产生翘曲、扭曲、变形等缺陷。冲裁件呈曲面不平的现象称之为翘曲。它是由于间隙过大、弯矩增大、变形拉伸和弯曲成分增多而造成的，同时材料的各向异性和卷料的未矫正也会产生翘曲。冲裁件呈扭歪的现象称为扭曲。它是由于材料的不平、间隙不均匀、凹模的后角对材料摩擦不均匀等造成的。冲裁件的变形是由于坯料的边缘冲孔或孔距太小等原因，因胀形而产生的。

2.1.3 冲裁间隙及冲裁间隙值的确定

1. 冲裁间隙的定义

冲裁间隙是指冲裁模具中凸、凹模刃口部分的尺寸之差，一般用 Z 表示，如图 2.1.7 所示。

2. 冲裁间隙对冲裁过程的影响

冲裁间隙是冲裁模设计的一个重要参数，它对冲裁过程的影响是多方面的，在冲裁模设计的过程中必须综合考虑，选取合理的冲裁间隙。

（1）冲裁间隙对冲裁件质量的影响。

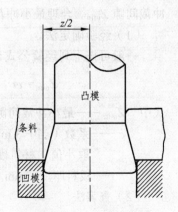

图 2.1.7 冲裁间隙示意

如图 2.1.8 所示，一般来说，间隙小，冲裁件的断面质量就高（光亮带增加）；间隙大，则断面塌角大，光亮带减小，毛刺大。但是，间隙过小，则断面易产生"二次剪切"现象，有潜伏裂纹。

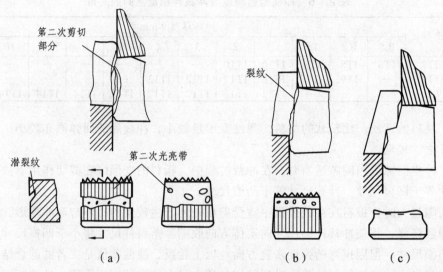

图 2.1.8　冲裁间隙对冲裁件质量的影响

（2）冲裁间隙对冲裁力的影响。

间隙小，所需的冲裁力就大（材料不容易分离）；间隙大，材料容易分离，所需的冲裁力就小。

（3）冲裁间隙对冲裁模具寿命的影响。

间隙大，有利于减小模具磨损，避免凹模刃口胀裂，可以提高冲裁模具的寿命。

3．合理冲裁间隙的确定

根据对冲裁过程的分析，冲裁间隙过大、过小都不合理，只有选取适中的冲裁间隙，才能进行正常的冲裁生产。同时考虑到冲裁模具的磨损，在冲裁生产过程中，凸模磨损后尺寸减小，凹模磨损后尺寸增大，这样冲裁间隙就随着冲裁模具的磨损而增大。

为保证冲裁模有一定的使用寿命，设计时的初始间隙就必须选用适中间隙范围内的最小冲裁间隙 Z_{min}。合理最小冲裁间隙的确定通常有两种方法。

（1）经验确定法。

一般可按下列经验公式计算最小合理冲裁间隙值：

$$Z_{min} = ct \tag{2.1.1}$$

式中　Z_{min} ——最小冲裁间隙，mm；

　　c ——系数（当 $t<3$ mm 时，$c = 6\% \sim 12\%$；当 $t>3$ mm 时，$c = 15\% \sim 25\%$。材料软时，取小值；材料硬时，取大值。目的是为了减小冲裁力）；

　　t ——板料厚度，mm。

（2）查表法。

表 2.1.6 所提供的经验数据为落料、冲孔模具的初始值，可用于一般条件下的冲裁。表

中初始间隙的最小值 Z_{min} 为最小合理间隙值，而初始间隙的最大值 Z_{max} 是考虑到凸模和凹模的制造误差，在 Z_{min} 的基础上增加一个数值。在使用过程中，由于模具零件工作部分的磨损，间隙将会有所增加，因而使间隙的最大值（最大合理间隙）可能超过表中所列数值。

表 2.1.6　冲裁模刃口初始值间隙（m）

材料名称	45；T7，T8(退火)；磷青铜(硬)；铍青铜(硬)		10，15，20冷轧钢带；30钢板；H62，H68(硬)；2A12，硅钢片		Q215，Q235；08，10，15；H62，H68(半硬)；磷青铜、铍青铜(软)		H62，H68(软)；纯铜（软）；3A12，5A02，1060，1050A，1035，1200，8A06，2A12		酚醛环氧层压玻璃布板、酚醛层压纸板、酚醛层压布板		钢纸板、绝缘纸板、云母板、橡胶板	
力学性能	$HBS \geqslant 190$ $\sigma_b \geqslant 600$ MPa		$HBS=140\sim190$ $\sigma_b \geqslant 400\sim 600$ MPa		$HBS=70\sim140$ $\sigma_b \geqslant 300\sim 400$ MPa		$HBS \leqslant 70$ $\sigma_b \leqslant 300$ MPa		—		—	
厚度	初　始　间　隙											
	Z_{min}	Z_{max}	Z_{min}	Z_{max}	Z_{min}	Z_{max}	Z_{min}	Z_{max}	Z_{min}	Z_{max}	Z_{min}	Z_{max}
0.1	0.015	0.035	0.01	0.03								
0.2	0.025	0.045	0.015	0.035	0.01	0.03	—	—	—	—	—	—
0.3	0.04	0.06	0.03	0.05	0.02	0.04	0.01	0.03	—	—		
0.5	0.08	0.10	0.06	0.08	0.04	0.06	0.025	0.045	0.01	0.02		
0.8	0.13	0.16	0.10	0.13	0.07	0.10	0.045	0.075	0.015	0.03		
1.0	0.17	0.20	0.13	0.16	0.10	0.13	0.065	0.095	0.025	0.04	0.01~0.03	0.015~0.045
1.2	0.21	0.24	0.16	0.19	0.13	0.16	0.075	0.105	0.035	0.05		
1.5	0.27	0.31	0.21	0.25	0.15	0.19	0.10	0.14	0.04	0.06		
1.8	0.34	0.38	0.27	0.31	0.20	0.24	0.13	0.17	0.05	0.07		
2.0	0.38	0.42	0.30	0.34	0.22	0.26	0.14	0.18	0.06	0.08		
2.5	0.49	0.55	0.39	0.45	0.29	0.35	0.18	0.24	0.07	0.10		
3.0	0.62	0.68	0.49	0.55	0.36	0.42	0.23	0.29	0.10	0.13		
3.5	0.73	0.81	0.58	0.66	0.43	0.51	0.27	0.35	0.12	0.16	0.04	0.06
4.0	0.86	0.94	0.68	0.76	0.50	0.58	0.32	0.40	0.14	0.18		

2.1.4　凸、凹模刃口尺寸的设计

冲裁时，冲裁件的尺寸精度是靠冲裁模具保证的，而模具尺寸主要在于凸、凹模刃口部分的尺寸，通过凸、凹模刃口部分的尺寸来保证模具合理的冲裁间隙。

1. 凸、凹模刃口尺寸的计算原则

由于冲裁时凸、凹模之间存在间隙，所以所落的料和冲出的孔的断面都是带有锥度的。

落料时工件的大端尺寸近似等于凹模的刃口尺寸；冲孔时，工件的小端尺寸近似等于凸模的刃口尺寸。因此，在计算刃口尺寸时，应按落料、冲孔两种情况分别进行；同时，要考虑磨损后的尺寸变化情况。

进行凸、凹模刃口尺寸计算时应考虑以下 3 个方面的问题：

（1）基准问题。

落料时，工件的大端尺寸近似等于凹模的刃口尺寸，所以落料工序应以凹模为基准件，先确定凹模尺寸，凸模尺寸按凹模尺寸减去最小冲裁间隙确定。

冲孔时，工件的小端尺寸近似等于凸模的刃口尺寸，所以冲孔工序应以凸模为基准件，先确定凸模尺寸，凹模尺寸按凸模尺寸加上最小冲裁间隙确定。

（2）磨损问题。

磨损遵照"实体减小"的原则。磨损后，凸模尺寸减小，凹模尺寸增大，因此就会出现"料越落越大"、"孔越冲越小"的现象。为了保证冲裁模有一定的寿命，分两种情况讨论：① 落料时，为了保证凹模磨损后（尺寸变大）仍能冲出合格零件，凹模刃口尺寸应取制件公差允许范围内的最小值；② 冲孔时，为了保证凸模磨损后（尺寸变小）仍能冲出合格零件，凸模刃口尺寸应取制件公差允许范围内的最大值。

（3）合适的制造公差。

凸、凹模刃口的制造精度应比冲裁件的精度要求高 2～3 级，一般圆形件可按 IT6～IT7 级选取，其他按表 2.1.7 选取。

表 2.1.7　模具制造精度与冲裁件精度的关系

冲模制造精度	材料厚度 t/mm								
	0.5	0.8	1.0	1.5	2	3	4	5	6～12
IT6～IT7	IT8	IT8	IT9	IT10	IT10				
IT7～IT8		IT9	IT10	IT10	IT12	IT12	IT12		
IT9				IT12	IT12	IT12	IT12	IT12	IT14

为了使新模具间隙不小于最小合理间隙（$Z_{\min}$），一般凹模上偏差标成 $+\delta_d$，下偏差为 0；凸模下偏差标成 $-\delta_p$，上偏差为 0。也可以按制件公差的 1/4 来考虑，即 $\Delta/4$。

2. 凸、凹模刃口尺寸的计算

在模具制造中，凸、凹模的加工方法有两种，一种是按互换性原则组织生产（分别制造法），一种是按配合加工原则组织生产（配合加工法）。那么刃口尺寸的计算方法相应也分两种：

（1）互换加工法中凸、凹模刃口尺寸的计算。

根据计算原则，冲孔时以凸模为设计基准。设冲裁件孔的直径为 $+d_0^{+\Delta}$，首先确定凸模尺寸，使凸模的尺寸接近或等于制件的最小极限尺寸，再加上以下尺寸：

凸模：

$$d_p = (d + x\Delta)_{-\delta_p}^{0} \tag{2.1.2}$$

凹模：

$$d_d = (d + x\Delta + Z_{\min})_0^{+\delta_d} \tag{2.1.3}$$

落料时（设落料件的尺寸为 $D_{-\Delta}^0$）：

凹模：

$$D_d = (D - x\Delta)_0^{+\delta_d} \qquad (2.1.4)$$

凸模：

$$D_p = (D - x\Delta - Z_{\min})_{-\delta_p}^0 \qquad (2.1.5)$$

式中　D、d ——落料、冲孔工件的基本尺寸，mm；

　　　D_d、D_p ——落料凹模、凸模刃口尺寸，mm；

　　　d_p、d_d ——冲孔凸、凹模刃口尺寸，mm；

　　　Δ ——工件公差，mm；

　　　δ_p、δ_d ——凸、凹模的制造公差，mm；

　　　x ——磨损系数，见表 2.1.8。

表 2.1.8　磨损系数

材料厚度 t /mm	非圆形工件 x 值			圆形工件 x 值	
	1	0.75	0.5	0.75	0.5
	工件公差 Δ/mm				
≤1	<0.16	0.17~0.35	≥0.36	<0.16	≥0.16
1~2	<0.20	0.21~0.41	≥0.42	<0.20	≥0.20
2~4	<0.24	0.25~0.49	≥0.50	<0.24	≥0.24
>4	<0.30	0.31~0.59	≥0.60	<0.30	≥0.30

采用互换加工法进行刃口尺寸计算时，应注意以下三点：

① 考虑到工件的形状、厚度不一样，模具的磨损情况也不一样，因此引入一个系数，即磨损系数 x。

② 为了保证冲裁间隙在合理的范围内，必须保证以下条件：

$$\delta_p + \delta_d \leqslant Z_{\max} - Z_{\min} \qquad (2.1.6)$$

否则，模具的初始间隙将超出 $Z_{\max}$（模具寿命降低），如图 2.1.9 所示。

当 $\delta_p + \delta_d > Z_{\max} - Z_{\min}$ 时，应提高凸、凹模的制造精度，以减小 δ_p、δ_d 值。

一般情况下，取：

$$\delta_p = 0.4(Z_{\max} - Z_{\min}) \qquad (2.1.7)$$

$$\delta_d = 0.6(Z_{\max} - Z_{\min}) \qquad (2.1.8)$$

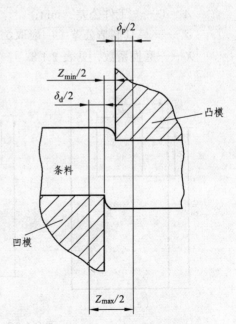

图 2.1.9　刃口制造公差与冲裁间隙关系

③ 这种计算方法适合于圆形和形状规则的零件，当模具的形状复杂、工件复杂时不能用此方法，应采用下面要讲的配合加工法。

（2）配制加工法中凸、凹模刃口尺寸的计算。

对于形状复杂、薄料、模具复杂的冲裁件，为保证凸、凹模之间的合理间隙，必须使用配合加工法。一般企业大多采用配合加工法。根据计算原则，应先确定基准件。落料时以凹模为基准件，冲孔时以凸模为基准件，配套件按基准件的实际尺寸配制，保证最小冲裁间隙 Z_{min}。

凸模和凹模的磨损结果都是实体缩小，因此基准件（不论是凸模还是凹模）磨损后，都存在着有的尺寸增大、有的尺寸减小、有的尺寸不变这三种情况。为了能正确地对尺寸分类，我们引入磨损图的概念。设磨损增大的尺寸为 A 类尺寸，磨损减小的尺寸为 B 类尺寸，磨损后不变的尺寸为 C 类尺寸。则图 2.1.10（a）所示制件，当为落料件时，凹模为基准件，凹模磨损图及尺寸分类如图 2.1.10（b）所示；当为冲孔件时，凸模为基准件，凸模磨损图及尺寸分类如图 2.1.10（c）所示。因此，无论对冲孔件还是落料件，其基准件的刃口尺寸均可按下式计算：

A 类尺寸（ $A_{-\Delta}^{0}$ ）：

$$A = (A_{max} - x\Delta)_{0}^{+\delta} \tag{2.1.9}$$

B 类尺寸（ $B_{0}^{+\Delta}$ ）：

$$B = (B_{min} + x\Delta)_{-\delta}^{0} \tag{2.1.10}$$

C 类尺寸（ $C \pm \Delta'$ ）：

$$C = C \pm \Delta'/4 \tag{2.1.11}$$

式中　A、B、C—— 基准件基本尺寸，mm；

　　　Δ、Δ'—— 工件公差，mm；

　　　δ —— 模具制造公差（一般取 $\delta = \Delta/4$），mm。

　　　X ——磨损系数，见表 2.1.8。

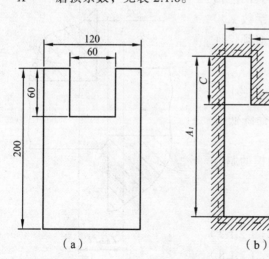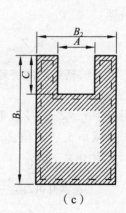

图 2.1.10　凸、凹模刃口尺寸磨损

3．实例讲解

例 2.1　冲裁如图 2.1.11（a）所示制件，材料为 Q235A，料厚 4 mm，试用配制法确定落料模的刃口尺寸及制造公差。

解：本例分为 5 个步骤完成：

（1）确定基准件。此零件为落料件，应以凹模为基准件。

（2）画出基准件的磨损图。凹模刃口的磨损情况如图 2.1.11（b）所示。

（3）对基准件的尺寸进行分类（A、B、C 三类）计算。

根据凹模刃口的磨损情况，其尺寸变化可分为三类：

① 凹模刃口磨损后，尺寸 $A1$，$A2$ 增大，按落料凹模类尺寸处理。

查表 2.1.8，得 $x_1 = x_2 = 0.5$，取 $\delta = \Delta/4$，则

$$A_1 = (200 - 0.5 \times 1.15)^{+1.15/4}_0 = 199.42^{+0.29}_0 = 200^{-0.29}_{-0.58}(\text{mm})$$

$$A_2 = (120 - 0.5 \times 0.87)^{+0.87/4}_0 = 119.56^{+0.22}_0 = 120^{-0.22}_{-0.44}(\text{mm})$$

② 凹模刃口磨损后，尺寸 B 减小，按冲孔凸模类尺寸处理。

查表 2.1.8 得 $x = 0.5$，取 $\delta = \Delta/4$，则

$$B = (60 + 0.5 \times 0.74)_{-0.74/4} = 60.37_{-0.19} = 60_{+0.18}（\text{mm}）$$

③ 凹模刃口磨损后，尺寸 C 不变，按中心距类尺寸处理，则

$$C = 60 \pm 0.37/4 = 60 \pm 0.09（\text{mm}）$$

（4）选取最小冲裁间隙。查表 2.1.6，取 $Z_{\min} = 0.50$ mm。

（5）注明配制关系。凸模刃口尺寸按凹模刃口的实际尺寸配制，保证最小冲裁间隙为 0.50 mm。

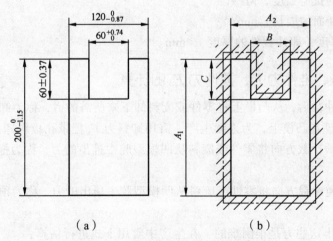

图 2.1.11　零件实例及凹模刃口磨损

2.1.5　模具闭合高度及压力机有关参数

冲裁模总体结构尺寸必须与所选压力机相适应，即模具的总体平面尺寸应该与压力机工

作台或垫板尺寸和滑块下平面尺寸相适应；模具的闭合高度应与压力机的装模高度或封闭高度相适应。

模具的其他外形尺寸也必须与压力机相适应。如模具外轮廓平面尺寸与压力机的滑块底面尺寸与工作台面尺寸、模具的模柄与滑块的模柄孔的尺寸、模具下模座下弹顶装置的平面尺寸与压力机工作台面孔的尺寸等都必须相适应，才能使模具正确安装和正常使用。

2.1.6　冲裁力、卸料力、推件力及顶件力的计算

冲裁工序力包括冲裁力、卸料力、推件力、顶件力等，其中，最主要的是冲裁力的确定。

1. 冲裁力

冲裁力是指冲裁时所需要的压力，即在凸模和凹模的作用下，使板料在厚度方向分离的剪切力。它与板料的剪切面积有关，一般用 F_c 来表示。冲裁刃口分为平刃和斜刃两种情况，这里只介绍常用的平刃冲裁。平刃冲裁时，冲裁力 F_c 可按下式计算：

$$F_c = KA\tau = KLt\tau \tag{2.1.12}$$

为了简化计算，也可用材料的抗拉强度 σ_b 按下式进行估算：

$$F_c = Lt\sigma_b \tag{2.1.13}$$

式中　F_c ——冲裁力，N；

　　　K ——系数，常取 $K = 1.3$；

　　　A ——冲裁断面面积，mm；

　　　τ ——材料的抗剪强度，MPa；

　　　L ——冲裁断面的周长，mm；

　　　t ——材料厚度（即冲裁件的厚度），mm。

2. 卸料力 F_x、推件力 F_t、顶件力 F_d 的计算

（1）卸料力。冲裁后，从凸模上将零件或废料卸下来所需的力，称为卸料力（F_x）。冲裁后，带孔的板料紧箍在凸模上，为连续生产，需用卸料力 F_x 把带孔板料卸掉。

（2）推件力。顺冲裁方向将零件或废料从凹模型腔中推出的力，称为推件力（F_t），如图 2.1.12（b）所示。

（3）顶件力。逆冲裁方向将零件或废料从凹模型腔中顶出的力，称为顶件力（F_d），如图 2.1.12（c）所示。

要想准确计算出这些力是很困难的，在生产中常用下式进行估算：

$$F_x = K_x F_c \tag{2.1.14}$$
$$F_t = nK_t F_c \tag{2.1.15}$$
$$F_d = K_d F_c \tag{2.1.16}$$

式中　K_x，K_t，K_d ——卸料力、推件力、顶件力系数，其值可查表 2.1.9 得到；

F_c —— 冲裁力，N；

n —— 同时卡在凹模内的冲落部分制件或废料的数量，$n = h/t$；

h —— 凹模洞口的直刃壁高度，mm；

t —— 板料厚度，mm。

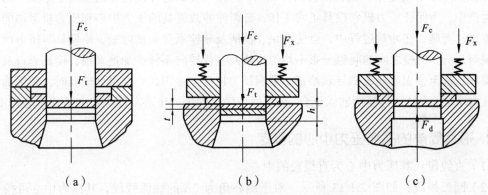

图 2.1.12　卸料、推件、顶件示意图

表 2.1.9　卸料力、推件力、顶件力系数

材料厚度 t/mm		K_x	K_t	K_d
钢	≤ 0.1	$0.065 \sim 0.075$	0.1	0.14
	$0.1 \sim 0.5$	$0.045 \sim 0.055$	0.063	0.08
	$0.5 \sim 2.5$	$0.04 \sim 0.05$	0.055	0.06
	$2.5 \sim 6.5$	$0.03 \sim 0.04$	0.045	0.05
	>6.5	$0.02 \sim 0.03$	0.025	0.03
纯铝、铝合金		$0.025 \sim 0.08$	$0.03 \sim 0.07$	$0.03 \sim 0.07$
纯铜、黄铜		$0.02 \sim 0.06$	$0.03 \sim 0.09$	$0.03 \sim 0.09$

3．冲裁工序力（F）的计算

冲裁工序力的计算应根据冲裁模具的具体结构形式分别考虑。

（1）如图 2.1.12（a）所示，当采用刚性卸料装置和下出件时，F_x 由模具来承担，所以不予考虑。则冲裁工序力为

$$F = F_c + F_t \tag{2.1.17}$$

（2）如图 2.1.12（b）所示，当采用弹性卸料装置和下出件时，冲裁工序力为

$$F = F_c + F_x + F_t \tag{2.1.18}$$

（3）如图 2.1.12（c）所示，当采用弹性卸料装置和上出件时，冲裁工序力为

$$F = F_c + F_x + F_d \tag{2.1.19}$$

选择压力机时，应根据冲裁工序力 F 来确定。一般所选压力机的标称压力 $F_p \geqslant 1.2F$。

2.1.7 冲模压力中心的确定

1. 冲裁压力中心

冲裁压力中心就是指冲裁力的合力作用点。为什么要确定冲裁模具的压力中心呢？因为在冲压生产中，为保证压力机和模具正常工作，必须使冲裁模具的压力中心和压力机滑块的中心线相重合；否则，在冲裁过程中，会使滑块、模柄及导栓承受附加弯矩，使模具与压力机滑块产生偏斜，凸、凹模之间的间隙分布不均匀，从而造成导向零件的加速磨损，模具刃口及其他零件损坏，甚至会引起压力机导轨磨损，影响压力机精度。因此，在设计模具时，必须确定模具的压力中心，并使之与模柄轴线重合，从而保证模具的压力中心与压力机的滑块中心相重合。

2. 形状简单的凸模压力中心的确定

（1）直线段：其压力中心为直线段的中心。

（2）圆弧线段：如图 2.1.13 所示，对于圆心角为 2α 的圆弧线段，其压力中心可按下式计算：

$$\begin{cases} C_0 = (57.29/\alpha)R \cdot \sin\alpha \\ L = 2R\alpha/57.29 \end{cases} \quad (2.1.20)$$

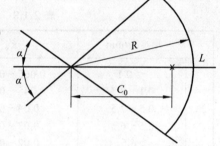

式中　C_0——圆弧线段的压力中心坐标值，mm；

　　　R——圆弧线段的半径，mm；

　　　α——圆弧线段中心角的一半，（°）；

　　　L——圆弧线段的弧长，mm。

（3）形状对称的零件，其凸模的压力中心位于刃口轮廓的几何中心，如圆形的压力中心在圆心上，而矩形的压力中心在对称中心。

图 2.1.13　圆弧冲裁压力中心

3. 形状复杂的凸模压力中心的确定

复杂形状冲裁件压力中心的求解方法有解析法、图解法、合成法等。下面讲解最常用的解析法，具体步骤如下：

（1）按比例画出冲裁件的冲裁轮廓，如图 2.1.14 所示。

（2）建立合适的直角坐标系 xOy（应能简化计算）。

（3）将冲裁件的冲裁轮廓分解成若干个直线段或圆弧线段 L_1，L_2，…，L_n 等基本线段。由于冲裁力 F_c 与轮廓长度 L 成正比关系（$F_c = KLt\tau$），所以可以用线段的长度 L 代替冲裁力 F_c 进行压力中心计算。

（4）计算各基本线段的长度及压力中心的坐标（x_1，y_1），（x_2，y_2），…，（x_n，y_n）。

（5）根据力矩平衡原理，计算压力中心坐标（x_c，y_c）：

$$x_c = \frac{L_1x_1 + L_2x_2 + \cdots + L_nx_n}{L_1 + L_2 + \cdots + L_n} \quad (2.1.21)$$

$$y_{c} = \frac{L_{1}y_{1} + L_{2}y_{2} + \cdots + L_{n}y_{n}}{L_{1} + L_{2} + \cdots + L_{n}} \tag{2.1.22}$$

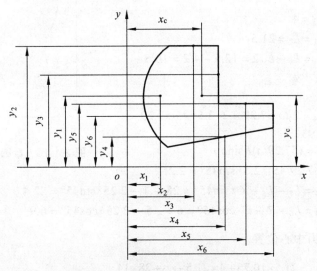

图 2.1.14　复杂形状冲裁压力中心

例 2.2　确定图 2.1.15（a）所示落料凸模的压力中心位置。

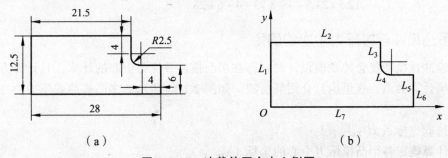

（a）　　　　　　　　　　　　　　（b）

图 2.1.15　冲裁件压力中心例题

解： ① 建立坐标系 xOy，如图 2.1.15（b）所示。

② 把刃口轮廓分成 7 段，并确定各线段长度，列入表 2.1.10。

③ 确定各线段的压力中心位置，计算其坐标值，列入表 2.1.10。

表 2.1.10　计算数据列表　　　　　　　　　　　　单位：mm

线段长度	压力中心坐标	
	x	y
$L_1 = 12.5$	0	6.25
$L_2 = 21.5$	10.75	12.5
$L_3 = 4$	21.5	10.5
$L_4 = 3.93$	22.4	6.9
$L_5 = 4$	26	6
$L_6 = 6$	28	3
$L_7 = 28$	14	0

L_3 段和 L_4 段的计算（见图 2.1.16）：

L_3 段的计算：

$$L_3 = 4$$
$$x_3 = L_2 = 21.5$$
$$y_3 = L_1 - L_3/2 = 12.5 - 4/2 = 10.5$$

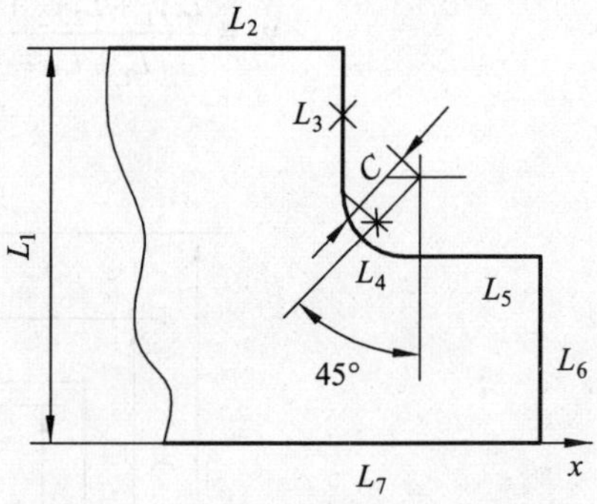

L_4 段的计算：

$$L_4 = 2Ra/57.29 = 2 \times 2.5 \times 45/57.29 = 3.93$$
$$C = (57.29/a)R\sin a = (57.29/45) \times 2.5 \times \sin 45° = 2.25$$
$$x_4 = L_7 - L_5 - C \times \sin 45° = 28 - 4 - 2.25 \times \sin 45° = 22.4$$
$$y_4 = L_6 + R - C \times \cos 45° = 6 + 2.5 - 2.25 \times \cos 45° = 6.9$$

图 2.1.16　L_4 圆弧处压力中心求解

④ 计算凸模压力中心位置。

$$x_c = \frac{21.5 \times 10.75 + 4 \times 21.5 + \cdots + 28 \times 14}{12.5 \times 21.5 + 4 + 3.93 + 4 + 6 + 28} = 13.3 \text{ (mm)}$$

$$y_c = \frac{21.5 \times 6.25 + 21.5 \times 12.5 + \cdots + 6 \times 3}{12.5 \times 21.5 + 4 + 3.93 + 4 + 6 + 28} = 5.7 \text{ (mm)}$$

4．多凸模冲裁时压力中心的确定

在连续冲裁模和复合冲裁模设计时，存在多凸模冲裁压力中心的计算，其计算方法与复杂形状凸模计算类似，这里也只介绍解析法。如图 2.1.17 所示的多凸模冲裁压力中心求解步骤如下：

（1）选取坐标系 xOy。

（2）计算确定各个凸模压力中心的坐标（x_i，y_i）。

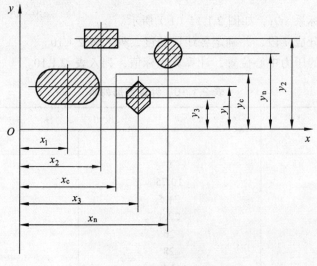

图 2.1.17　多凸模冲裁压力中心

（3）求总合力的中心坐标（x_c, y_c）：

$$x_c = \frac{L_1 x_1 + L_x x_2 + \cdots + L_n x_n}{L_1 + L_2 + \cdots + L_n}\qquad（2.1.23）$$

$$y_c = \frac{L_1 y_1 + L_x y_2 + \cdots + L_n y_n}{L_1 + L_2 + \cdots + L_n}\qquad（2.1.24）$$

式中　L_i——各凸模刃口的周长（$i = 1$, 2, 3, $\cdots$, n），mm。

在利用解析法计算多凸模冲裁压力中心时，要注意以下几点：

（1）多凸模的压力中心也可以在一个坐标系中分解成多个线段进行计算，但形状复杂时计算繁杂，易出错。

（2）所分解的各个凸模必须是独立的（各自有一个完整的外形轮廓）。

（3）要利用力矩平衡的原理进行简化计算。若一个凸模或者多凸模沿某一直线对称时，其压力中心必定在这条对称线上。如图 2.1.18（a）所示的多凸模，其压力中心必在对称线 x-x 上，因此只需计算压力中心的另一坐标（横向坐标）即可。如果几个凸模完全对称于 x 轴和 y 轴，则其力矩之和为零，其压力中心在坐标原点上。如图 2.1.18（b）所示，5 个圆形冲孔凸模中有 4 个完全对称于坐标系 xOy 的原点 O，因此这 4 个圆形凸模的压力中心必在原点 O 上。计算时可把 5 个圆形冲孔凸模分成两组，完全对称于坐标系 xOy 的原点 O 的 4 个凸模一组，剩下的一个单独一组。

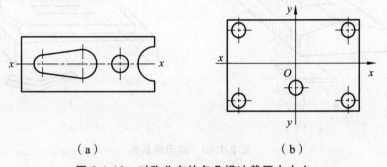

（a）　　　　　　　　　　　　　（b）

图 2.1.18　对称分布的多凸模冲裁压力中心

2.1.8　压力机的公称压力及降低冲裁力的方法

1. 压力机的公称压力的确定

所选压力机的公称压力必须大于冲裁时所需的总冲裁力，即 $F_{压力机} > F_总$。同时，还要有一定的力量储备，如某道冲裁工序的工艺变形力为 F_{max}，那么，选择的设备吨位一般为 $1.3 F_{max}$。从提高设备的工作刚度、冲裁件的精度及延长设备的寿命的观点出发，要求设备容量有较大剩余。最新的观点是使设备留有 40% ~ 30% 的余量。对于拉伸等成型工序，还要利用压力机的许用力-行程曲线，拉伸变形最大力出现在拉伸行程的中前期，这个最大力不应超过相应位置上压力机的曲线，即不要超过压力机当时的允许压力。

2. 降低冲裁力的方法

在冲制高强度材料，或者材料厚度大、周边很长的工件时，需要很大的冲裁力。当现场冲压设备的吨位不能满足时，为了不影响生产，充分利用现有冲压设备，研究如何降低冲裁力是一个很重要的现实问题。特别是对于目前缺乏大型冲压设备的轻工业工厂更有特殊意义。

分析冲裁力的计算公式可知，当材料的厚度 t 一定时，冲裁力的大小主要与工件的周边长度和材料的强度成正比。因此，降低冲裁力主要从这两个因素着手。我们采用一定的工艺措施，改变冲模的结构，完全可以达到降低冲裁力的目的。同时，还可以减小冲击、振动和噪音，对于改善冲压环境也有积极意义。

目前，降低冲裁力主要有以下几种方法：

（1）斜刃口及波形刃口冲裁法。

斜刀口和波形刀口冲裁法，就是将冲模的凸模或凹模刃口，由平直刃口改制成具有一定倾斜角的斜刃口，如图 2.1.19、图 2.1.20 所示。

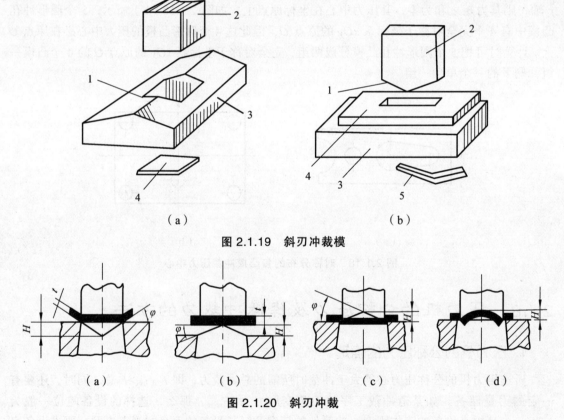

图 2.1.19　斜刃冲裁模

图 2.1.20　斜刃冲裁

由于冲模刃口具有一定倾斜角度，这样，冲裁时斜刃对板料可以实现逐渐剪切分离。这样就相当于把冲裁件整个周边长分成若干小段进行剪切分离一样，因而可以节省很大冲裁力。

波形刃口的形状是沿刃口周围呈波浪形连续起伏，具有波峰和波谷，其减力原理与斜刃口相同，如图 2.1.21 所示。

波形刃口适合冲制尺寸较大的冲裁件,如铝制的洗衣机内胆的坯料、面盆、铝锅的坯料等。

斜刃口和波形刃口冲裁时,会使板材产生弯曲。为了能够得到平直的工件,落料时,凹模做成斜刃口（或波形刃口）,凸模做成平直刃口;冲孔时,将凸模做成斜刃口（或波形刀口）,凹模做成平直刃口。

设计斜刃口冲模时,应注意将斜刃对称布置,防止冲裁时产生单向侧压力,影响冲裁精度和冲模使用寿命。斜刃的倾斜角 φ 一般为 $1° \sim 8°$。φ 角越大越省力,但若 φ 角过大,由于刃口上单位压力增加会使刃损加剧,所以会降低使用寿命;φ 角也不宜过小,过小的 φ 角起不到减力作用。斜刃高度 H

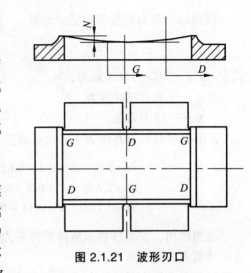

图 2.1.21　波形刃口

值也不宜过大或过小,H 值过大会使凸模进入凹模太深,加剧刃口磨损;H 值过小,如 $H<t$,则省力极微,近似平刃口冲裁。斜角 $m_2 = 0.79$ 和斜刃高度值的大小与冲裁厚度有关,其数值见表 2.1.11。

表 2.1.11　斜口设计参数

材料厚度 t（mm）	斜刃高度 H（mm）	倾斜角 φ（度）	斜刃冲裁力为平切口冲裁力的百分数（%）
<3	$2t$	<5	$30 \sim 40$
$3 \sim 10$	$t \sim 2t$	$5 \sim 8$	$60 \sim 65$

斜刃口冲模刃口形式可分成两类:即斜刃向内倾斜[如图 2.1.20 中的（a）、（c）、（d）],和斜刃外倾斜[如图 2.1.20 中的（b）]。斜刃向内倾斜时,冲裁件断面质较好,但冲裁力的最大值发生在冲裁开始阶段,如图 2.1.22（a）所示。由于冲床的最大压力是在滑块距下死点前某一位置,因此,这种刃口形式对充分利用冲床最大压力显得不利。斜刃向外倾斜时,冲裁件最大冲裁力则发生在冲裁后期,如图 2.1.22（b）所示,对充分利用冲床最大压力十分有利,但冲出零件断面质量较低。如果冲裁件断面质量要求不高,则尽量选用斜刃向外倾斜的冲摸。

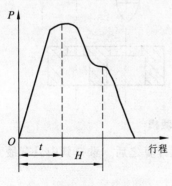

（a）斜刃向内倾斜

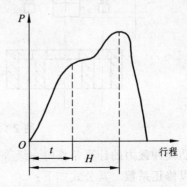

（b）斜刃向外倾斜

图 2.1.22　斜刃冲裁力曲线

斜刃口冲裁力可按简化公式计算：

$$P_{斜} = KP \quad （N）\tag{2.1.25}$$

式中　$P_{斜}$——斜刃口冲裁力，N；

　　　P——平刃口冲裁力，N；

　　　K——降力系数。

K 值大小与斜刃高度 H（刃口最高点至最低点间距离）有关，其值为：

$H = t$ 时，$K = 0.4 \sim 0.6$；

$H = 2t$ 时，$K = 0.2 \sim 0.4$；

$H = 3t$ 时，$K = 0.15 \sim 0.25$。

应当指出，斜刃冲模虽能降低冲裁力，但由于凸模进入凹模较深，因此，斜刃冲模较平直刃冲模省力而不省功。

斜刃主要缺点是刃口制造和刃磨较复杂，不适于冲制形状复杂的工件。

（2）阶梯凸模冲裁法。

在多凸模的冲模中，将凸模做成不同高度，力的峰值不同时出现，如同阶梯一样错落有别，从而达到降低冲裁力的目的。

阶梯凸模不仅能降低冲裁力，在直径相差悬殊、距离很近的多孔冲裁中，还能避免小直径凸模由于受材料流动挤压的作用，而产生倾斜或折断现象。为此，一般将小直径凸模做短些，如图 2.1.23 所示。阶梯凸摸高度差 H 与板料厚度有关：

当 $t \leq 3$ mm 时，$H = t$；

当 $t > 3$ mm 时，$H = 0.5t$。

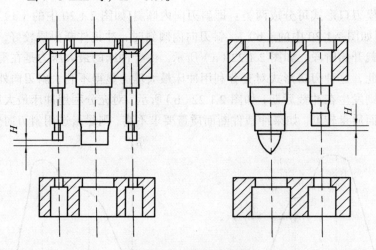

图 2.1.23　阶梯冲裁模

阶梯凸模冲裁力的计算是将每一级等高凸模分别计算之后，选择其中只有最大冲裁力的一级，乘以修正系数。其公式如下：

$$P_{阶} = KP_{max} \quad （N）\tag{2.1.26}$$

式中　$P_{阶}$——阶梯凸模冲裁力，N；

K —— 系数，一般 $K = 1.3$；

P_{max} —— 各级中最大的一级冲裁力。

（3）加热冲裁（红冲）。

金属材料在常温时其强度极限是一定的，但是，当金属材料加热到一定温度之后，则其强度极限会大大降低。因而加热冲裁可以减少冲裁力，见表 2.1.12。

表 2.1.12　钢在加热状态下的抗剪强度

抗剪强度　温度　材料	加热温度/ ℃					
	室温	600	600	700	800	900
10、15	360	320	200	110	60	30
A_2F、20、25	450	450	240	130	90	60
30、35	530	520	330	160	90	70
40、45、50	600	580	380	190	90	70

从表 2.1.12 中可以看出，当钢材加热到 900 ℃ 时，其抗剪强度最低，冲裁最为有利。所以，一般加热冲裁均把钢板加热到 800 ℃ ~ 900 ℃。钢材在 100 ℃ ~ 400 ℃ 温度范围内时，正处于蓝脆阶段，此时材料强度较高，极易碎裂，不宜冲裁。

采用加热冲裁的零件，断面塌角较大，一般可达板厚的 1/3 ~ 1/2。材料表面极易产生氧化皮。因此，热冲件的尺寸应比要求的工件尺寸大些，冲裁后再进行机械加工，除去毛边和氧化皮。加热冲裁零件精度和光洁度低，工艺复杂，劳动强度大。同时热冲模要采用耐热钢，所以，热冲法目前应用不多。

2.1.9　排样设计

排样设计是指冲裁件在条料、带料或板料上的布置方式。合理的排样设计是提高材料 利用率、降低生产成本、保证工件质量及模具寿命的有效措施。

1. 排样的设计原则和分类

（1）排样设计的原则。

① 提高材料的利用率。在不影响零件性能的前提下，尽可能提高材料利用率。

② 改善操作性。要考虑工人操作方便、安全，降低劳动强度，如减少条料的翻动次数。

③ 使模具的结构简单、合理，使用寿命长。

④ 保证冲裁件的质量。如采用合理的搭边值，一般沿封闭的轮廓冲裁而不沿开放式轮廓进行冲裁等措施。

（2）排样的分类。

① 冲裁废料。

冲裁废料 = 板料 – 制件

冲裁废料可分为结构废料和工艺废料两种。图 2.1.24 所示为冲裁垫片时产生的废料。结构废料是由制件本身的形状决定，一般是固定不变的；工艺废料决定于搭边值、排样形式和冲压方法等。

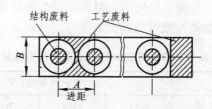

图 2.1.24　冲裁废料

② 排样的分类。

按照材料的利用程度，排样可分为以下三类：

a. 有废料排样：在冲裁件与冲裁件之间，冲裁件 25 与条料侧边之间均有工艺废料，冲裁是沿冲裁件的封闭轮廓进行的，如图 2.1.25（a）所示。

b. 少废料排样：只在冲裁件之间，或只在冲裁件与条料侧边之间留有搭边值，冲裁只沿冲裁件的部分轮廓进行，如图 2.1.25（b）所示。

c. 无废料排样：在冲裁件之间、冲裁件与条料侧边之间都无搭边存在，冲裁件实际上是由切断条料获得的，如图 2.1.25（c）所示。

有废料排样时，冲裁件的质量和模具寿命较高，但材料的利用率低；少废料排样和无废料排样时，材料的利用率高，且可以简化模具结构，但制件的尺寸精度不易保证，且制件还必须具备特定的形状。在实际生产中，有废料排样使用的较多。

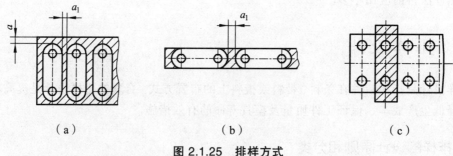

| （a） | （b） | （c） |

图 2.1.25　排样方式

（3）材料利用率。

冲压零件的成本中，材料费用约占 60% 以上，因此材料的经济利用具有非常重要的意义。衡量排样经济性的指标是材料的利用率，可用下式计算：

$$\eta = \frac{F}{F_0} \times 100\% = \frac{F}{AB} \times 100\% \qquad (2.1.27)$$

式中　η ——材料利用率；

　　　F ——工件的实际面积，mm^2；

　　　F_0 ——所用材料面积（包括工件面积与废料面积），mm^2；

A ——送料步距，即相邻两个冲压件对应点之间的距离，mm；

B ——条料宽度，mm。

从上式可以看出，由于结构废料由工件的形状决定，一般不能改变，所以只有设计合理的排样方案，减少工艺废料，才能有效提高材料的利用率。

（4）排样的形式。

排样有直排、单行排、多行排、斜排、对排等多种形式，见表 2.1.13。

表 2.1.13 排样形式

排样形式	有废料排样		少废料或无废料排样	
	制件图	排样图	制件图	排样图
直排		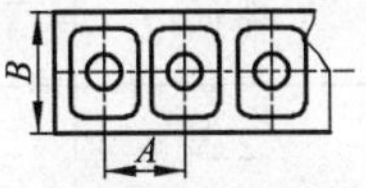		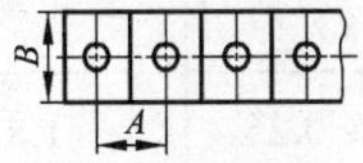
斜排		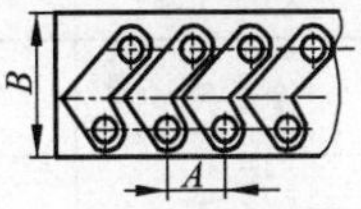		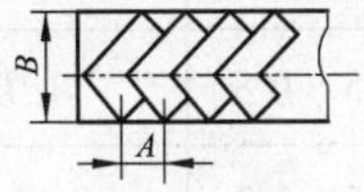
直对排	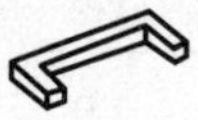	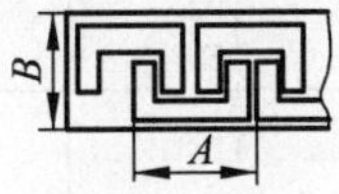		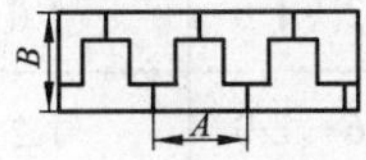
斜对排		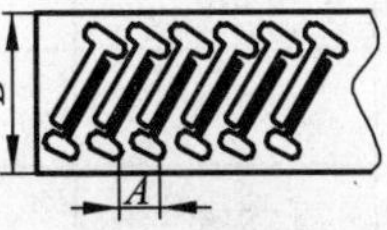	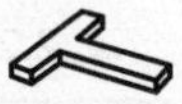	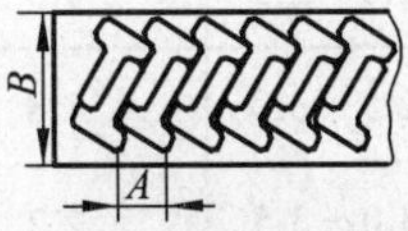
混合排		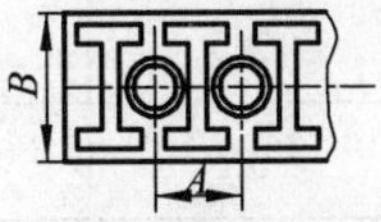		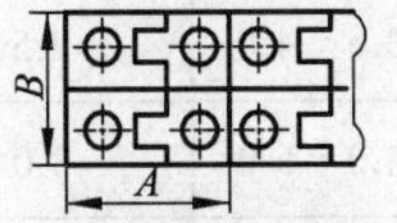
多行排		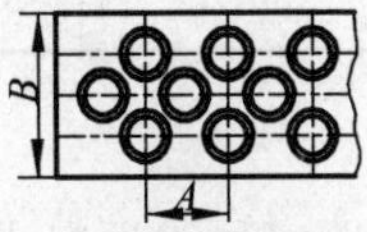		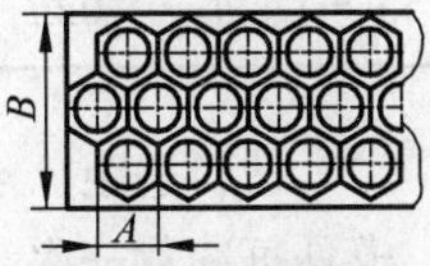
裁搭边		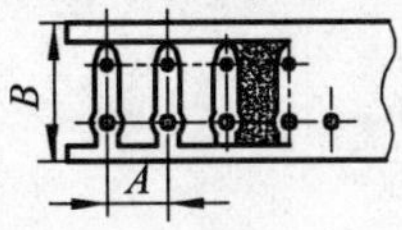		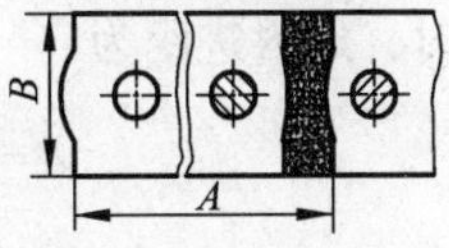

2. 排样设计

（1）搭边（a、a_1）。

冲裁件之间、冲裁件与条料侧边之间的工艺废料称为搭边，如图 2.1.26 所示的 a 和 a_1

就是搭边值。搭边过大会造成材料浪费，利用率低；搭边过小起不到搭边应有的作用，条料易被拉断，降低模具寿命。搭边值的大小通常由经验确定。低碳钢冲裁时，常用的最小搭边值见表 2.1.14。

表 2.1.14　最小工艺搭边值（低碳钢）　　　　　单位：mm

材料厚度	圆件及 $r>2t$ 工作		矩形工件边长 $L<50$ mm		矩形工件边长 $L>50$ mm 或 $r>2t$ 工件	
	工件间 a_1	侧边 a	工件间 a_1	侧边 a	工件间 a_1	侧边 a
≤ 0.25	1.8	2.0	2.2	2.5	2.8	3.0
0.25 ~ 0.5	1.2	1.5	1.8	2.0	2.2	2.5
0.5 ~ 0.8	1.0	1.2	1.5	1.8	1.8	2.0
0.8 ~ 1.2	0.8	1.0	1.2	1.5	1.5	1.8
1.2 ~ 1.6	1.0	1.2	1.5	1.8	1.8	2.0
1.6 ~ 2.0	1.2	1.5	1.8	2.0	2.0	2.2
2.0 ~ 2.5	1.5	1.8	2.0	2.2	2.2	2.5
2.5 ~ 3.0	1.8	2.2	2.2	2.5	2.5	2.8
3.0 ~ 3.5	2.2	2.5	2.5	2.8	2.8	3.2
3.5 ~ 4.0	2.5	2.8	2.5	3.2	3.2	3.5
4.0 ~ 5.0	3.0	3.5	3.5	4.0	4.0	4.5
5.0 ~ 12	$0.6t$	$0.7t$	$0.7t$	$0.8t$	$0.8t$	$0.9t$

（2）送料进距（A）。

模具每冲裁一次，条料在模具上前进的距离称为送料进距。当单个进距内只冲裁一个零件时，送料进距为：

$$A = D + a_1 \qquad\qquad (2.1.28)$$

式中　A——送料进距，mm；

　　　　D——在送料方向上冲裁件的宽度，mm；

　　　　a_1——冲裁件之间的搭边值，mm。

（3）条料的宽度（B）。

① 条料的下料公差规定为负偏差。冲裁所使用的条料是用板料按要求剪切成的，一般在

冲裁模具上都有导料装置，有时还有侧压装置。为了防止发生送料时的"卡死"现象，条料的下料公差规定为负偏差，导料装置之间的尺寸公差规定为正偏差。

② 条料的下料方式分为纵裁、横裁两种。纵裁是沿板料长度方向剪裁下料，这种裁剪方式得到的条料较长，可降低工人的劳动强度，应尽可能选用；横裁是沿板料宽度方向剪裁下料。

③ 条料的宽度计算。当条料在无侧压边装置的导料板之间送料时，条料与导料板之间的间隙按表 1.1.15 查得，并按式（2.1.29）计算条料宽度：

$$B = [L + 2(a + \Delta) + b_0]_{-\Delta}^0 \qquad\qquad （2.1.29）$$

表 2.1.15　条料与导料板之间的间隙 b_0　　　　　　单位：mm

材料厚度 t/mm	条料宽度 B/mm				
	无侧压装置			有侧压装置	
	≤100	100~200	200~300	≤100	>100
≤1	0.5	0.6	1.0	5.0	8.0
1~5	0.8	1.0	1.0	5.0	8.0

当条料在有侧压装置或要求手动保持条料紧贴单侧导料板送料时，按式（2.1.30）计算条料宽度：

$$B = (L + 2a + \Delta)_{-\Delta}^0 \qquad\qquad （2.1.30）$$

式中　B——条料宽度，mm；

　　　L——冲裁件与送料方向垂直的最大尺寸，mm；

　　　a——冲裁件与条料侧边之间的搭边，mm；

　　　b_0——条料与导料板之间的间隙，见表 2.1.15；

　　　Δ——条料下料时的下偏差值，见表 2.1.16。

表 2.1.16　条料下料宽度偏差　　　　　　单位：mm

材料厚度 t/mm	条料宽度 B/mm			
	≤50	50~100	100~200	200~400
≤1	0.5	0.5	0.5	1.0
1~3	0.5	1.0	1.0	1.0
3~4	1.0	1.0	1.0	1.5
4~6	1.0	1.0	1.0	2.0

（4）排样图。

排样图是排样设计的最终表达形式，是编制冲裁工艺与设计冲裁模具的重要工艺文件。一张完整的冲裁模具装配图，应在其右上角画出冲裁件图形及排样图。在排样图上，应注明

条料宽度及偏差、送料进距、搭边值等，其送料方向应和装配图中的送料方向一致，如图
2.1.26 所示。

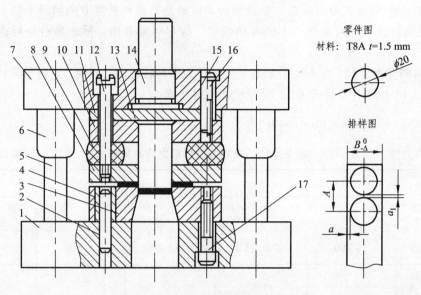

图 2.1.26　导柱式单工序冲裁模

1—下模座；2，15—销；3—凹模；4—销套；5—导柱；6—导套；7—上模座；8—卸料板；
9—橡胶；10—凸模固定板；11—垫板；12—卸料螺钉；13—凸模；15，16，17—螺钉

2.1.10　冲裁模典型零件的结构设计

1. 工作零件的设计

冲裁模的工作零件是指实现冲裁变形、使条料正确分离、保证冲裁件形状的零件，包括
凸模、凹模、凸凹模三种。

（1）凸模结构的设计。

① 凸模的结构形式。

凸模的形式很多，从结构上分有整体式凸模、组合式凸模；从形状上分有圆形凸模、非
圆形凸模。

a. 圆形凸模。指刃口端面形状为圆形的凸模，应用比较广泛，用来冲制各种圆形孔或
制件。目前已有国家标准，设计时可直接选用。其形式可分为 3 种，如图 2.1.27 所示。从
结构上看，图 2.1.27（a）和图 2.1.27（b）所示凸模为整体式；图 2.1.27（c）所示凸模为组
合式。图 2.1.27（a）所示凸模适用于冲制直径小于 8 mm 的工件，图 2.1.27（b）所示凸模
适用于冲制 8 ~ 30 mm 的工件，图 2.1.27（c）所示凸模适用于冲制较大的工件。对于在较
厚的板料上冲制小直径工件的凸模，为避免凸模在冲裁时折断，可在凸模外加装凸模保护
套。较常用的有图 2.1.28 所示的两种形式：图 2.1.28（a）所示为凸模与保护套铆接，保护
套固定在凸模固定板上；图 2.1.28（b）所示为用芯柱将凸模压入保护套内，保护套固定在
凸模固定板上。

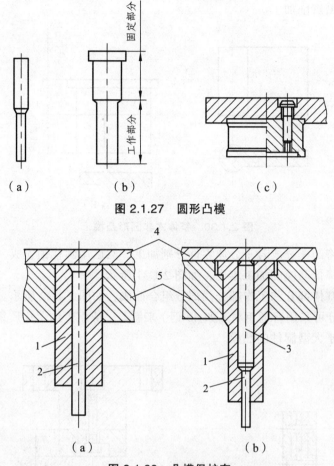

图 2.1.27　圆形凸模

图 2.1.28　凸模保护套

b. 非圆形凸模。指刃口端面形状为非圆形的凸模，用来冲制各种非圆形孔或制件，如图 2.1.29 所示。从结构上也可分为 3 种形式：整体式、镶拼式、组合式。

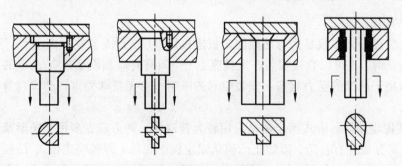

图 2.1.29　非圆形模

整体式凸模的工作部分和固定部分做成一体。按其安装固定部分的情况又可分为两种形式：如图 2.1.30（a）所示为直通式，图 2.1.30（b）所示为台阶式。直通式凸模工作部分和固定部分的形状与尺寸一致，轮廓为曲面或比较复杂，机械加工较困难，常采用线切割加工。台阶式凸模工作部分和固定部分的形状与尺寸不一致，一般采用机械加工，当形状复杂时，成型部分常采用成型磨削加工。

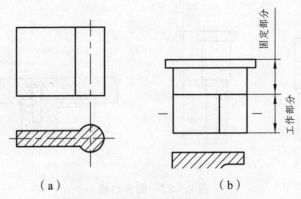

（a）　　　　　　　　　　（b）

图 2.1.30　整体式非圆形凸模

镶拼式凸模是将凸模分成若干分体零件分别加工，然后用圆柱销连成一体，安装在凸模固定板上，这样可降低凸模的加工难度，如图 2.1.31 所示。

组合式凸模由基体部分和工作部分两部分组合而成，如图 2.1.32 所示。工作部分使用模具钢制造，基体部分可采用普通钢材（如 45 钢）来制造，从而节约了优质钢材，降低模具成本。此种形式适合于大型制件的凸模。

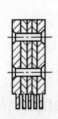

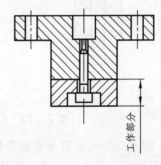

图 2.1.31　镶拼式凸模　　　　**图 2.1.32　组合式凸模**

② 凸模的固定方法。

凸模的安装部分大多数是先与凸模固定板连接好以后，再安装在上模座上。当形状简单，模具设计寿命低时，也可以直接安装在上模座上（中间有时需加设垫板）。凸模的固定方法很多，其形式取决于凸模的受力状态、安装空间的限制、有无特殊要求、凸模自身的形状及工艺特性等因素。

a. 台阶式固定法。台阶式固定法是应用较为普遍的一种方法，多用于圆形及规则凸模的安装。其固定部分设计有台阶，以防止凸模从固定板中脱落（即轴向定位），凸模与固定板之间多采用 H7/m6 配合（过渡配合），装配稳定性好。凸模压入凸模固定板后，应磨平，如图 2.1.33 所示。

b. 铆接式固定法。一般用于直通式凸模，多为不规则形状断面的小凸模，或较细的圆形凸模。如图 2.1.34 所示，凸模压入凸模固定板后，将凸模上端铆出（1.5～2.5）×45°的斜面，以防止凸模从固定板中脱落，铆接后应将端面磨平。

c. 螺钉及销钉固定法。对于一些大、中型凸模，由于其自身的安装基面较大，一般可用螺钉及销钉将凸模直接固定在凸模固定板上，安装及拆卸都比较方便，如图 2.1.35 所示。当制件精度要求较低时，也可直接将凸模固定在模座上，如图 2.27（c）所示。对于一些较大的轮廓形状复杂的直通式凸模，也可采用挂销式固定，如图 2.1.36 所示。

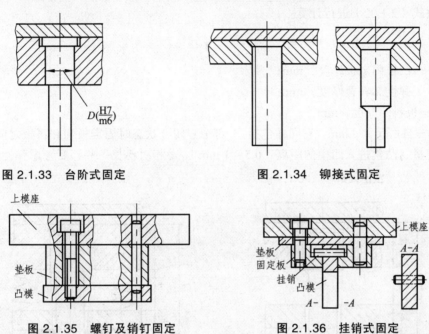

图 2.1.33　台阶式固定　　　　　　　图 2.1.34　铆接式固定

图 2.1.35　螺钉及销钉固定　　　　　图 2.1.36　挂销式固定

　　d. 浇注粘接固定法。此法指采用低熔点金属、环氧树脂、无机黏结剂等进行浇注粘接固定。固定板和凸模之间有很明显的间隙，固定板和凸模的固定部位都不需进行精加工，简化了机械加工工作量，适用于冲制厚度小于 2 mm 的冲裁件。图 2.1.37（a）所示为环氧树脂固定；图 2.1.37（b）所示为低熔点合金固定；图 2.1.37（c）所示为无机黏结剂固定。

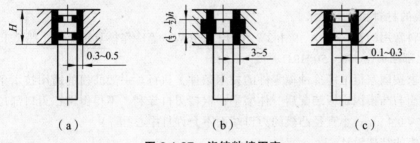

（a）　　　　　　　　（b）　　　　　　　　（c）

图 2.1.37　浇铸粘接固定

　　③ 凸模长度的计算。

　　a. 使用刚性卸料装置，如图 2.1.38（a）所示，凸模长度用下式计算：

$$L = h_1 + h_2 + h_3 + A \tag{2.1.31}$$

式中　h_1 ——凸模固定板厚度，mm；

　　　h_2 ——固定卸料板厚度，mm；

　　　h_3 ——导料板厚度，mm；

A —— 自由尺寸，mm。它包括 3 部分：闭合状态时固定板和卸料板之间的距离、凸模的修磨量、凸模进入凹模的距离（0.5 ~ 1 mm）。

b. 使用弹性卸料装置，如图 2.1.38（b）所示，导料板的厚度对凸模长度没有影响，凸模长度应按式（2.1.32）进行计算：

$$L = h_1 + h_2 + t + A \tag{2.1.32}$$

式中　h_1 —— 凸模固定板厚度，mm；

　　　h_2 —— 弹性卸料板厚度，mm；

　　　t —— 板料的厚度，mm；

　　　A —— 自由尺寸，mm。它同样包括 3 部分：闭合状态时固定板和卸料板之间的距离、凸模的修磨量、凸模进入凹模的距离（0.5 ~ 1 mm）。A 相对要长一些，要考虑弹性元件的压缩量。

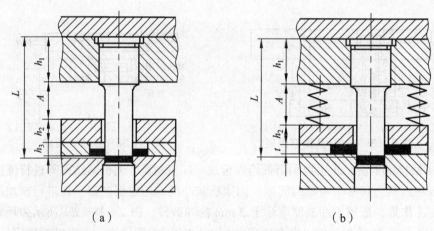

（a）　　　　　　　　　　　　（b）

图 2.1.38　凸模长度计算

④ 凸模的材料和技术要求。

凸模材料常用的有：T10A，9Mn2V，Cr12，Cr6WV 等冷作模具钢。热处理要求达到 58 ~ 62 HRC，尾部回火至 40 ~ 50 HRC。

技术要求按国家标准《冷冲模零件的技术条件》执行。一般凸模的通用技术条件如下：凸模尾部端面与凸模固定板装配后一体磨平；保持刃口锋利，不得倒钝；刃口部位的粗糙度值 Ra 为 0.8 ~ 0.4 μm；小直径凸模的刃口端面不允许打中心孔。

（2）凹模的结构设计。

① 凹模结构形式。

凹模的结构也分为整体式、组合式、镶拼式 3 种形式。

a. 整体式凹模。整体式凹模如图 2.1.39（a）所示。其优点是模具结构简单，强度好，制造精度高；缺点是非工作部分也用模具钢制造，制造成本较高；若刃口损坏，需整体更换。主要适用于中小型及尺寸精度要求高的制件。

b. 组合式凹模。组合式凹模如图 2.1.39（b）所示。其凹模工作部分采用模具钢制造，非工件部分采用普通材料制造，制造成本低，维修方便；缺点是结构稍复杂，制造精度比整体式有所降低。主要适用于大中型及精度要求不太高的制件。

　　c. 镶拼式凹模。镶拼式凹模如图 2.1.39（c）所示，凹模型腔由两个或两个以上的零件组成。这种结构使零件的加工方便，降低了复杂模具的加工难度，易损部分易更换，维修费用低。缺点是制件的精度低，装配要求高。主要适用于窄臂制件和形状复杂的制件。

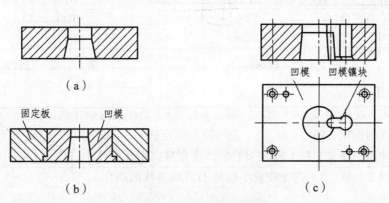

图 2.1.39　整体式凹模

　　② 凹模的刃口形式。

　　大体上可以把凹模的刃口分为 3 种形式。

　　a. 直筒式。如图 2.1.40 所示的三种刃口均为直筒式。其刃口加工方便、强度高，且刃口尺寸不会因修磨而过大变化，适用于冲裁形状复杂或精度要求高的制件；其缺点是冲落部分的制件或废料积存在刃口部位，增大了推件力和凹模的胀裂力，会加快刃口磨损。图 2.1.40（a）、（b）所示形式的刃口高度一般按板料厚度选取：当 $t \leqslant 0.5$ mm，$h = 3 \sim 5$ mm；0.5 mm $< t \leqslant 5$ mm，$h = 5 \sim 10$ mm；$t > 5 \sim 10$ mm，$h = 10 \sim 15$ mm。一般用于单工序冲裁模或连续冲裁模且采用下出料的情况。图 2.1.40（c）所示形式用于带有顶出装置的复合冲裁模。

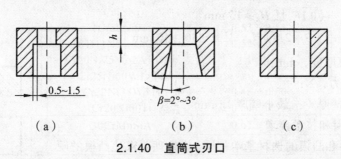

2.1.40　直筒式刃口

　　b. 锥形。锥形凹模刃口如图 2.1.41 所示。其优点是冲落的工件或废料容易漏下，凸模对凹模孔壁的摩擦及压力也较小。图 2.1.41（a）所示结构因刃口为锐角，刃口强度较差，修磨刃口尺寸易增大，适合冲裁形状简单、精度要求不高的制件。图 2.1.41（b）所示结构的设计参数，α、β、h 值的大小与板料厚度有关：当 $t < 2.5$ mm 时，$\alpha = 15'$，$\beta = 2°$，$h = 4 \sim 6$ mm；$t > 2.5$ mm，$\alpha = 30'$，$\beta = 3°$，$h \geqslant 8$ mm。

　　c. 凸台式。凸台式凹模刃口如图 2.1.42 所示。凹模的淬火硬度较低，一般为 $35 \sim 40$HRC，装配时，可以锤打凸台斜面来调整间隙，直到冲出合格的工件为止。适用于冲裁厚度在 0.3 mm 以下的薄料工件。

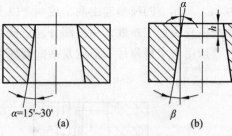
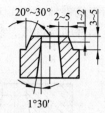

图 2.1.41　锥形刃口　　　　　　　　图 2.1.42　凸台式刃口

③ 固定方法。

凹模的固定方法如图 2.1.43 所示，图 2.1.43（a）是凹模与固定板采用 H7/m6 配合，常用于带肩圆凹模的固定；图 2.2.43（b）是凹模与固定板采用 H7/m6 或 H7/s6 配合，一般只用于小型制件的冲裁；图 2.1.43（c）、（d）是凹模直接固定在模座上，图 2.1.43（c）适用于冲裁大型制件，图 2.1.43（d）适合冲裁小批量的简单形状的制件。

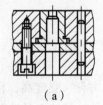 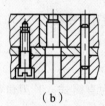 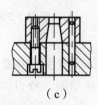 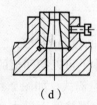

（a）　　　　　　（b）　　　　　　（c）　　　　　　（d）

图 2.1.43　凹模固定方式

④ 外形设计。

凹模的外形尺寸应保证凹模有足够的强度、刚度和修磨量。一般有矩形和圆形两种，视具体情况而定，如图 2.1.44 所示。凹模外形尺寸可按如下经验公式计算：

凹模厚度：$H_a = \sqrt[3]{0.1F}$，且 $H_a \geq 15$ mm　　　　　　　　　　　（2.1.33）

凹模壁厚：$c = (1.3 \sim 2.0)H_a$，且 $c > 30 \sim 40$ mm　　　　　　　　（2.1.34）

式中　H_a——凹模厚度，mm；

　　　F——冲裁力，N；

　　　c——凹模壁厚（指最小壁厚），mm。

⑤ 凹模的材料和技术要求。

凹模所用材料和凸模的选材基本相同。热处理要求比凸模的硬度稍高一些，为 60 ~ 64HRC。

（3）凸凹模的结构设计。

凸凹模是复合模中的一个工作零件，其外形起凸模作用，内形起凹模作用。在设计时，外形可参考凸模结构设计，内形可参考凹模结构设计。

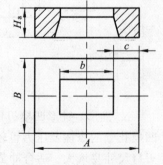

图 2.1.44　凹模外形尺寸

设计凸凹模的关键是要保证外形和内形之间的壁厚强度，许用最小壁厚 C 可按表 2.1.17 选取。凸凹模内形和外形刃口之间的位置是由制件的尺寸来决定的，但可在其刃口之外采取增加壁厚的措施来增加壁厚强度，如图 2.1.45 所示。采取增强措施以后，若还不能保证内外形之间的壁厚强度，则应放弃使用复合冲裁模结构，改用单工序冲裁模结构或连续冲裁模结构。

表 2.1.17　凸凹模最小壁厚 C

工件材料 ＼ 材料厚度 t/mm	≤ 0.5	0.6 ~ 0.8	≥ 1
铝、铜	(0.6 ~ 0.8) t	(0.8 ~ 1.0) t	(1.0 ~ 1.2) t
黄铜、低碳钢	(0.8 ~ 1.0) t	(1.0 ~ 1.2) t	(1.2 ~ 1.5) t
硅钢、磷铜、中碳钢	(1.2 ~ 1.5) t	(1.5 ~ 2.0) t	(2.0 ~ 2.5) t

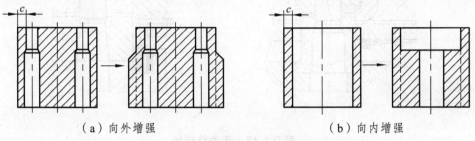

（a）向外增强　　　　　　　　　　　（b）向内增强

图 2.1.45　凸凹模增加强度的措施

2. 定位装置的设计

定位装置的作用是确定条料或半成品在模具中的位置，以保证冲压件的质量，使冲压生产连续顺利进行。下面分条料的定位和半成品的定位两大类来讲解。

（1）条料的定位。

条料的定位分为纵向和横向两个方面。

纵向定位：控制条料的送料进距，包括挡料销、导正销、定距侧刃等零件。

横向定位：保证条料的送进方向，包括导料板、导料销等零件。

① 挡料销。

挡料销的作用是保证条料有准确的送进位置。国标中常见的挡料销有 3 种形式：固定挡料销、活动挡料销、始用挡料销。挡料销一般用 45 钢制造（43 ~ 48HRC），其高度应稍大于条料的厚度。

a. 固定挡料销。固定挡料销一般安装在凹模或凹模固定板上，但安装孔会造成凹模强度的削弱。常用于单工序模和连续模中。形式主要有圆头挡料销、钩形挡料销，如图 2.1.46 所示。当挡料销孔与凹模刃口距离太近时，为增大刃口强度，采用钩形挡料销；但此种挡料销由于不对称，需要另加定向装置，适用于冲制较大较厚材料的工件。

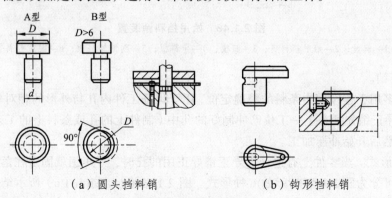

（a）圆头挡料销　　　　　　　　　　　（b）钩形挡料销

图 2.1.46　固定挡料销

b. 活动挡料销。活动挡料销常用于倒装式复合模中。如图 2.1.47 所示，落料凹模 1 位于上半模，要完成落料工序，落料凹模 1 必然向下运动并接触条料，并迫使弹性卸料板 3 下降，进而使挡料销 2 受压下降，与条料平齐，避免产生干涉。

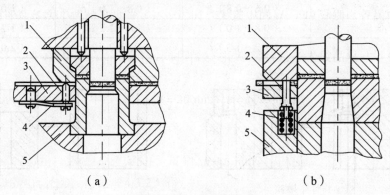

（a） （b）

图 2.1.47　活动挡料销

1—凹模；2—活动挡料销；3—弹性卸料板；4—簧片（或弹簧）；5—下模座

c. 始用挡料销。始用挡料销在连续模冲裁中使用，仅用于每块条料开始冲裁时的定位。其结构形式很多，如图 2.1.48 所示即为常用的一种。工作时，先用手按下始用挡料销 2，使其伸出导料板 4 的边缘，阻挡条料令其前端定位；然后松开始用挡料销，使其在弹簧 1 的作用下自动复位，开始冲裁。

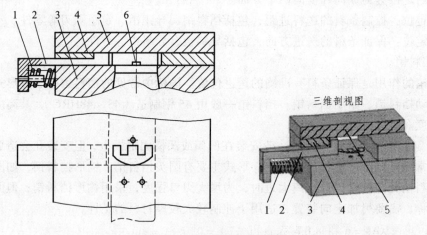

三维剖视图

图 2.1.48　始用挡料销装置

1—弹簧；2—始用挡料销；3—凹模；4—导料板；5—刚性卸料板；6—固定挡料销

② 导正销。

导正销多用于连续模中条料的精确定位，用于保证工件内孔与外形的相对位置精度。 冲模工作时，导正销先插入上一工位已冲制好的孔中（制件上的孔或条料上的工艺孔），将条料精确定位，然后开始冲压加工。

a. 结构形式。当零件上有适合于导正销导正用的孔时，导正销就固定在落料凸模上，按其固定方法可分为图 2.1.49 所示的 6 种形式。图 2.1.49（a）、（b）、（c）所示结构用于直径小于 10 mm 的孔导正；图 2.1.49（d）所示结构用于直径为 10 ~ 30 mm 的孔导正；图 2.1.49（e）

所示结构用于直径为 20～50 mm 的孔导正；为了便于装卸，小的导正销也可采用图 2.1.49(f)
所示的结构，更换十分方便。

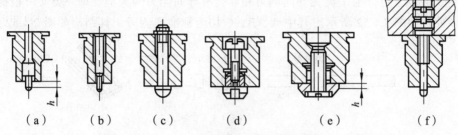

（a）   （b）   （c）   （d）   （e）   （f）

图 2.1.49 导正销形式及固定方式

当零件上没有适合于导正销导正用的孔时，对于工步数较多、零件精度要求较高的连续
模，应在条料两侧的空位处设置工艺孔，以供导正销导正条料用。此时，导正销一般固定在
凸模固定板上，如图 2.1.50 所示。

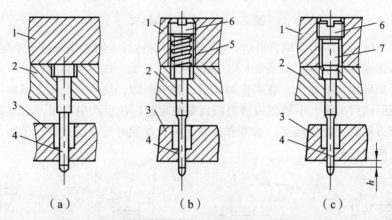

（a）   （b）   （c）

图 2.1.50 导正销固定在凸模固定板上的固定形式
1—上模座；2—凸模固定板；3—卸料板；4—导正销；5—弹簧；6—螺塞；7—顶

b. 设计要点。导正销和导孔之间要有一定的间隙（小间隙配合）。导正销的高度应大于
模具中最长凸模的高度（如阶梯冲裁），以确保先导正、后冲裁。导正销一般使用 T7、T8 或
45 钢制造，并需经热处理淬火。

③ 定距侧刃。

定距侧刃多用于连续模中条料的精确定位。用导正销精确定位困难时，可以选用定距侧
刃定位，但定位精度不如导正销。考虑侧刃的磨损情况，一般适用于冲制料厚在 1.5 mm 以
下、送料进距 A 较小、精度要求不太高的制件。冲裁时，侧刃在条料的侧边冲去一个窄条，
窄条的长度等于送料进距 A，冲去窄条后的条料才能通过导料板，如图 2.1.51 所示。

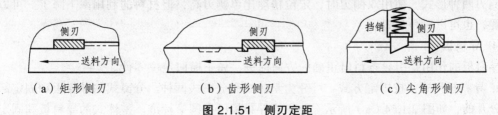

（a）矩形侧刃   （b）齿形侧刃   （c）尖角形侧刃

图 2.1.51 侧刃定距

　　a. 侧刃定位的特点。条料宽度要求不严格；省去挡料销和始用挡料销；操作方便，易实现自动化；定距侧刃实际上就是一个工艺切边凸模，要有相应的凹模；但条料浪费较多。

　　b. 侧刃形状。可分为Ⅰ类无导向侧刃和Ⅱ类有导向侧刃两大类，每一类又可根据断面形状分为多种，如图2.1.52所示。其中A、B、C均为标准型侧刃，其结构如图2.1.52所示。

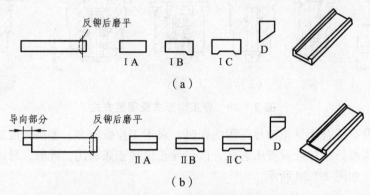

图 2.1.52　侧刃结构形式

　　A型为矩形侧刃，结构简单，制造方便。但侧刃变钝后，切后条料边上产生圆角和毛刺，影响条料的送进和准确定位，如图2.1.53（a）所示。B型、C型为齿型侧刃，虽然加工困难些，但克服了矩形侧刃的缺点，在两次冲切后，留有间隙，使条料台肩能紧靠挡料块的定位面，送料较矩形侧刃准确，不随侧刃的磨损而影响定位，在生产中常用，如图2.1.53（b）所示。尖角形侧刃虽然定位也准确，且节省条料，但在冲裁时需要前后移动条料，操作不便，多用于贵重金属的冲裁。

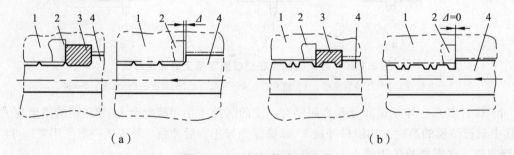

图 2.1.53　侧刃的定位误差

1—导料板；2—侧刃挡块；3—侧刃；4—条料

　　c. 设计要点。侧刃厚度一般为 6～10 mm；长度等于条料的送料进距 A。侧刃属于切边凸模，制造时以侧刃为基准件，侧刃孔（凹模）按侧刃配制，留单边间隙 C。侧刃材料一般同凸模的选材一样，常用 T10、T10A、Cr12 等，硬度为 62～64HRC，布置方式分为单侧刃或双侧刃两种形式。使用双侧刃时，定位精度比单侧刃高，但材料的利用率下降了。可以对称放置，也可以对角放置。

　　④ 导料板。

　　导料板的作用是引导条料沿正确的方向前进，属于横向定位零件。

　　a. 导料板形式。按固定方式，可分为整体式和分离式两种。分离式的导料板和固定卸料板是分开的，如图2.1.54（a）所示。分离式导料板已有国家标准。整体式的导料板和固定卸料板连成一体，如图 2.1.54（b）所示。导料板一般安装固定在凹模或凹模固定板上。

b. 设计要点。导料板之间的导料距离要比条料的宽度大 0.1～1.0 mm，视条料的厚度而定。当条料较薄、宽度较小时，间隙要小一些；当条料较厚、宽度较大时，间隙要大一些。

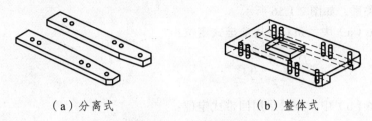

（a）分离式   （b）整体式

图 2.1.54 导料板形式

导料板的厚度要大于挡料销顶端高度与条料厚度之和，并有 2～8 mm 的空隙。

⑤ 侧压装置。

如果条料的宽度公差过大，则需要在一侧的导料板上设计侧压装置，以消除板料的宽度误差，保证条料紧靠另一侧的导料板而正确地送料。侧压装置的形式很多，图 2.1.55 所示为常用侧压装置的几种结构形式。簧片式和簧片压块式侧压装置用于料厚小于 1 mm、侧压力要求不大的情况；弹簧压块式和弹簧压板式侧压装置用于侧压力较大的场合。当条料的厚度小于 0.3 mm 时，不宜使用侧压装置。使用簧片式和压块式侧压装置时，一般设置 2～3 个侧压装置。

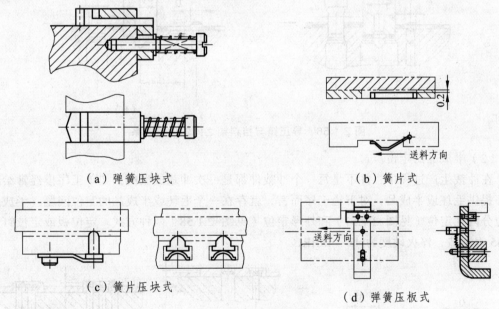

（a）弹簧压块式   （b）簧片式

（c）簧片压块式   （d）弹簧压板式

图 2.1.55 侧压装置

⑥ 导料销。

导料销是导料板的简化形式，多用于采用弹性卸料装置的倒装式复合冲裁模中。当采用导料销保证送料方向时，一般要选用两个。

⑦ 典型组合。

a. 在单工序冲裁模中，多采用挡料销＋导料板的形式。

b. 在倒装式复合模中，多采用挡料销 + 两个导料板的形式来实现条料的定位。

c. 在连续模中，多采用挡料销 + 导正销 + 导料板，或定距侧刃 + 导料板等形式来实现条料的定位。当挡料销和导正销配合使用来对条料进行纵向定位时（保证送料进距），要注意它们之间的位置关系，如图 2.1.56 所示。

在图 2.1.56（a）中，条料采用前推式定位：

$$l = A - \frac{D_p}{2} + \frac{D}{2} + 0.1 \qquad (2.1.35)$$

在图 2.1.56（b）中，条料采用回带式定位：

$$l = A + \frac{D_p}{2} - \frac{D}{2} - 0.1 \qquad (2.1.36)$$

式中　A ——送料步距，mm；

　　　D_p ——落料凸模部分直径，mm；

　　　D ——挡料销头部直径，mm；

　　　l ——挡料销与导正销的中心距，mm

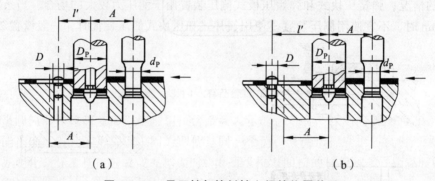

图 2.1.56　导正销与挡料销之间的位置关系

（2）半成品的定位。

在冲裁生产过程中，并不是每一个冲裁件都是一次冲裁成型的，如单工序模经常给下道工序提供毛坯或半成品，对下道工序而言，就存在一个毛坯或半成品的定位问题。半成品的定位分内孔定位（见图 2.1.57）和外形定位（见图 2.1.58）两种方式。定位板或定位钉一般用 45 钢制造，淬火硬度为 43～48HRC。

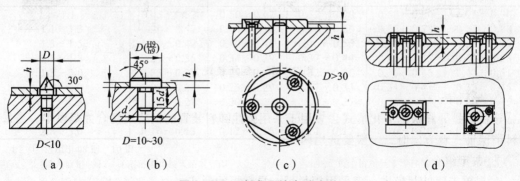

图 2.1.57　半成品的内孔定位

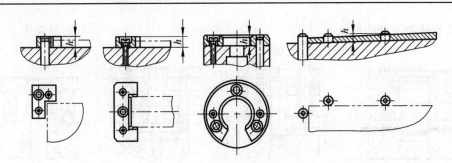

图 2.1.58　半成品的外形定位

3. 卸料与推件、顶件装置

（1）卸料装置。

卸料装置的作用是卸去冲裁后紧箍在凸模外面的条料或制件。可分为刚性卸料装置和弹性卸料装置两大类。

① 刚性卸料装置。

冲裁时，板料没有受到压料力的作用，因此冲裁后的条料或制件有翘曲现象。刚性卸料板直接固定在凹模（或凹模固定板）上，卸料力大，常用于材料较硬、厚度较大、精度要求不太高的工件的冲裁（当 $t > 3$ mm 时，一般采用刚性卸料）。刚性卸料板分为封闭式、悬臂式、钩形三种形式，如图 2.1.59 所示。

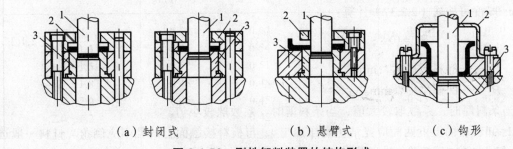

（a）封闭式　　　　　　　（b）悬臂式　　　　　　（c）钩形

图 2.1.59　刚性卸料装置的结构形式

1—凸模；2—刚性卸料板；3—凹模

封闭式卸料板和导料板可做成整体形式，也可做成组合形式。在冲裁模中，组合式应用比较广泛。悬臂式一般用于窄长零件的冲孔或切口。钩形又称拱形，用于空心件或弯曲件底部的冲孔（考虑成型件的高度，取件距离较大）。

② 弹性卸料装置。

弹性卸料装置是借助于弹性元件（橡胶或弹簧）的弹力推动卸料板动作而实现卸料的装置。弹性卸料装置可安装在上半模，如图 2.1.60（a）、（b）所示；也可安装在下半模，如图 2.1.60（c）、（d）所示。

工作时，弹性卸料板 1 先将条料压紧，然后再冲裁，冲裁完成后模具回复时，弹性元件的弹力推动卸料板 1 完成卸料动作。由于在冲裁时弹性卸料板对条料有预压作用，因此冲裁后的带孔部分表面平整，精度较高。卸料力靠弹性元件提供，因此相对较小，常用于材料较薄、硬度较低的工件的冲裁。

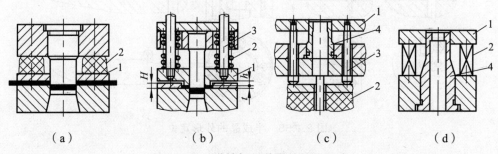

图 2.1.60　弹性卸料装置的结构形式

1—弹性卸料板；2—弹性元件；3—卸料螺钉；4—凸凹模

③ 卸料板的设计。

卸料板的设计应考虑以下几个方面的内容：

a. 外形尺寸。与凹模（或凹模固定板）的外形尺寸一致。

b. 内形尺寸。卸料板的内形型孔形状基本上与凹模孔形状相同，内形型孔和凸模之间要有一定的间隙。一般地，对于弹性卸料板，其单面间隙取 0.05 ~ 0.1 mm，对于固定卸料板，其单面间隙取 0.2 ~ 0.5 mm。卸料板兼起弹压导板作用时，凸模与成型孔的配合应取 H7/h6。但卸料板与凸模之间的间隙应大于冲裁间隙，同时还要保证在卸料力的作用下，带孔条料（工件或废料）不被拉进间隙内。

c. 厚度可按式（2.2.37）计算：

$$H_x = (0.8 \sim 1.0)H_a \qquad\qquad (2.1.37)$$

式中　H_x——卸料板厚度，mm；

　　　H_a——凹模厚度，mm。

当条料厚时，系数取较大值；当条料薄时，系数取较小值。

d. 卸料板的上下两面应光洁（磨床加工），与板料接触面上的孔不应倒角。材料一般选用 45 钢或 Q235。不需要进行热处理。

（2）推件装置。

推件装置安装在冲裁模的上模部分，利用压力机的横梁或模具内的弹性元件，通过推杆、推板等，将制件或废料从凹模型腔内推出。

① 刚性推件装置。

刚性推件装置是利用压力机的横梁，通过安装在模柄内的打料杆进行推件。如图 2.1.61 所示，冲模的上模通过模柄 1 固定在压力机的滑块 4 上。冲压完成后，上模随着滑块 4 回程，当打料杆 2 与横梁 3 接触，则打料杆、推板 9、推杆 10、推件块 11 不再随上模上行，而上模的其他部分仍随着滑块向上运动，从而将制件从凹模内推出。

② 弹性推件装置。

弹性推件装置是利用安装在模具内部的弹性元件完成推出动作的。如图 2.1.62 所示，冲裁时弹性元件橡胶 1 被压缩，冲裁后弹性元件要释放能量，推动推件块 4 完成推件动作。

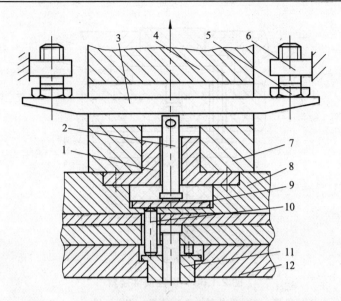

图 2.1.61　刚性推件装置工作原理

1—模柄；2—打料杆；3—压力机横梁；4—滑块；5—螺栓；6—螺母；7—压力机滑块；
8—上模座；9—推板；10—推杆；11—推件块；12—凹模

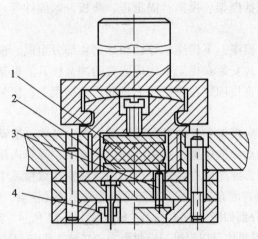

图 2.1.62　弹性推件装置

1—橡胶；2—推板；3—连接推杆；4—推件块

③ 推件装置的设计。

推件装置的结构比较精巧。由于推件装置是安装在上半模的内部，所以在设计时要特别注意与相邻模具零件的配合与让位。推杆和推板一般用 45 钢制造，淬火硬度为 43 ~ 48HRC。

（3）顶件装置。

顶件装置安装在下半模部分，多用于正装复合模或平面要求平整的落料模（有顶件装置时，冲落部分是在顶件板和凸模的夹持下被冲裁掉的，因此比较平整）。其结构形式可分为弹性元件安装在模具内部和弹性元件安装在模具外部两种。如图 2.1.63 所示，冲裁完毕回程时，靠弹性元件 5 释放能量，通过顶件块 2 完成顶件动作，其设计要点同推件装置。

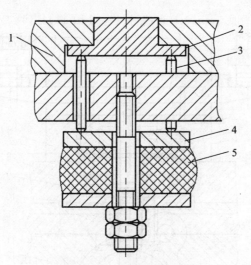

图 2.1.63　弹性顶件装置

1—凹模；2—顶件块；3—顶杆；4—托板；5—橡胶

4. 固定零件

冲裁模的固定零件包括模架、模柄、固定板、垫板、紧固件等。

（1）模架。

模架是组合体，由上模座、下模座、导柱和导套 4 部分组成。模架是模具的基础，模具的所有零件都直接或间接地安装在模架上构成完整的冲裁模具。模架的上模座通过模柄和曲柄压力机的滑块相连，或直接固定在液压压力机的活动横梁上；模架的下模座固定在压力机的工作台面上。

常用的模架有滑动导向模架和滚动导向模架两大类，其中，滑动导向模架应用得最为广泛，图 2.1.64 所示均为滑动导向模架。在滚动导向模架中，导套内镶有成行的滚珠，通过滚珠与导柱实现无间隙配合，导向精度高，广泛应用于精密冲裁模具中。

① 模架分类。按照导柱的布置形式，模架可分为对角导柱模架、中间导柱模架、后侧导柱模架和四导柱模架 4 种，分别如图 2.1.64（a）、（b）、（c）、（d）所示。除中间导柱模架只能沿前后方向送料外，其他三种模架均可以沿纵、横两个方向送料。其中，中间导柱模架和对角导柱模架在中、小型冲裁模中应用非常广泛，并且为了防止误装，还常将两个导柱设计成直径相差 2 ~ 5 mm 大小不等的形状。四导柱模架的导向性能好，受力均匀，刚性好，适合于大型模具。

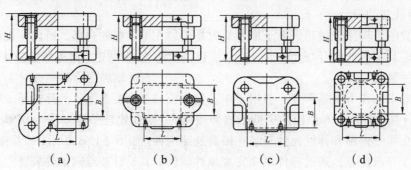

（a）　　　　　（b）　　　　　（c）　　　　　（d）

图 2.1.64　模架形式

② 设计要点。

a. 导柱和导套。导柱安装在下模座，导套安装在上模座，可查有关手册，尽量选用标准件。导柱与导套常选用 H7/h6 或 H6/h5 的小间隙配合；导柱与下模座之间、导套与上模座之间常选用 H7/r6 的过盈配合。导套压入上模座的长度，要比上模座的厚度小 2 ~ 5 mm；模具闭合时，导柱上端面距上模座上平面的距离不得小于 5 mm，如图 2.1.65 所示。有的导柱的导滑段上还开设有储油槽。

b. 下模座。往下自然漏料时，漏料孔的尺寸要比漏料尺寸大些，形状可简化，以便于加工。自行设计时，下模座厚度为：

$$h_x（1.0 ~ 1.5）H_a \qquad （2.1.38）$$

c. 上模座。在上平面开设浅槽，和安装导套的间隙相连，防止出现真空，如图 2.1.65 所示。自行设计时，上模座厚度为

$$h_s = h_x - 5 \qquad （2.1.39）$$

式中　H_a——凹模厚度，mm；
　　　h_x——上模座厚度，mm；
　　　h_s——下模座厚度，mm。

d. 材料选用。

上下模座为 HT200 或 Q235，导柱、导套为 20 钢，渗碳淬火硬度为 60 ~ 62HRC。

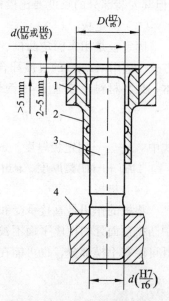

图 2.1.65　滑动式导柱导套
1—上模座；2—导套；3—导柱；
4—下模座

（2）模柄。

模柄是上模部分和压力机滑块的连接零件，其下部固定在上模座上；工作时，其上部固定在压力机滑块的模柄孔内。模柄的标准结构共有 7 类 11 种，如图 2.1.66 所示。

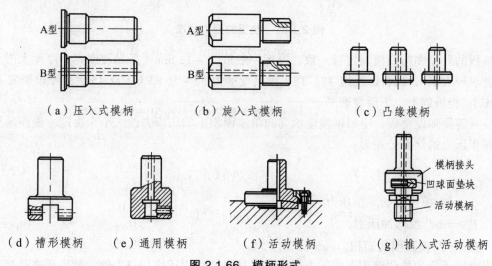

（a）压入式模柄　　（b）旋入式模柄　　（c）凸缘模柄

（d）槽形模柄　　（e）通用模柄　　（f）活动模柄　　（g）推入式活动模柄

图 2.1.66　模柄形式

常用的模柄有压入式和旋入式等，压入式和旋入式又各分为 A、B 两种型号，其中 A 型

中间不带孔，B 型中间带孔，用于刚性推件装置。浮动式模柄由于采用了浮动机构，可以消除压力机导轨对冲模导向精度的影响，从而提高了冲裁精度。常用于冲裁精度要求较高的薄壁工件及使用滚动导向模架的精密冲裁模具中。模柄直径根据所选压力机的安装孔尺寸而定（但其安装部分的长度要比模柄孔的深度短一些）。材料一般选用 45 钢或 Q235。

（3）固定板。

固定板是用来固定凸模、凹模或凸凹模的，之后再和模座相连接。一般采用台阶式固定方式，选用 H7/m6 的过渡配合，如图 2.1.33 所示。固定板的外形尺寸与凹模的外轮廓尺寸基本一致，材料一般选用 45 钢或 Q235。其厚度按下式计算：

$$H_g = (0.8 \sim 0.9)H_a \tag{2.1.40}$$

式中　H_g——固定板厚度，mm；

　　　H_a——凹模厚度，mm。

（4）垫板。

垫板的作用是直接承受和扩散凸模传递过来的压力，以减小模座所承受的单位压力，保护凸模顶面处的模座平面不被压陷损坏，如图 2.1.67 所示。其安装位置在凸模和模座之间，既可能在上模部分，也可能在下模部分。

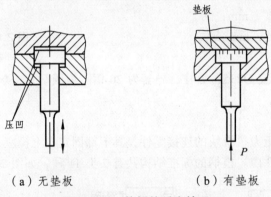

（a）无垫板　　　　　　　　　　（b）有垫板

图 2.1.67　垫板的受力情况

垫板的外形多与凸模固定板一致，厚度一般取 5 ~ 12 mm（条料硬度高、厚度大时，垫板厚度取较大值），材料可选用 T7、T8（淬火硬度为 52 ~ 56 HRC）或 45 钢（淬火硬度 43 ~ 48HRC）。垫板的上、下面要磨平。

是否需要加设垫板，应根据模座承受的单位面积上的压应力的大小来决定。模座承受的单位面积压力的计算公式为：

$$\sigma_y = F_y / S \tag{2.1.41}$$

式中　σ_y——模座随的单位压力，Pa；

　　　F_y——凸模的冲压力，N；

　　　S——凸模顶面的面积，mm^2。

当模座承受的单位面积上的压力超过模座材料的许用压应 $[\sigma_y]$ 力时，就需要在凸模与模座之间加设垫板，因此加设垫板的条件为：

$$\sigma_y \geqslant [\sigma_y]$$

（5）紧固件。

模具中使用的紧固件主要是螺钉和销钉。螺钉用来连接冲裁模中的各个零件，使其成为一个整体；销钉用来起定位作用。紧固件应尽量选用标准件，选用时应注意以下两点：

① 选用螺钉时，应尽量选用内六角螺钉，这种螺钉的头部可以埋入模板内，占用空间小，且拆装方便，外形还美观。

② 选用销钉时，一般应选用圆柱销，以便于拆装。销钉数量不能少于两个；螺钉和销钉之间的距离不能太小，否则会降低模具的强度。

2.1.11　模架标准介绍

模座、导柱、导套及模柄等零件组成模架，模架已纳入冷冲模国家标准，常用标准模架的型式，如图 2.1.68 所示。滑动导向模架的导柱导套为间隙配合，其配合种类有 H7/h6、H6/h5 两种。在图 2.1.68 中，图（a）、（b）为中间导柱模架，图（c）、（d）为对角导柱模架，图（e）、（f）为后侧导柱模架，导向情况较差，但能从三个方向送料，操作方便，适用于导向要求不太严格且偏移力不大的情况。图（a）、（b）、（c）、（d）中间导柱与对角导柱这两种形式的中心都通过压力中心，导向情况较后侧布置较好，但操作不如后侧布置方便。图（g）、（h）为四导柱导套模架，四对导柱导套分布在模座的四个角部，导向效果好，精度高，但结构复杂，只有导向要求高、偏移力大和大型冲模才采用。

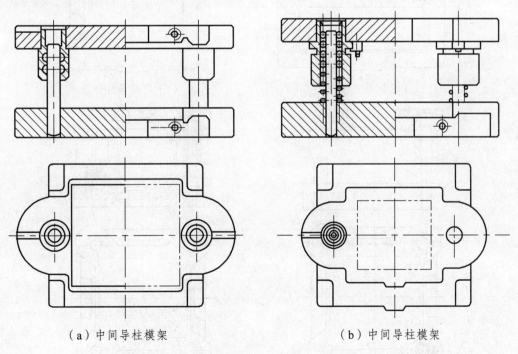

（a）中间导柱模架　　　　　　　　　　（b）中间导柱模架

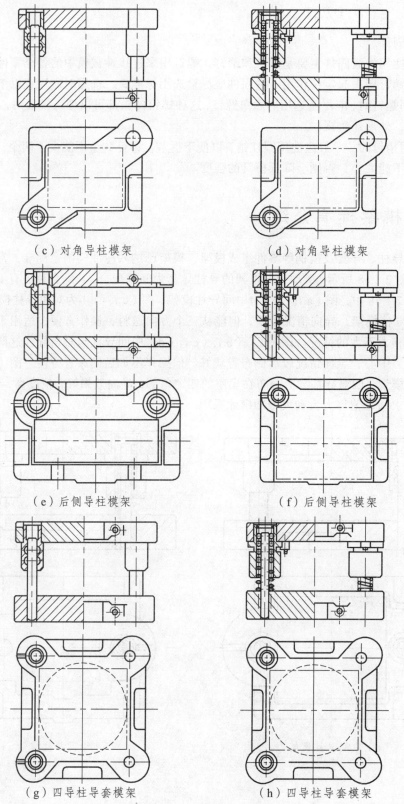

（c）对角导柱模架　　　　　　　　（d）对角导柱模架

（e）后侧导柱模架　　　　　　　　（f）后侧导柱模架

（g）四导柱导套模架　　　　　　　（h）四导柱导套模架

图 2.1.68　常用的标准模架

国家标准将模架精度分为 0 Ⅰ 级、Ⅰ 级、0 Ⅱ 级、Ⅱ 级和Ⅲ级，其中，Ⅰ 级、Ⅱ 级和Ⅲ级为滑动导向模架用精度，0 Ⅰ 级和 0 Ⅱ 级为滚动导向模架用精度。各级精度对导柱导套的配合精度、上模座上平面对下模座下底面的平行度、导柱导套的轴心线对上模座上平面与下模座下底面的垂直度等都规定了公差值及检验方法。这些规定保证了整个模架具有一定的精度，加上工作零件的制造精度和装配精度达到一定的要求后，整个模具达到一定的精度就有了基本的保证。

标准模架的选用包括三个方面：根据冲件形状、尺寸、精度、模具种类及条料送进方向等选择模架的类型；根据凹模周界尺寸和闭合高度要求确定模架的大小规格；根据冲件精度、模具工作零件配合精度等确定模架的精度。

2.2　单工序冲裁模结构设计

冲裁是冲压最基本、最常用的工艺方法之一，其模具的分类方法很多。按照不同的工序组合方式，冲裁模可分为单工序冲裁模、连续冲裁模和复合冲裁模，见表 2.2.1。

表 2.2.1　冲裁模分类

比较项目	单工序冲裁模	连续冲裁模	复合冲裁模
冲裁模的工位数	1	≥2	1
一次行程内完成的工序数	1	≥2	≥2

单工序冲裁模是指在压力机的一次行程中，只完成一道工序的冲裁模。根据模具导向装置的不同，可分为 3 类：无导向单工序冲裁模、导板式单工序冲裁模、导柱式单工序冲裁模。

2.2.1　无导向单工序冲裁模

该类模具上、下模之间没有导向装置，完全依靠压力机的滑块和导轨导向来保证冲裁间隙的均匀性。其优点是模具结构简单，制造容易；缺点是安装、调试麻烦，制件精度差，操作不安全。适用于精度低、形状简单、批量小的冲裁件，或试制用模具。

2.2.2　导板式单工序冲裁模

如图 2.2.1 所示，在上、下模之间，凸模和导板起导向作用。其特点为：导板兼起卸料作用，省去卸料装置；导板和凸模之间的配合间隙必须小于凸、凹模冲裁间隙；在冲裁过程中，要求凸模与导板不能脱开；模具结构简单，但导板与凸模的配合精度要求高，特别是当冲裁间隙小时，导板与凸模的配合间隙更小，导板的加工非常困难。主要适用于材料较厚，工件精度要求不太高的场合。

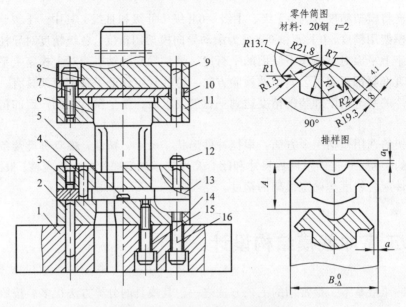

图 2.2.1　导板式单工序落料模

1—下模座；2，4，9—销；3—导板；5—挡料销；6—凸模；7，12，15，16—螺钉；
8—上模座；10—垫板；11—凸模固定板；13—导料板；14—凹模

2.2.3　导柱式单工序冲裁模

如图 2.2.2 所示，该模具上、下模之间靠导柱、导套起导向作用。其结构特点：导向精度高，凸、凹模之间的冲裁间隙容易保证，从而能保证制件的精度；安装方便，运行可靠，但结构较为复杂一些。主要适用于制件精度高、模具寿命长等场合，适合大批量生产。大多数冲裁模都采用这种形式。

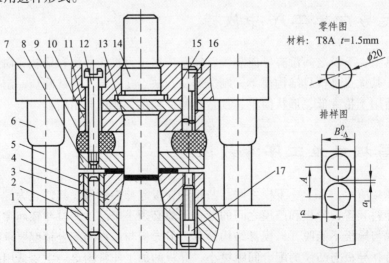

图 2.2.2　导柱式单工序冲裁模

1—下模座；2，15—销；3—凹模；4—销套；5—导柱；6—导套；7—上模座；8—卸料板；9—橡胶；
10—凸模固定板，11—垫板；12—卸料螺钉；13—凸模；14—模柄；15，16，17—螺钉

2.3　连续冲裁模结构设计

连续冲裁模又称级进模、跳步模等，可按一定的程序（排样设计时规定好），在压力机的一个行程中，在两个或两个以上的工位上完成两道或两道以上的冲裁工序。如图 2.3.1 所示的工件，若用单工序冲裁模冲裁，则需冲孔、落料两套模具才能完成，这时可采用连续冲裁模结构。在这套模具中共有两个工位，在压力机的一个行程内完成两个工序：冲孔、落料。条料从右向左送进，在第一个工位上完成两个小孔的冲裁，条料继续送进，在第二个工位完成整个制件的冲裁工作，同时在第一个工位上又完成了两个小孔的冲裁，以此类推连续冲裁。

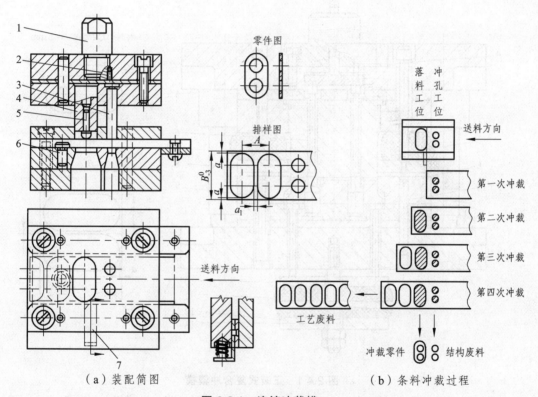

图 2.3.1　连续冲裁模

1—模柄；2—止转销；3—小凸模；4—大凸模；5—导正销；6—挡料销；7—始用挡料销

连续模的主要特点：工序分散，不存在最小壁厚问题（与复合冲裁模相比），模具强度高；凸模全部安装在上模，制件和废料（结构废料）均可实现向下的自然落料，易于实现自动化；结构复杂，制造较困难，模具成本较高，但生产效率高；定位多，因此制件的精度不太高。这类模具主要适用于批量大，精度要求不太高的制件。

2.4　复合冲裁模结构设计

复合冲裁模是指在压力机的一次行程中，板料同时完成冲孔和落料等多个工序的冲裁模。

该类模具结构中有一个既为落料凸模又为冲孔凹模的凸凹模，按照凸凹模位置的不同，复合模分为正装式和倒装式两种。

2.4.1 正装式复合模

凸凹模安装在上模部分时，称之为正装式复合模，如图 2.4.1 所示。冲裁时，冲孔凸模 15 和凸凹模 2（作冲孔凹模用）完成冲孔工序；落料凹模 1 和凸凹模 2（作落料凹模用）完成落料工序。制件和冲孔废料落在下模或条料上，需人工清除，操作不安全，故很少采用。

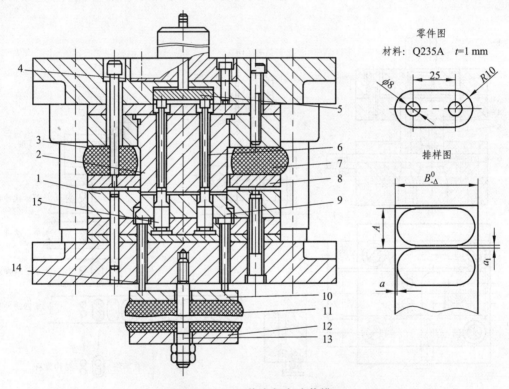

图 2.4.1　正装式复合冲裁模

1—落料凹模；2—凸凹模；3，7，8—弹性卸料装置；4—打料杆；5—推板；6—推杆；
9，10，11，12，13，14—弹顶装置；15—冲孔凸模

2.4.2 倒装复合冲裁模

凸凹模安装在下模部分时，称之为倒装式复合模，如图 2.4.2 所示。

冲裁时，凸模 4 和凸凹模 2（作冲孔凹模用）完成冲孔工序；凹模 3 和凸凹模 2（作落料凹模用）完成落料工序。冲孔废料由凸凹模孔直接漏下，制件被凸凹模顶入落料凹模内，再由推件块 12 推出。

复合模的主要特点：由于工序是在一个工位上完成的，且条料和制件都在压紧状态下完成冲裁，因此冲裁的制件平直，精度可高达 IT10 ~ IT11 级，形位误差小；该类模具结构紧凑，

体积较小，生产效率高，但结构复杂，模具零件的精度要求高，成本高，制造周期长。凸凹模的内、外形之间的壁厚不能太薄（最小壁厚的数值参见相应表格），否则其强度不够会造成胀裂而损坏；适用于冲裁批量大、精度要求高的制件。一般情况下，以板料厚度不大于 3 mm为宜，主要是保护凸凹模的强度。

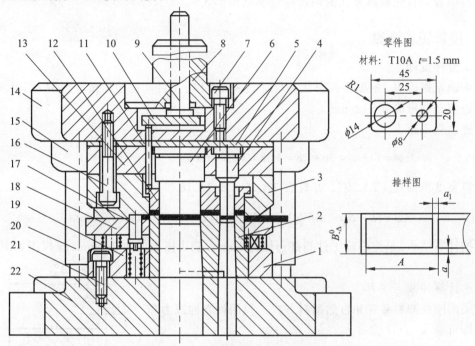

图 2.4.2　倒装式复合冲裁模

1—凸凹模固定板；2—凸凹模；3—凹模；4—凸模；5—垫板；6—凸模；7、16、21—螺钉；8—模柄；
9—打料杆；10—推板；11—连接推杆；12—推件块；13—凸模；14—上模座；15—导套；
17—活动挡料销；18—卸料板；19—弹簧；20—导柱；22—下模座

2.5　冲裁模具设计案例

零件名称：托板，如图 2.5.1 所示。

生产批量：大批量。

材料：08F；$t = 2$ mm。

设计该工件冲裁模工艺方案并绘制模具结构图。

1.　冲裁件工艺分析

冲裁件材料为 08F 钢板，优质碳素结构钢，具有良好的冲压性能；冲裁件结构简单，但外形有尖锐清角。为了提高模具

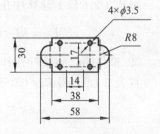

图 2.5.1　零件图

寿命，建议将所有清角改为 $R1$ 圆角；零件图上所有尺寸均未标注公差，可按 IT14 确定工件尺寸公差。查标准公差数值表可得，各尺寸公差为：

$$58_{-0.74}^{0},\ 38_{-0.62}^{0},\ 30_{-0.52}^{0},\ 16_{-0.44}^{2},\ 14 \pm 0.22,\ 17 \pm 0.22,\ \phi 3.5_{0}^{+0.3}$$

2．确定工艺方案及模具结构形式

由以上分析可知，冲裁件具有尺寸精度要求不高，形状较小，大批量生产，板料壁厚为 2 mm 等特点。为保证孔位精度和生产率，采用工序集中的工艺方案，即采用导正销精定位，刚性卸料装置，自然漏料方式的连续冲裁模结构形式。

3．模具设计计算

（1）排样设计。

首先确定搭边值。根据零件形状和尺寸查表 2.1.14，工件间搭边值按矩形取 $a_1 = 1.8$ mm，侧边搭边值按圆形取 $a = 1.5$ mm。

因此送料步距为：

$$A = D + a_1 = 30 + 1.8 = 31.8 \approx 32 \ （mm）$$

条料宽度根据式（2.1.29），并查表 2.1.15、表 2.1.16 得

$$B = [L + 2(a + \Delta) + b_0]_{-\Delta}^{\ 0} = [58 + 2 \times (1.5 + 0.5)]_{-0.5}^{\ 0} \approx 63_{-0.5}^{\ 0} \ （mm）$$

根据计算结果，最终确定工件间搭边值为 2 mm，侧边搭边值为 2.5 mm，排样图如图 2.5.2 所示。

（2）计算冲裁工序力。

因采用刚性卸料装置和自然漏料方式，只用计算冲裁力和推件力即可。

① 冲裁力，包括冲裁外形的落料力和冲裁 4 个小孔的冲孔力。

查表及工具书得 $\tau = 300$ MPa，由式（2.1.12）计算冲裁外形的落料力为

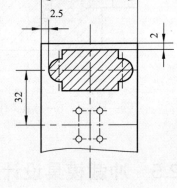

图 2.5.2 排样图

$$F_{c1} = KLt\tau = 1.3 \times [2 \times (58-16) + 2 \times (30-16) + 16\pi]$$
$$\times 2 \times 300 / 1\ 000 = 126\ （kN）$$

由式（2.1.12）计算冲孔力为

$$F_{c2} = KL_2 t\tau = 1.3 \times 4\pi \times 3.5 \times 2 \times 300 / 1\ 000 = 34\ （kN）$$

② 推件力，包括冲孔和落料两个工序。

查表 2.1.9，得 $K_t = 0.055$，取 $n = 3$，由式（2.1.15）可得：

$$F_t = nK_t F_c = nK_t\ (F_{c1} + F_{c2}) = 3 \times 0.055 \times\ (126 + 34) = 26\ （kN）$$

③ 计算冲裁工序力：

$$F = F_{c1} + F_{c2} + F_t = 126 + 34 + 26 = 186\ （kN）$$

（3）确定压力中心。

如图 2.5.3 所示，因为工件图形对称，所以落料时的压力中心在 O_1 上，冲孔时的压力中心在 O_2 上，总的压力中心在 y 轴上，由式（2.1.22）得

$$y_c = \frac{L_1 y_1 + L_2 y_2}{L_1 + L_2} = \frac{(38 \times 2 + 4 \times 7 + 4 \times 2 + 4\pi \times 8) \times 0 + 4\pi \times 3.5 \times (-32)}{(38 \times 2 + 4 \times 7 + 4 \times 2 + 2\pi \times 8) + 4\pi \times 3.5} \approx -7 (\text{mm})$$

（4）计算冲模刃口尺寸。

① 查表确定冲裁间隙为 $Z_{min} = 0.22$ mm， $Z_{max} = 0.26$ mm。

② 计算落料刃口尺寸。采用配制加工，刃口尺寸以凹模为基准，凸模尺寸按相应的凹模实际尺寸进行配制，保证双面间隙为：0.22 ~ 0.26 mm。

查表确定所有尺寸的磨损系数均为 $x = 0.5$。落料刃口尺寸均为 A 类尺寸，取 $\delta_d = \Delta / 4$：

图 2.5.3 压力中心

$$A_1 = (A_{1max} - x\Delta_1)_0^{+\Delta_1/4} = (58 - 0.5 \times 0.74)_0^{+0.74/4} \approx 57.6_0^{+0.18}$$

$$A_2 = (A_{2max} - x\Delta_2)_0^{+\Delta_2/4} = (38 - 0.5 \times 0.62)_0^{+0.62/4} \approx 37.7_0^{+0.16}$$

$$A_3 = (A_{3max} - x\Delta_3)_0^{+\Delta_3/4} = (30 - 0.5 \times 0.52)_0^{+0.52/4} \approx 29.7_0^{+0.13}$$

$$A_4 = (A_{4max} - x\Delta_4)_0^{+\Delta_4/4} = (16 - 0.5 \times 0.44)_0^{+0.44/4} \approx 15.8_0^{+0.11}$$

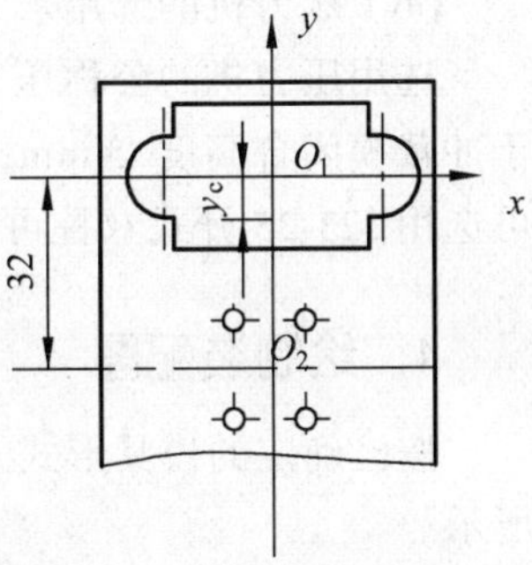

为保证 $R8$ 与尺寸 16 的轮廓线相切， $R8$ 的凹模尺寸取尺寸 16 的一半，公差也取一半，故有：

$$A_5 = (A_4 / 2)_0^{+\delta_4/2} = (15.8 / 2)_0^{+0.11/2} = 7.9_0^{+0.06}$$

③ 计算冲孔刃口尺寸。仍采用配制加工，刃口尺寸以凸模为基准，凹模尺寸按相应的凹模实际尺寸进行配制，保证双面间隙为 0.22 ~ 0.26 mm。

查表得磨损系数 $x = 0.75$， $\phi 3.5_0^{+0.3}$ 的尺寸均为 B 类尺寸，取 $\delta_d = \Delta / 4$ 有：

$$B = (B_{min} + x\Delta)_{-\Delta/4}^0 = (3.5 + 0.75 \times 0.3)_{-0.3/4}^0 \approx 3.72_{-0.08}^0$$

在冲压过程中，不随磨损变化的尺寸，按设计公式计算得：

$$C_1 = C_1 \pm \Delta' / 4 = 14 \pm 0.22 / 4 = 14 \pm 0.055$$

$$C_2 = C_2 \pm \Delta' / 4 = 17 \pm 0.22 / 4 = 17 \pm 0.055$$

（5）确定各主要零件结构尺寸。

① 凹模外形尺寸的确定。

a. 凹模厚度 H_a 的确定，由设计公式得：

$H_a = \sqrt[3]{0.1F} = \sqrt[3]{0.1 \times 186\,000} \approx 26.5$ (mm)，查资料圆整取标准值 $H_a = 25$ mm。

根据式设计公式，计算凹模壁厚：

$c = 1.3 H_a = 32.5$ mm，查资料圆整取值 $c = 34$ mm。

b. 凹模长度尺寸的确定。

宽度 B 的确定：

$$Bb + 2c = 58 + 2 \times 34 = 126 （\text{mm}）$$

凹模长度 L 的确定：

$$L + l + s + 2c = 30 + 32 + 2 \times 34 = 130 （\text{mm}）$$

根据 GB/T 8057—1995，确定凹模外形尺寸为 140×125×25。

② 凸模长度尺寸的确定。

采用刚性卸料时凸模的长度为 $L = h_1 + h_2 + h_3 + A$，其中，导料板厚 $h_1 = 8\ mm$，卸料板厚 $h_2 = 12\ mm$，凸模固定板厚 $h_3 = 18\ mm$，A 由 3 部分组成：闭合状态时固定板和卸料板之间的距离、凸模的修磨量、凸模进入凹模的距离，一般在 15 ~ 20 mm 之间取值，此处取 $A = 18\ mm$，则

$$L = 8 + 12 + 18 + 18 = 56（mm）$$

（6）压力机的选用。

选用压力机的公称压力应大于冲裁工序力，即 $F_p \geq 1.2F = 223.2\ kN$；最大闭合高度应大于冲裁模闭合高度 5 mm；工作台面尺寸应能满足模具的正确安装。综上所述，查表可知，可选用 J23-25 开式双柱可倾式压力机，并需在工作台面上配备垫块，垫块实际尺寸可配制。

4．绘制装配图

按已确定的模具形式及参数，从冷冲模标准中选取标准模架，绘制模具装配图，如图 2.5.4 所示。

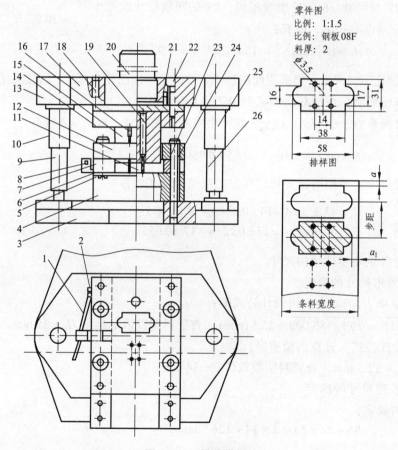

图 2.5.4　模具装图

1—簧片；2—螺钉；3—下模座；4—凹模；5—螺钉；6—承料板；7—导料板；8—始用挡料销；
9、26—导柱；10、25—导套；11—挡料钉；12—卸料板；13—上模座；14—凸模固定板；
15—落料凸模；16—冲孔凸模；17—垫板；18—圆柱销；19—导正销；20—模柄；
21—止转销；22—内六角螺钉；23—圆柱销；24—螺钉

本学习情境小结

（1）本学习情境对冲裁工艺及冲裁模具设计进行了较详细的阐述，包括冲裁变形过程、冲裁件工艺性、排样设计、冲裁间隙、压力中心、冲裁工序力及单工序模、复合模和连续模的设计。

（2）通过冲裁变形过程的分析，导出影响冲裁件质量的因素和提高冲裁件质量的措施。

（3）通过对冲裁件的结构工艺性能的介绍，从制件的形状、精度、粗糙度和结构等方面来分析冲裁的工艺要求。

（4）本学习情境介绍了典型模具结构、排样设计、冲裁间隙、冲裁工序力和压力中心计算；模具结构设计介绍了典型的模具结构和主要零部件的设计要求。

思考与练习题

1. 简答题

（1）什么是冲裁？冲裁变形过程分为哪三个阶段？说明每一阶段的变形情况。

（2）冲裁时，断面质量分为哪几个区？各区有什么特征？是怎样形成的？

（3）什么是排样？冲压废料有哪两种？要提高材料利用率，应从减少哪种废料着手？

（4）什么是搭边？搭边大小决定于哪些因素？

（5）什么是冲裁间隙？它对冲裁件的断面质量、冲裁工序力、模具寿命有什么影响？怎样确定模具的合理冲裁间隙？

（6）求冲裁模的压力中心位置有哪几种方法？用解析法如何求冲裁模的压力中心位置？求冲裁模压力中心位置有什么用处？

（7）冲裁模刃口尺寸计算的原则有哪些？

（8）在什么情况下采用凸模和凹模分别标注、分别加工？分别加工时应满足什么条件？

（9）在什么情况下采用凸模和凹模配合加工？配合加工有什么优点？

（10）何为正装复合模？何为倒装复合模？各有什么优点？设计复合模中的凸凹模时应注意什么问题？

（11）选择冲裁模的结构类型时应遵循什么原则？

（12）冲模工作时，毛坯在送进平面内怎样定位？左右怎样导向？各有哪几种方式和零件？

（13）模架由哪几种零件组成？标准中规定了哪几种模架形式？各有什么特点？模架在模具中起什么作用？

（14）垫板起什么作用？在什么情况下可以不加垫板？

2. 设计题

（1）设计计算图 1 所示制件的冲孔-落料复合模，并绘制出模具结构图。

（2）设计计算图 2 所示制件的冲孔-落料级进模，并绘制出模具结构图。

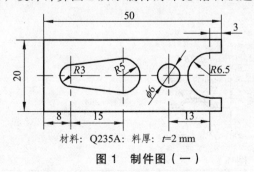

材料：Q235A：料厚：*t*=2 mm

图 1　制件图（一）

材料：Q235A　料厚：*t*=3 mm

图 2　制件图（二）

学习情境 3　弯曲成型工艺与模具设计

【知识目标】

- 理解弯曲变形过程。
- 理解影响弯曲零件质量的因素与解决措施。
- 掌握弯曲成型工艺要求。
- 掌握弯曲成型工艺计算。
- 掌握典型弯曲模结构。

【技能目标】

- 能对弯曲零件的成型工艺进行合理的分析与设计。
- 能设计出较为复杂的折弯工艺的弯曲模。

本情境学习任务

1. 完成图 1 所示零件的折弯工艺分析与模具设计。

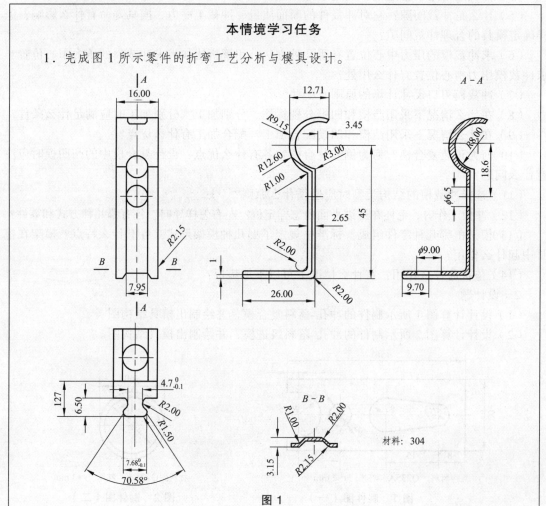

材料：304

图 1

3.1　弯曲件的种类与工艺过程分析、计算

3.1.1　弯曲件的种类

弯曲是将金属板料毛坯、型材、棒材或管料等按照设计要求的曲率或角度成型为所需形状零件的冲压工序。弯曲工序在生产中应用相当普遍。弯曲零件的种类很多，如汽车的纵梁、自行车车把、各种电器零件的支架、门窗脚链等，图 3.1.1 所示为常见的弯曲零件。

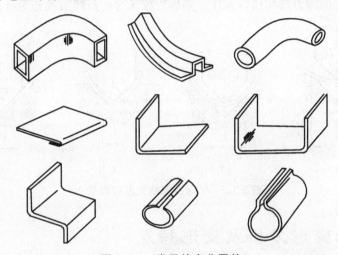

图 3.1.1　常见的弯曲零件

根据所用的工具和设备不同，弯曲方法可以分为在普通压力机上使用弯曲模压弯、在折弯机上的折弯、拉弯机上的拉弯、辊弯机上的滚弯或辊压成型等，如图 3.1.2 所示。虽然各种弯曲方法不同，但变形过程及特点存在着某些相同规律。本章主要介绍在普通压力机上进行压弯的工艺和模具设计。

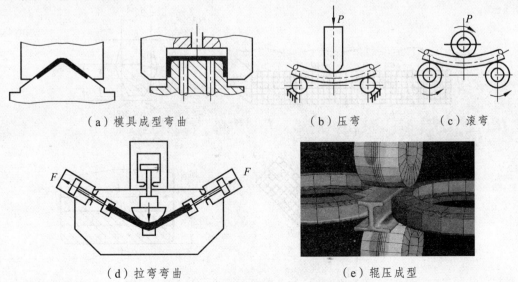

（a）模具成型弯曲　　　　　（b）压弯　　　　　（c）滚弯

（d）拉弯弯曲　　　　　（e）辊压成型

图 3.1.2　弯曲零件的成型方法

3.1.2　弯曲变形过程

V 形件的弯曲是板料弯曲中最基本的一种，其弯曲变形过程如图 3.1.3 所示。在弯曲的过程中，板料的弯曲内侧半径 r 与弯曲力臂 L 随凸模的下行而逐渐减小，当凸模、板料与凹模三者完全贴合时，板料的内半径 r 值达到最小值，弯曲过程结束。

由该弯曲过程可知，在弯曲变形过程中板料与凹模之间有相对滑移现象，弯曲变形主要集中在弯曲圆角 r 处。另外在弯曲过程中还发生了直边变形，直边在最后贴合时被压直，此时如果再增加一定的压力对弯曲件施压，则称为校正弯曲；此前就称为自由弯曲。

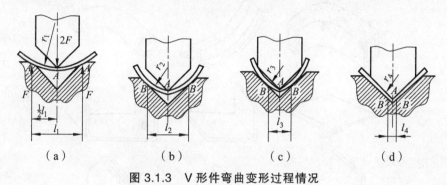

图 3.1.3　V 形件弯曲变形过程情况

3.1.3　弯曲变形分析及变形特点

1. 弯曲变形区的变形特点

在对弯曲变形区的变形进行分析时，建立圆柱坐标系，设板厚方向为径向（ρ 方向），板长方向为切向（θ 方向），板宽方向为轴向（B 方向）。研究材料的冲压变形，常采用网格法，如图 3.1.4 所示。

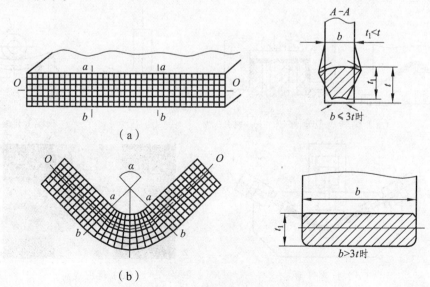

图 3.1.4　板料弯曲前后的网格变化

根据侧面的网络变化情况，对弯曲变形区进行分析，有以下特点：

（1）工件分成了直边和圆角两部分（圆角部分的内半径为 r，中心角为 α）。弯曲的变形主要发生在弯曲件的圆角部分，该部分的网格变成了扇形，而远离圆角的直边部分网格基本没有变化，在靠近圆角处的直边网格有少许变化。

（2）变形区切向的变形不均匀。变形后网格由正方形变成了扇形。外层表面产生了最大的切向伸长变形，内层表面产生了最大的切向收缩变形。切向变形沿板厚的分布是不均匀的，在收缩与伸长的区域之间必然有一金属层既不伸长也不收缩，称为应变中性层（图 3.1.4 中的 OO 层）。以此为界，将变形按其性质分为内、外两层区域。

（3）变形区中的板料在变形后将产生厚度变薄的现象，用变薄系数 $\eta = t_1/t$ 表示。当弯曲半径与厚度之比 r/t 较小时，厚度变薄量大。

（4）变形区内板料横断面的变化则视板料的宽窄而有所不同。板宽与板厚之比 $b/t > 3$ 时，横断面几乎不变，仍保持原来的矩形；而 $b/t < 3$ 时，断面产生了畸变，由矩形变成了扇形。实际生产中大多属于 $b/t > 3$ 的宽板弯曲，即认为板材弯曲前后横断面不变化。

（5）板料长度的增加。对于一般的弯曲件，由于大都属于宽板弯曲，变形前后板宽的变化很小，因此当弯曲变形程度较大时，变形区的板厚会产生明显变薄。根据材料体积不变的条件，减薄的结果必然是板料的长度增加，这将对弯曲件的尺寸精度造成不利的影响。

2. 弯曲变形中性层的位置

图 3.1.5 所示为板料变形区在弯曲前后的状态。设板料宽度 B 在弯曲前后没有变化，属于宽板弯曲，弯曲前板料的长度和厚度分别为 l 和 t，弯曲后弯曲内半径为 r，外弯曲半径为 R，弯曲区中心角为 α，板料厚度为 t_1。

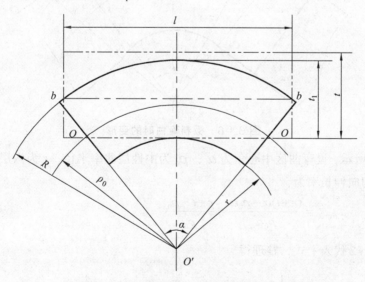

图 3.1.5 板料变形区在弯曲前后的状态

按体积不变条件可求得变形中性层的曲率半径 ρ_0。变形前、后的体积分别为

$$V_0 = ltB = \rho_0 \alpha t B$$
$$V = \pi(R^2 - r^2)\alpha / 2\pi \times B$$

由 $V_0 = V$ 得

$$\rho_0 = (R^2 - r^2)/2t$$

以 $R = r + t_1$ 代入上式，整理得

$$\rho_0 = (r + t_1/2)t_1/t$$

其中，$\eta = t_1/t$ 为变薄系数，代入上式得

$$\rho_0(r + \eta t/2)\eta \qquad (3.1.1)$$

由式（3.1.1）可知，当 $\eta < 1$ 时，$\rho_0 < r + \eta t/2$；而 $r + \eta t/2$ 为变形区板料几何中心层的曲率半径，这表明弯曲后变形中性层不与几何中心层重合而发生了内移。随着 r/t 值的不断减少，应变中性层也将不断内移。

3.1.4　变形程度及其表示方法

在弯曲过程中，中性层以外的材料切向受拉伸，其中外侧变形量最大，当变形达到一定程度时，将会使变形区外层材料沿板宽方向产生裂纹而导致破坏，称为弯裂。因此外层材料的拉伸变形程度应受到限制。

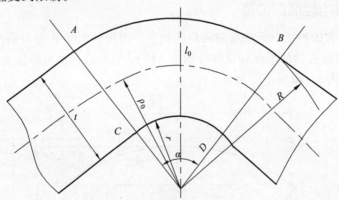

图 3.1.6　板料弯曲时的变形

如图 3.1.6 所示，设弯曲区中心角为 α，ρ_0 为中性层曲率半径，r 为内层表面圆角半径，则外层材料的切向伸长率为

$$\varepsilon_{\theta\max} = \frac{(r+t)\alpha - \rho_0\alpha}{\rho_0\alpha} = \frac{r+t-\rho_0}{\rho_0}$$

将 $\rho_0 = r + t/2$ 代入上式，整理得

$$\varepsilon_{\theta\max} = \frac{1}{2r/t + 1} \qquad (3.1.2)$$

由式（3.1.2）可见，r/t 值称为相对弯曲半径，当 r/t 值越小时，板料外层材料弯曲时的伸长率越大；当 r/t 达到某一最小 $r_{\min}/t$ 值时，将会导致外层材料的弯曲破裂。因此 r/t 值是弯曲加工中的重要工艺参数，能够表达弯曲变形程度的大小。$r_{\min}/t$ 值称为最小相对弯曲半

径，用来限制弯曲变形的极限程度。

3.1.5　弯曲件质量分析

1. 弯裂与最小相对弯曲半径

弯裂是指当弯曲变形达到一定程度时，变形区外层材料沿板宽方向产生拉伸裂纹而导致破坏的现象。相对弯曲半径 r/t 值越小，板料外层材料弯曲时的伸长率 ε_θ 就越大；当 r/t 值达到某一最小 r_{min}/t 值时，将会导致外层材料的弯曲破裂。因此，r/t 值是弯曲加工中的重要工艺参数，能够表达弯曲的变形程度的大小。一般在弯曲工艺中，r_{min}/t 值称为最小相对弯曲半径，用来控制弯曲变形的极限程度。

2. 影响最小相对弯曲半径的因素

（1）材料力学性能。

弯曲破坏是因为变形区外层材料受到过大的拉伸变形而引起了开裂，所以材料塑性越好，允许的 r_{min}/t 值就可以越小。

在实际生产中，对于因冷作硬化导致材料性降低而出现开裂时，应安排退火工序恢复其塑性。对镁合金、钛合金等低塑性材料常需加热弯曲。

（2）板料的纤维方向。

冲压用的板料多为冷轧板材，经多次轧制后呈纤维组织，具有明显的性能各向异性。平行于轧制方向的塑性指标较高，垂直于轧制方向的塑性指标较低。因此，当弯曲件的折弯线与板料的轧制方向垂直时，弯曲区切向变形的方向便垂直于纤维方向，允许的 r_{min}/t 值最大。

在实际生产中，当弯曲件的 r/t 值较小时，应注意展开毛坯的排样设计，排样图上要注明板料轧制方向，使其与弯曲线垂直。对于多向弯曲的制件，排样时，可使折弯线与轧制方向成一定的角度，如图 3.1.7 所示。

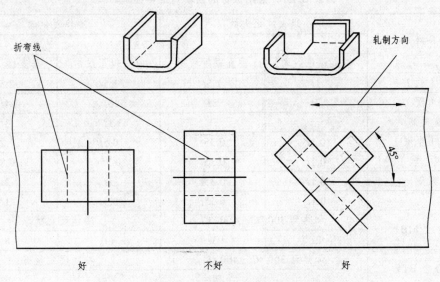

图 3.1.7　板料轧制方向对弯曲变形程度的影响

（3）毛坯的断面质量和板料的表面质量。

板料弯曲时，毛坯一般采用剪床下料或冲模落料方法制备，断面粗糙且有毛刺，并有硬化现象产生。在弯曲时，如果将毛刺等缺陷置于弯曲变形的外侧，当 r/t 值较小时，则会因应力集中容易出现开裂。另外坯料表面如果粗糙或有划伤及裂纹等问题，在弯曲时同样容易引起开裂。这种现象对铝制板材特别严重。

（4）板料的厚度。

当弯曲半径 r 相同时，板厚 t 值越小，则变形区外表层的伸长应变就越小，即板料越薄，弯曲开裂的危险性就越小。这是因为从切向应变沿板厚的分布来看，弯曲薄板时，从外表层最大的切向拉应变值衰减至应变中性层为零的应力梯度比厚板要大。因此，邻近外表层的材料对外表层拉伸变形的邻近缓解作用较强，可使外表层获得更大的切向变形，所允许的 r_{min}/t 值比厚板要小。

（5）弯曲区中心角的大小。

弯曲理论中，认为变形区仅限于弯曲中心角 α 的区域内，直边基本不参与变形。但在实际变形过程中，由于材料的互相牵制作用，靠近圆角附近的质变材料同样参与了变形，使变形区外层的拉应力有所缓解，同时也分散了集中在圆角部分的拉伸应变。弯曲区中心角 α 越小，圆角区变形的直边缓解作用就越大，而 r_{min}/t 值也越小，如图 3.1.8 所示。

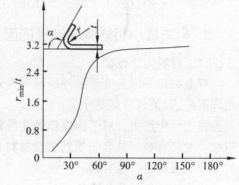

图 3.1.8　弯曲区中心角对弯曲变形
程度的影响

3. 最小相对弯曲半径的确定

虽然有的资料给出了按材料伸长率计算 r_{min}/t 值的公式，但由于影响板料变形极限程度的因素很多，一般的理论计算公式并不实用。在实际生产中主要通过参考经验数据来确定 r_{min}/t 值。表 3.1.1 所示为经过试验获得的最小弯曲半径的数值。

表 3.1.1　常用板材的最小弯曲半径 r_{min}

材料	退火或正火的		冷作硬化的	
	弯曲线位置			
	垂直辗压纹向	垂直辗压纹向	垂直辗压纹向	垂直辗压纹向
硬（软）	$1t$	$1.5t$	$1.5t$	$2.5t$
硬（硬）	$2t$	$3t$	$3t$	$4t$
磷青铜	—	—	$1t$	$3t$
黄铜（半硬）	$0.1t$	$0.35t$	$0.5t$	$1.2t$
黄铜（软）	$0.1t$	$0.35t$	$0.35t$	$0.8t$
紫铜	$0.1t$	$0.35t$	$1t$	$2t$
	$0.1t$	$0.35t$	$0.5t$	$1t$
镁合金 MB1	加热到 300 ℃ ~ 400 ℃		冷作硬化状态	
	$2t$	$3t$	$6t$	$8t$
钛合金 BT5	加热到 300 ℃ ~ 400 ℃		冷作硬化状态	
	$3t$	$4t$	$5t$	$6t$

4. 弯曲件的回弹

（1）弯曲回弹现象分析。

① 回弹现象。由弹塑性共存规律可知，板料的塑性弯曲和一切塑性变形一样，都伴随有弹性变形。当弯曲变形结束后卸载时，由于材料内部的弹性变形产生恢复，导致弯曲半径、弯曲件的角度与模具的尺寸形状不一致，这种现象称为弯曲回弹。图 3.1.9 所示为弯曲回弹前后弯曲件形状和尺寸的变化情况。

由图中可见，弯曲回弹的表现形式有两个方面：

a. 弯曲半径的变化：卸载前弯曲取的内半径为 r，卸载后内半径增加至 r'，其增量为

$$\Delta r = r' - r$$

b. 弯曲件角度的变化：卸载前弯曲件角度为 α，卸载后角度增加至 α'，其增量为

$$\Delta \alpha = \alpha' - \alpha$$

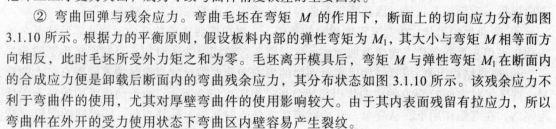

通常，Δr、$\Delta \alpha$ 的值大于零，称为正回弹；反之称为负回弹。弯曲回弹现象的产生是由于卸载时，弯

图 3.1.9　弯曲件卸载前后的变化量

曲变形区将产生与加载时方向相反的弹性恢复，外区材料在切向因回弹而缩短，内区材料切向因回弹而伸长。内外区方向相反的回弹使弯曲件产生了以中性层为轴的同方向叠加的回弹变形。因此在弯曲加工中，由回弹现象引起的弯曲件形状和尺寸的变化十分显著，而且比其他冲压工序更为突出，成为导致弯曲件精度误差的主要因素。

② 弯曲回弹与残余应力。弯曲毛坯在弯矩 M 的作用下，断面上的切向应力分布如图 3.1.10 所示。根据力的平衡原则，假设板料内部的弹性弯矩为 M_1，其大小与弯矩 M 相等而方向相反，此时毛坯所受外力矩之和为零。毛坯离开模具后，弯矩 M 与弹性弯矩 M_1 在断面内的合成应力便是卸载后断面内的弯曲残余应力，其分布状态如图 3.1.10 所示。该残余应力不利于弯曲件的使用，尤其对厚壁弯曲件的使用影响较大。由于其内表面残留有拉应力，所以弯曲件在外开的受力使用状态下弯曲区内壁容易产生裂纹。

（2）影响弯曲回弹的因素。

由前述可知，由于弯曲变形的特殊情况，使得板料弯曲件的回弹量比其他任何一种冲压工艺都大得多，对弯曲件的精度和使用产生了比较大的不利影响。为了进一步掌握回弹规律，下面就影响弯曲回弹的一些因素简要分析如下：

① 材料的力学性能。弯曲回弹的大小与材料的屈服极限 σ_S 和硬化指数 n 成正比，而与弹性模量 E 成反比。

如图 3.1.10（a）所示，两种材料的屈服极限 σ_S 基本相同，但弹性模量却不相同（$E_1 > E_2$），当弯曲件的变形程度相同时，卸载后弹性模量大的退火软钢回弹量小于软锰黄铜。如图 3.1.10（b）所示，两种材料的弹性规模基本相同，而屈服极限不同，当弯曲变形程度相同时，卸载后，屈服极限高的或经冷作硬化的材料的回弹量将大于屈服极限较低的退火钢。因钢材的弹性规模相差无几，故应尽量选择 σ_S 小、n 值小的材料以获得形状规则、尺寸精确的弯曲件。

② 弯曲变形程度。相对弯曲半径 r/t 值越小，弯曲变形程度越大，则回弹值越小。如图

3.1.11 所示，当变形程度较大时，弹性变形量虽有所增加，但在总的变形中所占的比例较少，因此回弹量小。

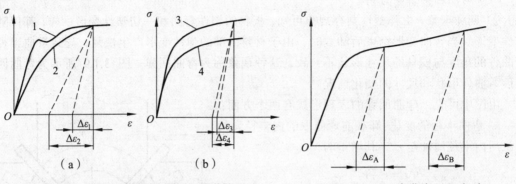

图 3.1.10　材料力学性能对弯曲回弹的影响　　　　图 3.1.11　弯曲变形程度对弯曲回弹的影响

③ 弯曲件角度。弯曲中心角 α 越大，表示弯曲变形区域越大。此时在弯曲过程中累计弹性变形也越大，因此回弹量会增加。

④ 弯曲方式。一般板料的弯曲方式有自由弯曲和矫正弯曲两类。自由弯曲的回弹大，矫正弯曲的回弹小。V 形件的矫正弯曲有时还会产生负回弹。

在弯曲制件时，矫正弯曲是在工作行程终了前凸模和凹模对板料施以很强的压缩作用，其压力远大于自由弯曲时所需压力。较强的压力不仅使弯曲变形外区的拉应力有所减小，而且在外区中性层附近，还会出现和内区同样的压缩应力。随着矫正力的加大，应压力区向板料的外表面逐渐扩展，致使板料的全部或大部分断面均出现压缩应力。结果导致外区的回弹方向取得一致而相互抵消，因此矫正弯曲时的回弹比自由弯曲时大大减小。

⑤ 弯曲件的形状。在变形程度相同的条件下，双角弯曲比单角弯曲回弹小，形状复杂的弯曲件采用一次弯曲比多次弯曲回弹小。这是因为多角同时弯曲时相互牵制而减小了回弹。

⑥ 模具结构因素。模具结构因素对回弹的影响随弯曲件尺寸与形状的不同而有较大的差异。这里仅对常见 U 形件的弯曲作出简要分析。如图 3.1.12 所示，由于凸模下的板料不受任何制约，在弯矩作用下，从变形一开始就被弯成外凸的弧形。另外当凸、凹间的间隙 Z 较大时，则 U 形件的侧壁到变形终了时仍可能不能展平。当弯曲件脱离模具后，A 处与 B 处都将产生外开回弹，导致弯曲件的回弹量较大。

如图 3.1.13 所示，用大顶板的上出件结构方案时，在弯曲变形的一开始由顶板提供的反顶力 F_1 起到了压料作用。如果反顶力足够将凸模下的板料压平，则当 U 形件脱离模具后，A 处与 B 处的回弹方向相反，回弹量较小。当圆角处的弯曲变形程度较大、间隙较小时，弯曲件则会出现较明显的负回弹现象。

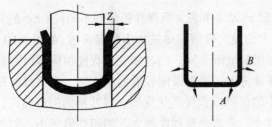

图 3.1.12　U 形件自由弯曲时的回弹状况

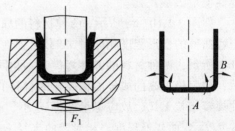

图 3.1.13　U 形件带顶板弯曲时的回弹情况

对于 U 形件的弯曲，如果进行弯曲后校形，可获得回弹较小、形状比较规则的弯曲件。

（3）减少弯曲回弹的措施。

由于影响弯曲回弹的因素很多，所以在用模具加工弯曲件时，很难获得形状规则、尺寸准确的制件。生产中必须采取适当的措施将弯曲后的回弹量控制在最低限度内。

① 从弯曲件结构上采取措施。弯曲件应尽可能选用弹性模数较大、屈服极限较小、力学性能稳定的材料，并尽量使 r/t 值控制在 $1\sim2$ 的范围内。另外，应在生产易回弹的部位设置加强筋，起到减小回弹、提高刚性的作用，如图 3.1.14 所示。

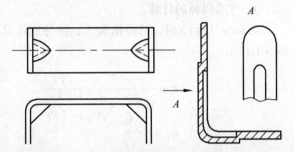

② 从弯曲工艺上采取措施。如用校正弯曲代替自由弯曲，这是常用的、行之有效的弯曲方法。对于冷作硬化的材料，可先退火使屈服极限降低，以减小回弹，弯曲后再进行淬硬。

图 3.1.14　零件上设置加强筋以减小弯曲回弹

③ 从模具结构上采用措施。在实际产生中多从模具结构的角度来采取措施以提高弯曲件产品的质量。如对于常用的塑性材料，生产中常采用与"校直过正"类似的补偿法来弯曲制件，如图 3.1.15 所示。或当弯曲半径不大时，可减小凸模与板料的接触面，使压力集中对圆角进行校形，如图 3.3.16 所示。改变弯曲变形区外测受拉、内侧受压的应力状态，使变形区变为三向受压状态，以改变回弹变形性质，减小回弹。一般认为弯曲区金属的压缩量取为板厚的 2%～5%时，就可得到较好的结果。此外采用软模法或拉弯法亦可减少回弹。

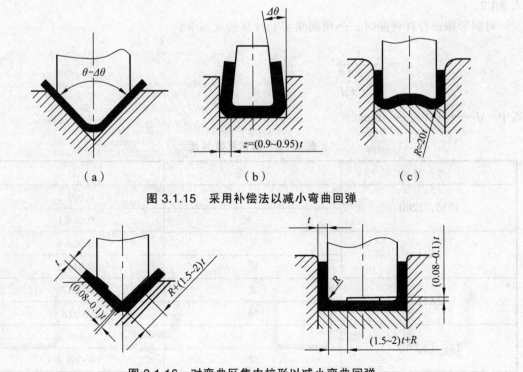

（a）　　　　　　　　　　（b）　　　　　　　　　　（c）

图 3.1.15　采用补偿法以减小弯曲回弹

图 3.1.16　对弯曲区集中校形以减小弯曲回弹

（4）弯曲回弹值的确定。

由于影响弯曲回弹的因素较多，而且各种因素之间又互相影响。因此，弯曲回弹角的计算比较复杂，计算结果也不准确。一般生产中是按经验数表或经验公式计算出回弹值作为参考，再进行试模修正。

① 弯曲回弹的计算。

当 $8 < r/t \leqslant 10$ 时，回弹值较大，要分别计算弯曲半径和弯曲角的回弹值，计算如下（见图 3.1.17）：

$$r_1 = \cfrac{r}{1 + \cfrac{3\sigma_s}{E} \times \cfrac{r}{t}} = \cfrac{1}{\cfrac{1}{r} + \cfrac{3\sigma_s}{Et}}$$

$$\alpha_1 = r\alpha / r_1$$

式中　r ——工作圆角半径；

　　　r_1 ——凸模圆角半径；

　　　t ——材料厚度；

　　　E ——材料的弹性模数；

　　　σ_s ——材料屈服点；

　　　a ——工件圆角弧长的中心角，（°）；

　　　α_1 ——凸模圆角弧长的中心角，（°）。

设 $\cfrac{3\sigma_s}{E} = A$，则 A 称为简化系数，A 值见表 3.1.2。

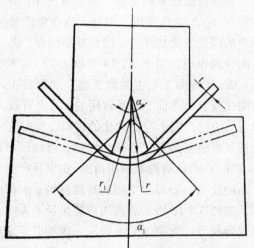

图 3.1.17　弯曲件回弹值示意图

对圆形截面杆件弯曲时，凸模圆角半径计算公式如下：

$$r_1 = \cfrac{1}{\cfrac{1}{r} + \cfrac{3.4\sigma_s}{Ed}} \tag{3.1.3}$$

式中　d ——杆件直径，mm。

表 3.1.2　简化系数 A 值

材　料	状　态	A
1035，1200	退火	0.001 2
	冷硬	0.004 1
2A11	软	0.006 4
	硬	0.017 5
2A12	软	0.007
	硬	0.026
T1，T2，T3	软	0.001 9
	硬	0.008 8

续表 3.1.2

材　料	状　态	A
H62	软	0.003 3
	半硬	0.008
	硬	0.015
H68	软	0.002 6
	硬	0.014 8
QSn6.5-0.1	硬	0.015
QBe2	软	0.006 4
	硬	0.026 5
QA15	硬	0.004 7
08，10，Q215		0.003 2
20，Q235		0.005
30，35，Q255		0.006 8
50		0.015
T8	退火	0.007 6
	冷硬	
1Cr18Ni9Ti	退火	0.004 4
	冷硬	0.018
65Mn	退火	0.007 6
	冷硬	0.015
60Si2MnA	冷硬	0.021

②单角弯曲时的回弹角度。

当 $5<r/t\leqslant 8$ 时，弯曲半径的回弹值较小，实际生产中只考虑角度的回弹，并按经验数值选用。回弹值见表 3.1.3、表 3.1.4。

表 3.1.3　较软金属材料 90°单角校正弯曲回弹角度 $\Delta\alpha$

材　料	r/t		
	$\leqslant$	>1～2	>2～3
Q215、Q235	$-1°$～$1°30'$	$0°$～$2°$	$1°30'$～$2°30'$
纯铜、黄铜、铝	$0°$～$1°30'$	$0°$～$3°$	$2°$～$4°$

表 3.1.4　90°单角自由弯曲时的回弹角度$\Delta\alpha$

材　料	r/t	材料厚度 t/mm		
		≤ 0.8	$>0.8 \sim 2$	>2
钢[$\omega(C) = 0.08\% \sim 0.2\%$]	≤ 1	4°	2°	0°
软黄铜	$>1 \sim 5$	5°	3°	1°
铝、锌	>5	6°	4°	2°
中硬钢	≤ 1	5°	2°	0°
硬黄铜	$>1 \sim 5$	6°	3°	1°
硬青铜	>5	8°	5°	3°
钢[$\omega(C) = 0.5\% \sim 0.6\%$]	≤ 1	7°	4°	2°
	$>1 \sim 5$	9°	5°	3°
	>5	12°	7°	6°
铝合金	≤ 2	2°	3°	4°30′
	$>2 \sim 5$	4°	6°	8°30′

③ U 形弯曲时的回弹角度，见表 3.1.5。

表 3.1.5　U 形弯曲时的回弹角度

材料的牌号和状态	r/t	凹模与凸模的间隙 $Z/2$						
		$0.8t$	$0.9t$	$1t$	$1.1t$	$1.2t$	$1.3t$	$1.4t$
		回弹角度 $\Delta\alpha$						
2A12Y（LY12Y）	2	− 2°	0°	2°30′	5°	7°30′	10°	12°
	3	− 1°	1°30′	4°	6°30′	9°30′	12°	14°
	4	0°	3°	5°30′	8°30′	11°30′	14°	16°30′
	5	1°	4°	7°	10°	12°30′	15°	18°
	6	2°	5°	8°	11°	13°30′	16°30′	19°30′
7A04Y（LC4Y）	3	3°	7°	10°	12°30′	14°	16°	8°30′
	4	4°	8°	11°	13°30′	15°	17°	9°30′
	5	5°	9°	12°	14°	16°	18°	10°30′
	6	6°	10°	13°	15°	17°	20°	11°
	8	8°	13°30′	16°	19°	21°	23°	12°
20（已退火的）	1	− 2°30′	− 1°	0°30′	1°30′	3°	4°	3°
	2	− 2°	− 0°30′	1°	2°	3°30′	5°	6°
	3	− 1°30′	0°	2°30′	3°	4°30′	6°	7°30′
	4	− 1°	0°30′	2°30′	4°	5°30′	7°	9°
	5	− 0°30′	1°30′	3°	5°	6°30′	8°	10°
	6	− 0°30′	2°	4°	6°	7°30′	9°	11°
30CrMnSiA	1	− 2°	− 0°30′	0°	1°	2°	4°	5°
	2	− 1°30′	− 1°	1°	2°	4°	5°30′	7°
	3	− 1°	0°	2°	3°30′	5°	6°30′	8°30′
	4	− 0°30′	1°	3°	5°	6°30′	8°30′	10°
	5	0°	1°30′	4°	6°	8°	10°	11°
	6	0°30′	2°	5°	7°	9°	11°	13°

5. 弯曲时的偏移

（1）弯曲偏移现象。

在弯曲变形中，板料与凹模之间有相对滑移现象。板料在弯曲中沿凹模滑移时，会受到凹模圆角和凹模侧壁等处的摩擦阻力的作用，此摩擦阻力不等或各边板面不对称时，则往往会使毛坯在弯曲过程中产生移动，这种现象称为弯曲偏移。在实际的弯曲工作中，由于工件毛坯形状不对称、工作结构不对称、凸模与凹模圆角不对称、模具间隙不对称和模具结构不合理等因素的单独或综合作用，都会使工件产生弯曲偏转现象。

（2）克服弯曲偏移的措施。

① 采用压料装置。在模具上采用压料装置，使毛坯在压紧的状态下弯曲成型，从而防止毛坯的滑动，而且还能得到压紧部位比较平整的工件。

② 采用毛坯定位措施。在弯曲工件时，可以利用毛坯上的圆孔或设计专用的工艺定位孔，用定位销插入孔内定位后再弯曲，使毛坯无法移动。

③ 采用对称工作结构。对于很多形状不对称的弯曲件，可以将之组合成对称式进行弯曲，再切开得到工件。这样可使板料弯曲时受力均匀，不容易产生偏移。

④ 采用制造质量较好的模具。模具制造中应力求形状准确，间隙对称，表面质量均匀，这样可有助于防止产生偏移。

3.1.6 弯曲件结构工艺性

1. 弯曲件的结构工艺性

（1）弯曲件的形状。

弯曲件的形状、尺寸和圆角半径应尽可能对称一致，以防止因工件受力不平衡而产生偏移，影响工件的尺寸和精度。为防止不对称工件的弯曲偏移，应在模具上设置压料装置或采用定位措施，也可以组合成对称式的弯曲后再切断，如图 3.1.18 所示。

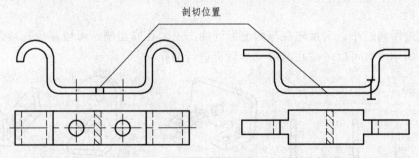

剖切位置

图 3.1.18 采用对称工件结构防止产生弯曲偏移

（2）弯曲件直边高度。

弯曲件的直边高度应大于 2 倍的材料厚度，即 $H>2t$，如图 3.1.19 所示；否则在弯曲加工时直边长度将不能提供足够的弯曲力臂，同时受弯曲区变形的影响，直边将产生歪曲倾斜。若 $H<2t$，则应预先压槽（见图 3.1.19），或加高直边经弯曲后再切掉。如果弯曲直边带有斜度，而斜线延伸到变形区（见图 3.1.20），则在直边高度小于 $2t$ 的区段不可能弯到要求的角

度，并且此处容易裂开。因此，应改变制件形状或加高直边尺寸。

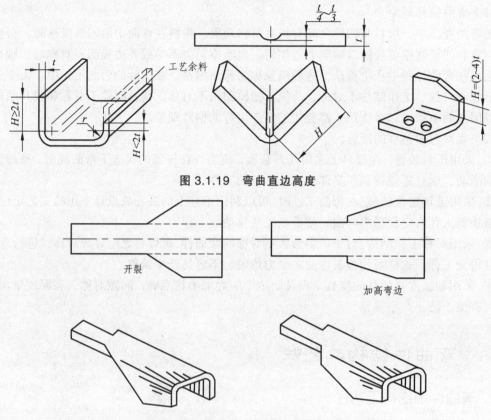

图 3.1.19　弯曲直边高度

图 3.1.20　弯曲件直边高度对工件影响

（3）弯曲件孔边距离。

弯曲带孔的板料时，为了保证孔形不受弯曲变形的影响而产生歪斜，必须使孔位于弯曲变形区的范围之外，如图 3.1.21（a）所示。孔边距 L 应满足以下要求：当 $t < 2$ mm 时，$L \geqslant 2t$；当 $t \geqslant 2$ mm 时，$L < 2t$。

如果孔边距离过小，应预先在弯曲变形区冲出工艺孔或切槽，可以避免孔形歪斜，如图 3.1.21（b）所示。也可以考虑在弯曲变形后再进行冲孔。

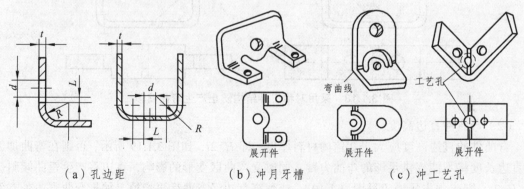

（a）孔边距　　　　　（b）冲月牙槽　　　　　（c）冲工艺孔

图 3.1.21　弯曲件孔边距离

（4）弯曲件的成型精度。

弯曲件的精度受多种因素的影响，可参考相关教科书，表 3.1.6 及表 3.1.7 分别为弯曲工艺所能达到的尺寸精度和弯角精度，要达到精密级的精度需加整形工序。弯曲件的尺寸精度一般不高于 IT13 级，角度公差大于±15′。如果成型精度要求过高，则应增加弯曲后整形工序。

表 3.1.6　弯曲工艺的精度

材料厚度	A	B	C	A	B	C
T/mm	经济级			精密级		
≤1	IT13	IT15	IT16	IT11	IT13	IT13
>1 ~ 4	IT14	IT16	IT17	IT12	IT13 ~ IT14	IT13 ~ IT14

表 3.1.7　弯角精度

弯角断边尺寸/mm	>1 ~ 6	>6 ~ 10	>10 ~ 25	>25 ~ 63	>63 ~ 160	>160 ~ 400
经济级	±（1°30′~3°）	±（1°30′~3°）	±（50′~2°）	±（50′~2°）	±（25′~2°）	±（15′~30′）
精密级	±1°	±1°	±30′	±30′	±20′	±10′

（5）弯曲件工艺孔、槽或缺口。

在将工件进行局部边缘弯曲时，边缘交接处的角部易因应力集中而产生裂纹，应预先冲出工艺孔、槽或缺口，以避免产生角裂现象，如图 3.1.22 所示。

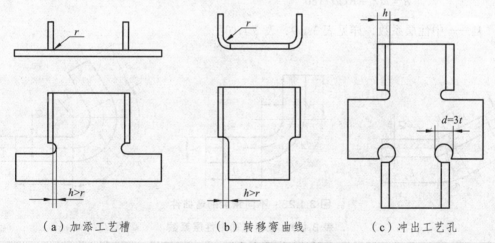

（a）加添工艺槽　　　　　　　（b）转移弯曲线　　　　　　　（c）冲出工艺孔

图 3.1.22　避免弯曲裂纹的措施

3.1.7　弯曲件展开尺寸计算

弯曲件展开长度是指弯曲件在弯曲之前的展平尺寸。它是毛坯下料的依据，是弯曲出合格零件的基本保证。弯曲件展开长度的计算据弯曲件的形状、弯曲半径、弯曲方向的不同而不同。根据弯曲时应变中性层在弯曲前后长度不变的特点，计算弯曲件毛坯尺寸时应先确定弯曲应变中性层的位置，然后计算出应变中性层的长度，由此得出毛坯的长度尺寸。

1. 弯曲应变中性层位置的确定

板料弯曲后变形中性层不与几何中心层重合而发生了内移，随着 r/t 值的不断减小，应变中性层也将不断内移。

冲压生产中为了便于计算，常采用经验公式确定应变中性层的曲率半径：

$$\rho = r + xt \qquad\qquad (3.1.4)$$

式中　　x——应变中性层位移系数，其值如表 3.1.8。

表 3.1.8　应变中性层位移系数 x 的值

r/t	0.1	0.2	0.3	0.4	0.5	0.6	0.7	0.8	1	1.2
x	0.21	0.22	0.23	0.24	0.25	0.26	0.28	0.3	0.32	0.33
r/t	1.3	1.5	2	2.5	3	4	5	6	7	≥8
x	0.34	0.36	0.38	0.39	0.4	0.42	0.44	0.46	0.48	0.5

2. 弯曲件下料毛坯尺寸计算

（1）弯曲毛坯长度计算。

弯曲毛坯长度计算时，可将弯曲中性层分为直线段和圆弧段两部分，如图 3.1.23 所示。毛坯长度计算公式为：

$$L = L_1 + L_2 + A \qquad\qquad (3.1.5)$$
$$A = \pi(r_0 + Kt)\alpha/180$$

式中　　K——中性层系数，详见表 3.1.9、表 3.1.10。

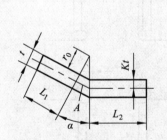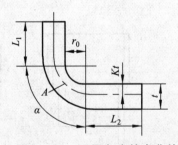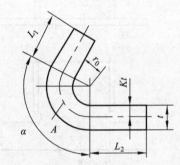

图 3.1.23　不同角度的弯曲件

表 3.1.9　板料弯曲中性层系数

r_o/t	0.1	0.2	0.25	0.3	0.4	0.5	0.6	0.8	1.0
$k_1(V)$	0.3	0.33	0.35	0.36	0.37	0.38	0.39	0.41	0.42
$k_2(U)$	0.23	0.29	0.31	0.32	0.35	0.37	0.38	0.4	0.41
$k_3(O)$	—	—	—	—	—	0.72	0.7	0.67	0.63
r_o/t	1.2	1.5	1.8	2	3	4	5	6	8
$k_1(V)$	0.43	0.45	0.46	0.46	0.47	0.48	0.48	0.49	0.5
$k_2(U)$	0.42	0.44	0.45	0.45	0.46	0.47	0.48	0.49	0.5
$k_3(O)$	0.59	0.56	0.52	0.45					

注：$k_1(V)$、$k_2(U)$、$k_3(V)$ 分别适用于 V 形弯曲、U 形弯曲和卷圆。

表 3.1.10　圆杆件弯曲中性层系数

r_o/t	$\geqslant 1.5$	1	0.5	0.25
r_4	0.5	0.51	0.53	0.55

注：d 为杆件直径。

特殊情况下，毛坯长度 L 可按表 3.1.11 中所列公式计算。

表 3.1.11　毛坯长度计算

$\alpha = 30°$ 时	$L = L_1 + L_2 + 0.52(r_o + kt)$
$\alpha = 45°$ 时	$L = L_1 + L_2 + 0.78(r_o + kt)$
$\alpha = 60°$ 时	$L = L_1 + L_2 + 1.05(r_o + kt)$
$\alpha = 90°$ 时	$L = L_1 + L_2 + 1.57(r_o + kt)$
$\alpha = 120°$ 时	$L = L_1 + L_2 + 2.09(r_o + kt)$
$\alpha = 150°$ 时	$L = L_1 + L_2 + 2.62(r_o + kt)$

（2）各种弯曲形状的展开尺寸计算。

① 无圆角半径的弯曲件（见图 3.1.24）。

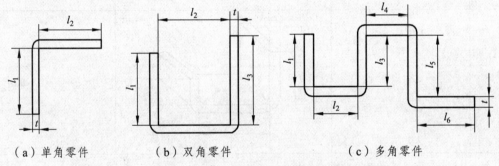

（a）单角零件　　　　　（b）双角零件　　　　　（c）多角零件

图 3.1.24　无圆角半径的弯曲件

弯曲圆角半径 $r < 0.3t$ 或 $r = 0$ 时的弯曲零件，展开毛坯尺寸是根据毛坯与零件体积相等的原则，并考虑在弯曲处材料的变薄来进行计算的，即

$$L = l_1 + l_2 + \cdots + l_n + nK_t \qquad (3.1.6)$$

式中　l_1，$l_2 \cdots l_n$ ——平直部分的长度；

　　　N ——弯曲数目；

　　　K ——中性层系数。

$r = 0.5t$ 时，$K = 0.38 \sim 0.40$；$r = 0.1t$ 时，$K = 0.45 \sim 0.48$；其中小数值用于 $t < 1$ mm 时，大数值用于 $t = 3 \sim 4$ mm 时。

中性层系数 K 也可以按下面方法选用：

a. 单角弯曲时，$K = 0.5$；

b. 多角弯曲时，$K = 0.25$；

c. 塑性较大的材料，$K = 0.125$。

② 当 $r < 0.5t$ 时，弯曲件展开尺寸计算见表 3.1.12。

表 3.1.12　$r < 0.5t$ 时，弯曲件展开尺寸的计算公式

序号	弯曲特性	简　图	计算公式
1	单角弯曲	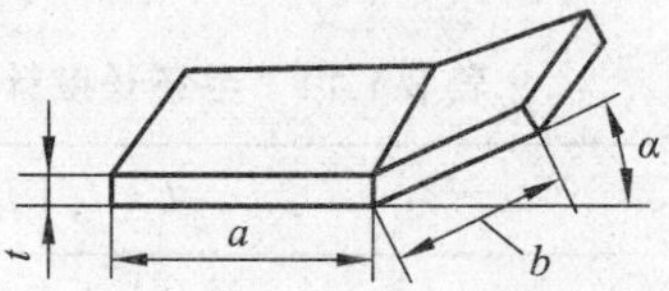	$L = a + b + 0.4t$
		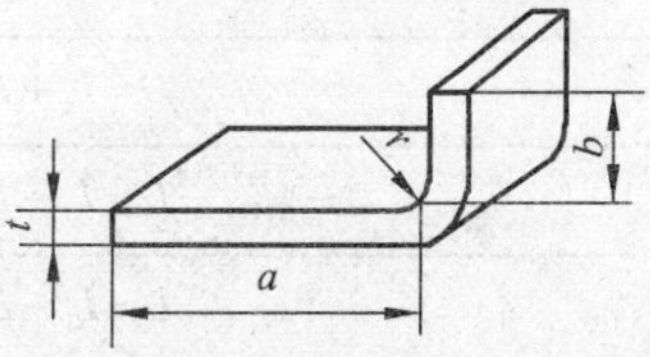	$L = a + b - 0.4t$
		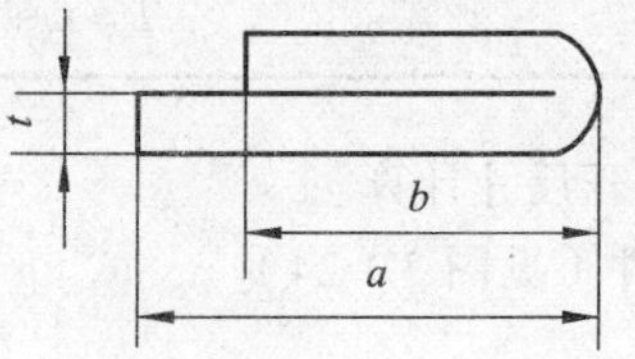	$L = a + b - 0.43t$
2	双角同时弯曲	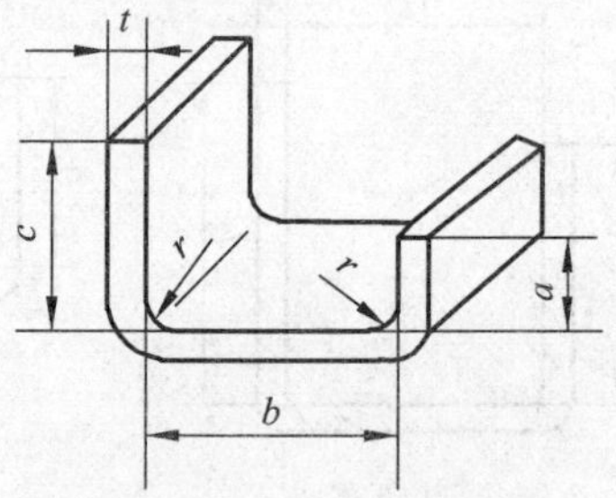	$L = a + b + c + 0.6t$
3	三角同时弯曲	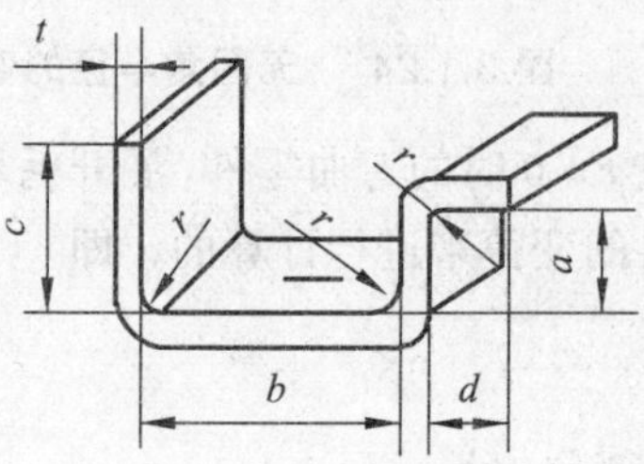	$L = a + b + c + d + 0.75t$
4	一次同时弯两个角，第二次弯另一个角		$L = a + b + c + d + t$
5	四角同时弯曲	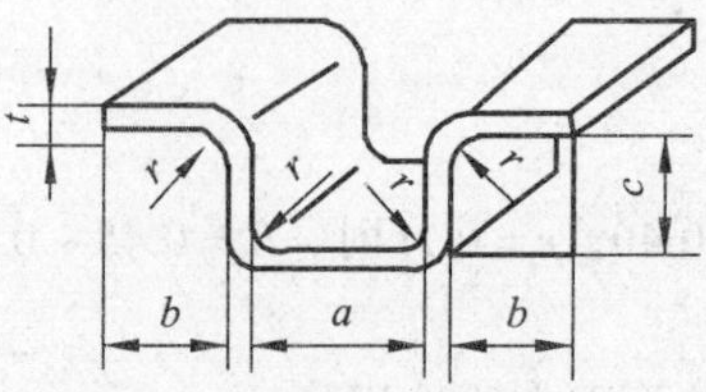	$L = a + 2b + 2c + t$
6	分两次弯四个角		$L = a + 2b + 2c + 1.2t$

③ $r > 0.5t$ 时，弯曲件展开尺寸计算见表 3.1.13。

表 3.1.13　$r > 0.5t$ 时，弯曲件展开尺寸计算公式

序号	弯曲特性	简图	计算公式
1	单直角弯曲	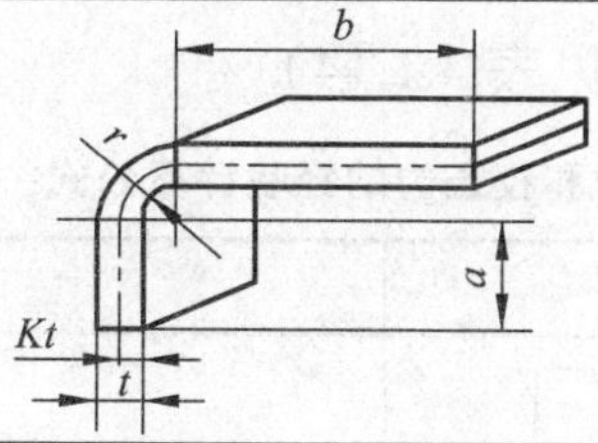	$L = a + b + \pi(r + Kt)$
2	双直角弯曲	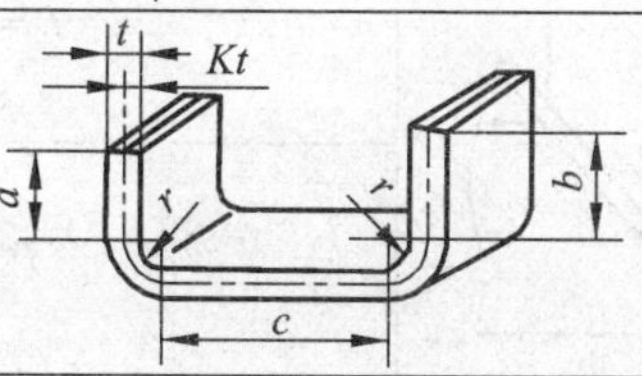	$L = a + b + c + \pi(r + Kt)$
3	三角同时弯曲	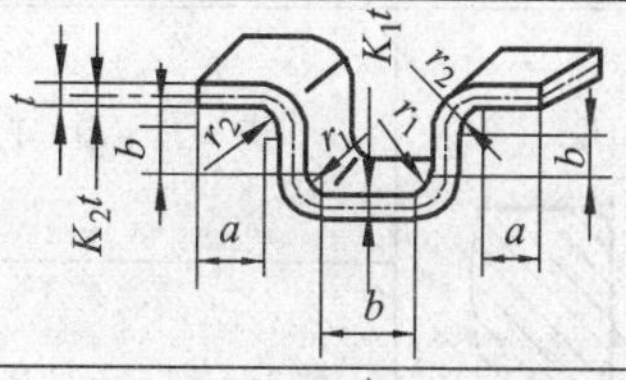	$L = 2(a + b) + c + \pi(r_1 + K_1t) + \pi(r_2 + K_2t)$
5	四角同时弯曲	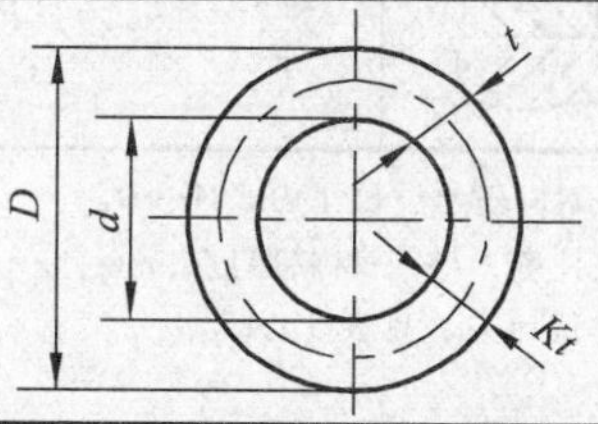	$L = \pi D = \pi(d + 2Kt)$

3.1.8　弯曲力的计算

弯曲力是指在弯曲加工中，凸模对工件毛坯施加的作用力。当遇到工件板材厚度、材料强度、弯曲变形行程和弯曲变形程度等比较大的情况时，可能会发生弯曲设备的吨位和功率不足的问题，因此需要计算弯曲力以作为设计弯曲模和选择弯曲设备的依据。

弯曲力的大小受到毛坯形状与尺寸、材料力学性能、弯曲方式、变形程度、模具结构形式、模具间隙等多种因素的影响。弯曲力的理论计算较复杂、困难，生产中通常采用经验公式估算弯曲力。各种资料提供的经验公式会略有不同，从实用出发，在此介绍较简单的公式。

1. 概略计算

一般形状弯曲件的弯曲力 P 用下式计算：

$$P = \frac{0.25\sigma_b tB}{10000} \tag{3.1.7}$$

式中　P——弯曲力，10 kN；

σ_b——材料抗拉强度，MPa；

T ——材料厚度，mm；

B ——弯曲线长度，mm。

2. 弯曲力和校正力的经验计算（见表 3.1.14）

表 3.1.14　弯曲力和校正力的经验计算公式

序号	弯曲形式	简图	计算公式
1	V 形自由弯曲		$P = P_1 = Bt^2\sigma_b$
2	V 形校正弯曲		$P = P_2 = Aq$
3	U 形用弹顶器不校正弯曲		$P = P_1 + Q = 1.8P_1 = 1.8Bt^2\sigma_b/(r+t)$
4	U 形用弹顶器加校正弯曲		$P = P_2 = Aq$

表中：P ——弯曲时总弯曲力，N；P_1 ——弯曲力，N；P_2 ——校正力，N；σ_b ——材料抗拉强度，MPa；

Q ——最大弹顶力，$Q = 0.8P_1$；L ——弯曲线长度；t ——材料厚度，mm；r ——内弯曲半径；A ——材料校正部分投影面积，mm^2；q —校正弯曲时单位压力，见表 3.1.15。

表 3.1.15　校正弯曲时的单位压力 q（MPa）

材　料	材料厚度 t/mm			
	≤ 1	1 ~ 2	2 ~ 5	5 ~ 10
铝	10 ~ 15	15 ~ 20	20 ~ 30	30 ~ 40
黄铜	15 ~ 20	20 ~ 30	30 ~ 40	40 ~ 60
10 ~ 20 钢	20 ~ 30	30 ~ 40	40 ~ 60	60 ~ 80
25 ~ 30 钢	30 ~ 40	40 ~ 50	50 ~ 70	70 ~ 100

3. 顶件力或压料力

$$P_3 = (0.3 \sim 0.8)P_1 \qquad (3.1.8)$$

式中　P_3 ——顶件力或压料力，N；

P_1 ——自由弯曲力，N。

4. 压力机压力的确定

自由弯曲时　　$P_公 \geqslant P_1 + P_3$

校正弯曲时 $P \geqslant P_2$

式中 $P_公$——压力机公称力，N；

  P_1——弯曲力，N；

  P_2——校正力，N；

  P_3——顶件力或压料力，N。

3.1.9 弯曲成型工序安排

弯曲件的弯曲工序安排是在工艺分析和计算后进行的工艺设计工作。形状简单的弯曲件，如 V 形件、U 形件、Z 形件等都可以一次弯曲成型；形状复杂的弯曲件，一般要多次弯曲才能成型。弯曲工序的安排对弯曲模的结构、弯曲件精度和生产批量影响很大。

（1）弯曲件工序安排的原则。

① 对多角弯曲件，因变形会影响弯曲件的形状精度，故一般应先弯外角，后弯内角。前次弯曲要给后次弯曲留出可靠的定位部分，并保证后次弯曲不破坏前次已弯曲的形状。

② 对结构不对称弯曲件，弯曲时毛坯容易发生偏移，应尽可能采用成对弯曲后，再切开的工艺方法，如图 3.1.25 所示。

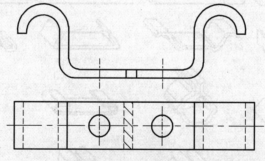

图 3.1.25 成对弯曲

③ 批量大、尺寸小的弯曲件，应采用级进模弯曲成型工艺，如图 3.1.26 所示，以提高生产率。

图 3.1.26 级进模弯曲成型

（2）工序安排实例。

图 3.1.27 为一次弯曲成型的示例；图 3.1.28 为二次弯曲示例；图 3.1.29 为三次弯曲的示例；图 3.1.30 为四次工序成型的示例。

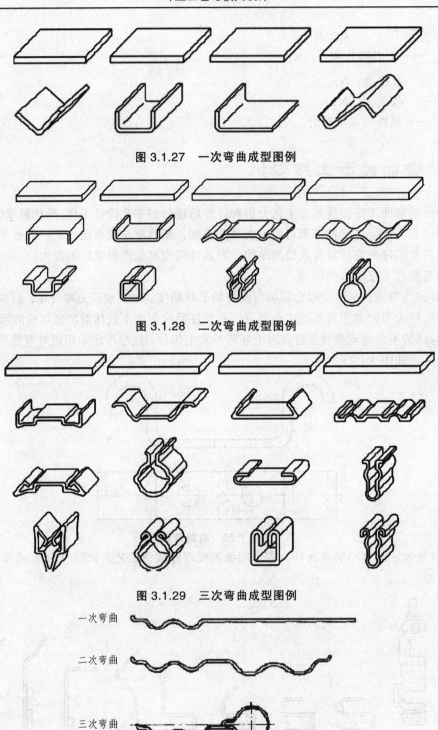

图 3.1.27　一次弯曲成型图例

图 3.1.28　二次弯曲成型图例

图 3.1.29　三次弯曲成型图例

一次弯曲

二次弯曲

三次弯曲

四次弯曲

图 3.1.30　多次弯曲成型图例

3.2　单工序弯曲模结构

3.2.1　弯曲模设计要点

弯曲模的结构主要取决于弯曲件的形状及弯曲工序的安排。最简单的弯曲模只有一个垂直运动；复杂的弯曲模除了垂直运动外，还有一个乃至多个水平动作。弯曲模结构设计要点为：

（1）弯曲毛坯的定位要准确、可靠，尽可能是水平放置。多次弯曲最好使用同一基准定位。

（2）结构中要能防止毛坯在变形过程中发生位移，毛坯的安放和制件的取出要方便、安全且操作简单。

（3）模具结构尽量简单，并且便于调整修理。对于回弹性大的材料弯曲，应考虑凸模、凹模制造加工及试模修模的可能性以及刚度和强度的要求。

3.2.2　V形弯曲模的一般结构形式

1. V形件弯曲模

V形件形状简单，能一次弯曲成型。V形件的弯曲方法有两种：一种是沿弯曲件的角平分线方向弯曲，称为V形弯曲；另一种是垂直于一直边方向的弯曲，称为L形弯曲。

图 3.2.1 所示为 V形件弯曲模的基本结构。该模具的优点是结构简单，在压力机上安装及调整方便，对于材料厚度的公差要求不严，工件在冲程终了时得到不同程度的校正，因而回弹较小，工件的平面度较好。顶杆 1 既起顶料作用，又起压料作用，可防止材料偏移。

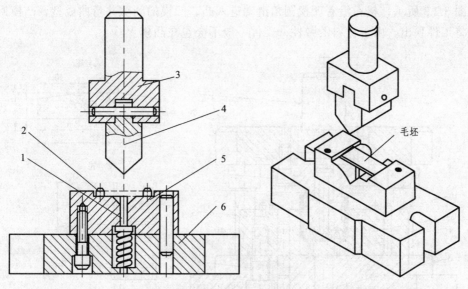

图 3.2.1　V形件弯曲

1—顶件；2—定位销；3—模柄；4—凸模；5—凹模；6—下模板

图 3.2.2 所示为 L形件弯曲模，用于弯曲两边长度相差较大的单角弯曲件。其中，图 3.2.2（a）所示为基本形式。弯曲件长的直边夹紧在凸模 4 与顶料板 2 之间，另一边沿凹模 1 圆角

滑动而向上弯起。毛坯上的工艺孔套在定位钉 3 上，以防止因凸模与压料板之间的压料力不足而产生坯料偏移现象。这种弯曲因直边部分没有得到校正，所以回弹较大。图 3.2.2（b）所示为有校正作用的 L 形弯曲模，由于凹模 1 和顶料板 2 的工作面有一定的倾斜角，因此，竖直边能得到一定的校正，弯曲后工件的回弹较小，倾角 α 一般取 1°～5°。

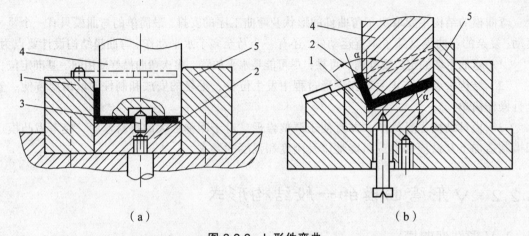

（a）　　　　　　　　　　　　　　（b）

图 3.2.2　L 形件弯曲

1—凹模；2—顶料板；3—定位销；4—凸模；5—侧挡块

3.2.3　U 形模具典型结构

1. 一般 U 形件弯曲模

如图 3.2.3 所示，材料沿着凹模圆角滑动进入凸、凹模的间隙并弯曲成型，凸模回升时，顶料板将工件顶出。由于材料的弹性，工件一般不会包在凸模上。

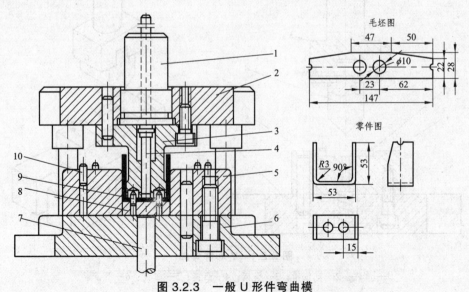

图 3.2.3　一般 U 形件弯曲模

1—横柄；2—上模座；3—凸模；4—推杆；5—凹模；6—下模座；7—顶杆；
8—顶料板；9—定位销；10—挡料销

2. 弯曲角小于 90° 弯曲模

图 3.2.4 所示为弯曲角小于 90° 的 U 形件弯曲模。两侧的活动凹模镶块可在圆腔内回转，当凸模上升后，弹簧使活动凹模镶块复位，工件从凸模侧向取出，这种结构的模具可用于弯曲较厚的材料。

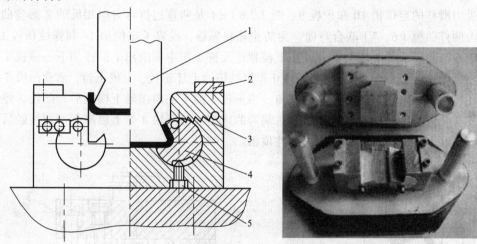

图 3.2.4　弯曲角小于 90°弯曲模（一）

1—凸模；2—定位板；3—弹簧；4—回转凹模；5—限位钉

图 3.2.5 所示为带斜锲的弯曲角小于 90° 的 U 形件弯曲模结构。毛坯首先在凸模 8 的作用下被压成 U 形。随着上模座 4 继续向下移动，弹簧 3 被压缩，装于上模座 4 上的两斜锲 2 压向滚柱 1，使活动凹模 5、6 分别向中间移动，将 U 形件两侧边向内弯成小于 90° 形状。当上模回程时，弹簧 7 使凹模复位，工件从凸模侧向取出。由于该结构开始工作时靠弹簧 3 将毛坯压成 U 形，受弹簧力的限制，该结构只适用于弯曲薄料。

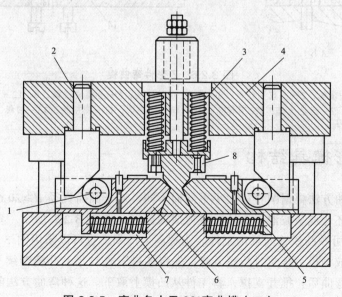

图 3.2.5　弯曲角小于 90°弯曲模（二）

1—滚柱；2—斜锲；3、7—弹簧；4—上模座；5、6—活动凹模；8—凸模

3.2.4　Z形件模具结构

Z形件一次弯曲即可成型，图3.2.6（a）所示为弯曲模具结构简单，由于没有压料装置，毛坯受力后容易滑动，仅用于精度不高的Z形件弯曲。图3.2.6（b）所示结构设置了能够防止毛坯受力滑移的定位销10和顶板9。图3.2.6（c）是两直边折弯方向相反的Z形弯曲模，该模由两件凸模（6、7）联合弯曲。为防止坯料偏移，设置了定位销14和弹性顶板1，弯曲前凸模6与凸模7的下端面平齐。在下模弹性元件（图中未绘出）的作用下，顶板1的上平面与左侧凹模的上平面平齐。定位销10和挡料销为毛坯定位。上模下行，活动凸模7与顶板1将坯料夹紧并下压，使坯料左端弯曲。当顶板1的下平面接触下模座后，凸模7停止下行，橡皮3被压缩，凸模6下行将坯料右端弯曲成型。当压块4与上模座下平面接触后，零件得到校正。上模回程，顶板1将弯曲件顶出。

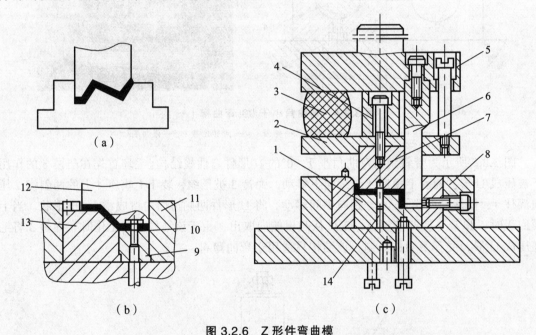

图3.2.6　Z形件弯曲模

1、9—顶板；2—凸模固定板；3—橡皮；4—压块；5—上模座凹模；6、12—凸模；
7—活动凸模；8—下模座；10、14—定位销；11—侧压块；13—凹模

3.2.5　O形模具结构

圆形件的弯曲方法根据圆直径大小不同而不同。对于圆筒直径 $d \geqslant 20$ mm 的大圆，其弯曲方法是先将毛坯弯成呈波浪形，然后在弯成圆筒形，如图 3.2.7 所示。弯曲完毕后，工件套在凸模 1 上，可顺凸模轴向取出工件。为提高生产率，也可以采用图 3.2.8 所示的带摆动凹模的一次弯曲成型模。弯曲时凸模下降，先将坯料压成 U 形，凸模继续下降，摆动凹模将 U 形弯成圆形。弯曲后，推开支撑，将工件从凸模上取下。这种弯曲方法的缺点是弯曲件上部得不到校正，回弹较大。

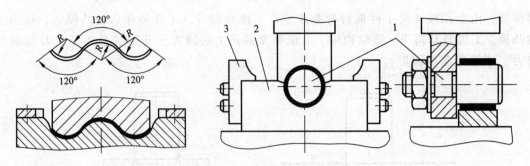

图 3.2.7　大圆两次弯曲成型

1—凸模；2—凹模；3—定位板

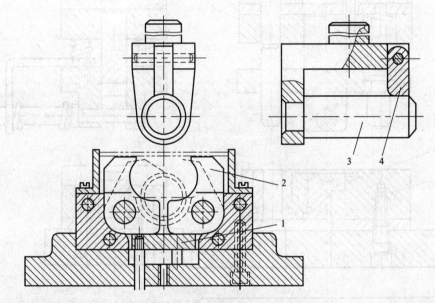

图 3.2.8　　大圆一次弯曲模

1—顶板；2—摆动凹模；3—凸模；4—支撑

对于圆筒 $d \leqslant 5\,mm$ 的小圆，其弯曲方法一般是先弯成 U 形，后弯成圆形，如图 3.2.9 所示。由于工件小，分两次弯曲操作不便，故也可采用图 3.2.10 所示的一次弯曲模，它适用于软材料和中小直径圆形件的弯曲。毛坯以凹模固定板 1 的定位槽定位。当上模下降时，芯轴凸模 5 与下凹模 2 首先将毛坯弯成 U 形，上模继续下降，芯轴凸模 5 带动压料板 3 压

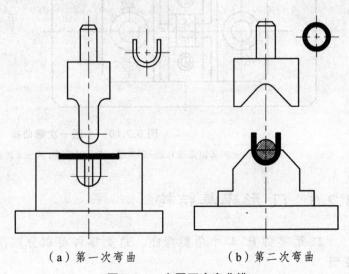

（a）第一次弯曲　　　　（b）第二次弯曲

图 3.2.9　小圆两次弯曲模

缩弹簧，由上凹模 4 将工件最后弯曲成型。上模回程后，工件留在芯轴凸模上，拔出芯轴凸模，工件自动落下。该结构中，上模弹簧的压力必须大于开始时毛坯弯成 U 形的弯曲力，才能弯曲成圆形。

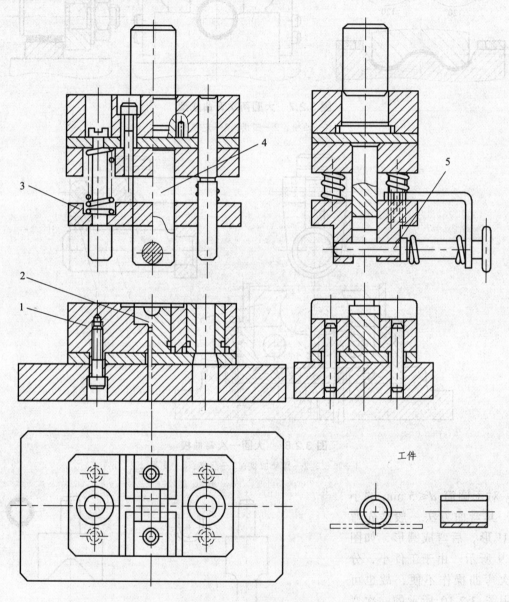

图 3.2.10　小圆一次弯曲模

1—凹模固定板；2—下凹模；3—压料板；4—上凹模；5—芯轴凸模

3.2.6　⊓形模具结构

⊓形零件有 4 个角要弯曲。这类零件可以分两次弯曲成型，也可以一次弯曲成型。

1. 冂形弯曲件两次弯曲成型

图 3.2.11 所示为四角弯曲件的两次弯曲，先将平板弯成 U 形件，再将 U 形件扣在二次弯曲的凹模上，用 U 形件内侧定位，再弯成型；图 3.2.12 所示为倒装式两次弯曲模，第一次弯两个外角，中间两角预弯 45°，第二次弯曲加整形中间两角，采用这种结构弯曲件尺寸精度较高，回弹容易控制。

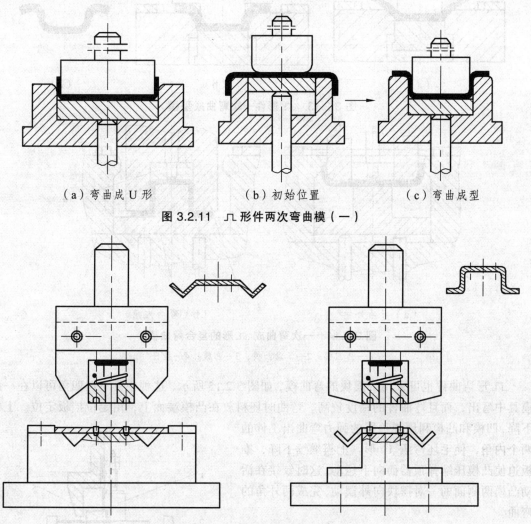

（a）弯曲成 U 形   （b）初始位置   （c）弯曲成型

图 3.2.11　冂形件两次弯曲模（一）

图 3.2.12　冂形件两次弯曲模（二）

2. 冂形弯曲件一次弯曲成型

图 3.2.13 所示为一次弯曲成型模具。图 3.2.13（a）所示为弯曲初始阶段，图 3.2.13（b）所示为弯曲终止时。初始弯曲中，凸模肩部阻碍了材料转动，加大了材料通过凹模圆角的摩擦力，使弯曲件侧壁易擦伤、弯薄。成型后的零件两肩部与地面不易平行，如图 3.2.13（c）所示。

图 3.2.14 所示为一次弯曲成型的复合弯曲模结构，它是将两个简单模复合在一起的弯曲模。凸凹模 1 即是 U 形的凸模，又是弯曲 冂 形的凹模。弯曲时，先由凸凹模 1 和凹模 3 将

毛坯弯成 U 形，然后凹凸模继续下压，与活动凸模作用，将工件弯曲成 ⊓ 形件。这种结构的凹模需要具有较大的空间，凸凹模 1 的壁厚受到弯曲件高度的限制。此外，由于弯曲过程中毛坯未被夹紧，易产生偏移和回弹，工件的尺寸精度较低。

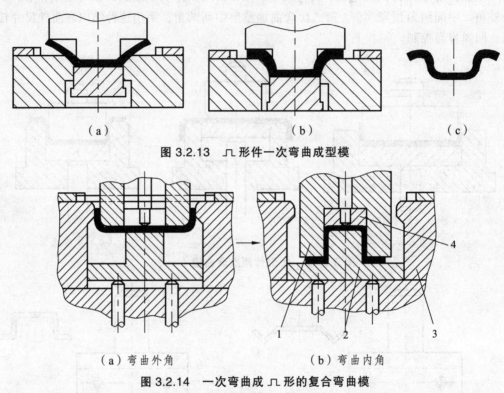

（a）   （b）   （c）

图 3.2.13   ⊓ 形件一次弯曲成型模

（a）弯曲外角   （b）弯曲内角

图 3.2.14   一次弯曲成 ⊓ 形的复合弯曲模

1—凸凹模；2—活动凸模；3—凹模；4—推杆

    ⊓ 形弯曲件也可采用带摆块的弯曲模，如图 3.2.15 所示，这种模具不但四角可以在一副模具中弯出，而且弯曲件的精度较高。弯曲时坯料放在凸模端面上，由定位挡板定位。上模下降，凹模和凸模利用弹顶器的弹力弯曲出工件的两个内角，使毛坯弯成 U 形。上模继续下降，推板迫使凸模压缩弹顶器而向下运动。这时铰接在活动凸模两侧面的一对摆块向外摆动，完成两外角的弯曲。

3.2.7   铰链件弯曲模具

    铰链弯曲成型，一般分两道工序进行，先将平直的毛坯端部预弯成圆弧，如图 3.2.16（a）所示，然后再进行卷圆。在预弯工序中，由于弯曲端部的圆弧（$\alpha = 75° \sim 80°$）一般不易成型，故将凹模的圆弧中心向里偏移 l 值，使端部材料挤压成型。偏

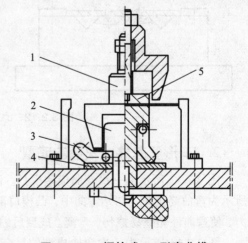

图 3.2.15   摆块式 ⊓ 形弯曲模

1—凹模；2—活动凸模；3—摆块；
4—垫板；5—推板

移量 *l* 值大小见设计资料。预弯工序中的凸、凹模成型尺寸如图 3.2.16（c）所示。铰链的卷圆成型，通常采用推圆的方法。图 3.2.17（b）所示为直立式铰链弯曲卷圆模结构，适用于材料较厚而且长度较短的铰链，结构较简单，制造容易。图 3.2.17（c）所示为卧式铰链弯曲卷圆模结构，利用斜楔 1 推动卷圆凹模 2 在水平方向进行弯曲卷圆，凸模 3 同时兼作压料部件，结构较复杂，但工件的质量较好。

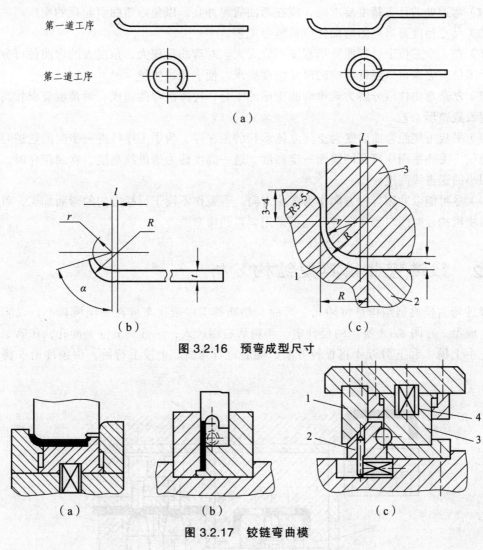

图 3.2.16 预弯成型尺寸

图 3.2.17 铰链弯曲模

3.3 级进弯曲模、复合弯曲模、单工序弯曲模、通用弯曲模的区别和应用

3.3.1 级进弯曲模成型工艺

弯曲是冲压加工的基本工艺，级进弯曲模在弯曲模中占有很大比例。由于弯曲件的加工

总是伴随着冲孔、切边、落料等工艺，所以在级进弯曲模中必然要有冲裁工艺，冲裁排样仍按前述级进冲裁模的工序排样原则，而弯曲排样要遵循以下原则：

（1）毛刺方向一般应位于弯曲区内侧，以减少弯曲破裂的危险，改善产品外观。

（2）弯曲线应安排在与纤维方向垂直的方位或成一定的角度。

（3）应采用合适的措施，以减少回弹。

（4）弯边处的孔有精度要求时，应在弯曲后再冲孔，以免因弯曲引起孔的变形。

（5）尺寸精度要求高的弯曲件应设整形工艺。

（6）在一个工位上，弯曲变形程度不宜太大。对弯曲行程大、角度大的弯曲件可分几次在多个工位上完成，以保证弯曲的尺寸精度要求，便于调试休整。

（7）复杂弯曲件应分解为简单弯曲工序的组合，经逐次弯曲而成；对精度要求较高的弯曲件应设置整形工艺。

（8）平板毛坯经弯曲后变为空间立体形状的工序件，为了工序件进一步向前送进时不被凹模挡住，毛坯平面应离开凹模面一定高度，这一高度称为送进线高度。弯曲排样时，应尽量采用小的送进线高度。

（9）尽可能以冲床行程方向作为弯曲方向。若要作不同于行程方向的弯曲加工，可采用斜锲滑块机构，对闭口型弯曲件，也可采用斜口凸模弯曲。

3.3.2　级进弯曲模典型结构分析

级进弯曲模典型结构是将冲孔、弯曲、切断等工序依次布置在一副模具上，以实现级进工艺成型。在图 3.3.1 所示的模具中，坯料从右端送入，在第一工位上冲孔，在第二工位上首先由上模 1 和下剪刃 4 将板料剪断，随后进行弯曲。上模上行后，由顶件销 5 将工件顶出。

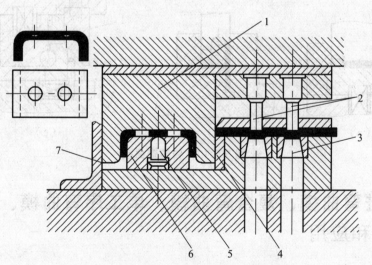

图 3.3.1　冲孔、切断、弯曲级进模

1—上模；2—冲孔凸模；3—冲孔凹模；4—下剪刃；5—顶件销；6—弯曲凸模；7—挡料块

3.3.3　复合模成型工艺及典型结构分析

对于尺寸不大的弯曲件，还可以采用复合模，即在压力机一次行程内，在模具同一位置上完成落料、弯曲、冲孔等几种不同的工序。图 3.3.2（a）、（b）是切断、弯曲复合模结构简图；图 3.3.2（c）是落料、弯曲、冲孔复合模，模具结构紧凑，工件精度高，但凸凹模修磨较困难。

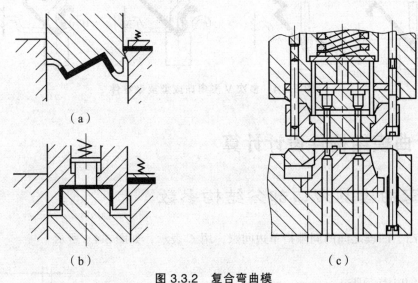

（a）

（b）

（c）

图 3.3.2　复合弯曲模

3.3.4　通用模具结构分析

对于小批量生产的弯曲件，多采用通用弯曲模进行弯曲，如图 3.3.3 所示。相同形状的两个凹模被紧固在凹模座中，凹模的四个面上有四种形状的凹模轮廓。调整凹模块不同方位，可压制圆弧、U 形、V 形和梯形四种冲压工件，也可压制精度要求不高的复杂形状的零件，如图 3.3.4 所示是经过多次 V 形弯曲成型复杂零件的实例。

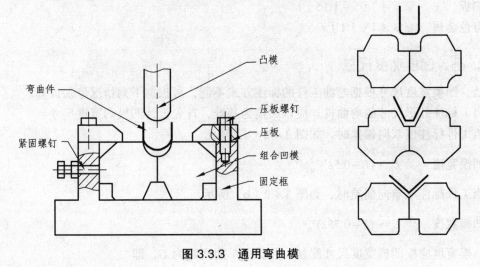

图 3.3.3　通用弯曲模

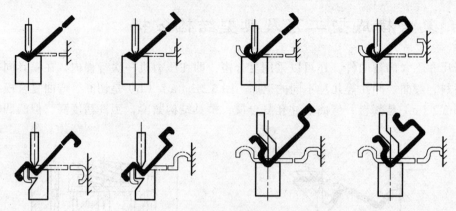

图 3.3.4　多次 V 形弯曲成型复杂零件

3.4　弯曲模结构件设计计算

3.4.1　弯曲模具刃口部分结构参数

弯曲模凸、凹模之间的间隙指单边间隙，用 C 表示，如图 3.4.1 所示。

1. 凸、凹模间隙

对于 V 形件弯曲，凸、凹模之间的间隙是靠调节压力机的装模高度来控制的。

对于 U 形弯曲件，凸、凹模之间的间隙值对弯曲件回弹、表面质量和弯曲力均有很大的影响，间隙越大，回弹越大，工件的精度也越低；间隙过小，会使零件壁部厚度变薄，降低模具寿命。凸、凹模单边间隙 c 一般可按下式计算：

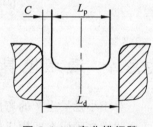

图 3.4.1　弯曲模间隙

钢板　　　　　$c = (1.05 \sim 1.15)\, t$

有色金属　　　$c = (1 \sim 1.1)\, t$

2. 凸、凹模宽度尺寸

凸、凹模宽度尺寸根据弯曲工件的标注方式不同，可根据下列情况分别计算：

（1）标注外形尺寸的弯曲件。应以凹模为基准，首先设计凹模的宽度尺寸。

当工件标注成双向偏差时，如图 3.4.2（a）所示。

凹模宽度　　　$L_d = (L - 0.5\Delta')^{+\delta_d}_{\ 0}$ 　　　　　　　　　　　（3.4.1）

当工件标注成单向偏差时，如图 3.4.2（b）所示。

凹模宽度　　　$L_d = (L - 0.75\Delta)^{+\delta_d}_{\ 0}$ 　　　　　　　　　　（3.4.2）

凸模宽度应按凹模宽度尺寸配制，并保证单面间隙为 C，即

$$L_{\mathrm{P}} = (L_{\mathrm{d}} - 2C)_{-\delta_{\mathrm{p}}}^{0} \qquad\qquad (3.4.3)$$

（2）标注内形尺寸的弯曲件。应以凸模为基准，首先设计凸模的宽度尺寸。

考虑到磨损和回弹，当工件标注成对称偏差时，如图 3.4.2（c）所示。

凸模宽度　　　$L_{\mathrm{d}} = (L + 0.5\Delta')_{-\delta_{\mathrm{p}}}^{0} \qquad\qquad (3.4.4)$

当工件标注成单向偏差时，如图 3.4.2（d）所示。

凸模宽度　　　$L_{\mathrm{d}} = (L + 0.25\Delta)_{-\delta_{\mathrm{p}}}^{0} \qquad\qquad (3.4.5)$

此时凹模宽度应按凸模宽度尺寸配制，并保证单面间隙为 C，即

$$L_{\mathrm{P}} = (L_{\mathrm{d}} + 2C)_{0}^{+\delta_{\mathrm{d}}} \qquad\qquad (3.4.6)$$

式中　　L_{P}、L_{d}——弯曲凸模、凹模宽度尺寸，mm；

L——弯曲件外形或内形基本尺寸，mm；

C——弯曲模单边间隙，mm；

Δ——弯曲件尺寸公差，mm；

Δ'——弯曲件偏差，mm；

δ_{p}、δ_{d}——弯曲凸模、凹模制造公差，采用 IT6～LT7。

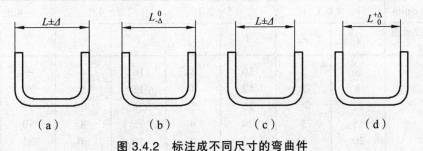

图 3.4.2　标注成不同尺寸的弯曲件

3.4.2　凸、凹模圆角半径和凹模深度

（1）凸模圆角半径。当弯曲件的内侧弯曲半径为 r 时，凸模圆角半径应等于弯曲件的弯曲半径，即 $r_{\mathrm{p}} = r$，但必须使 r 大于允许的最小弯曲圆角半径。若因结构需要，必须使 r 小于最小弯曲半径时，则可先弯成较大的圆角半径，然后再采用整形工序进行整形。

若相对弯曲半径 r/t 较大，精度要求较高时，凸模圆角半径应根据回弹值作相应的修正。

（2）弯曲凹模的圆角半径。

凹模圆角半径的大小影响弯曲力、弯曲件质量与弯曲模寿命。凹模两边的圆角半径大小应一致且合适，过小会导致弯曲力增加，会刮伤弯曲件表面，模具的磨损增加；过大会导致支撑不利。其值一般据板厚取或直接查表 3.4.1。

当 $t \leqslant 2$ mm 时，$r_{\mathrm{d}} = （3～6）t$；

当 $t = 2～4$ mm 时，$r_{\mathrm{d}} = （2～3）t$；

当 $t > 4$ mm 时，$r_d = 2t$。

（3）凹模工作部分深度。

过小的凹模深度会使毛坯两边自由部分过大，造成弯曲件回弹量大，工件不平直；过大的凹模深度增大了凹模尺寸，浪费模具材料，并且需要大行程的压力机。因此，模具设计中，要保持适当的凹模深度。

凹模圆角半径及凹模深度如图 3.4.3 所示，其值可按表 3.4.1 查取。

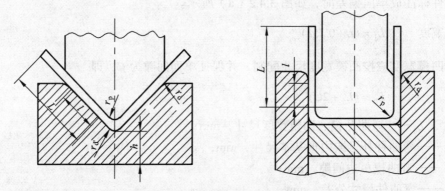

图 3.4.3　凹模圆角半径及凹模深度

表 3.4.1　凹模圆角半径与深度（mm）

板料厚度 t/mm	≤0.5		0.5~2.0		2.0~4.0		4.0~7.0	
弯曲件直边长度 L/mm	l	r_d	l	r_d	l	r_d	l	r_d
10	6	3	10	3	10	4	—	—
20	8	3	12	4	15	5	20	8
35	12	4	15	5	20	6	25	8
50	15	5	20	6	25	8	30	10
75	20	6	25	8	30	10	35	12
100	—	—	30	10	35	12	40	15
150	—	—	35	12	40	15	50	20
200	—	—	45	15	55	20	65	25

本学习情境小结

本学习情境对弯曲工艺及弯曲模具设计进行了较详细的阐述，包括弯曲变形过程、弯曲件工艺性、排样设计、弯曲回弹、弯曲质量分析、弯曲工序及弯曲单工序模、弯曲复合模和弯曲连续模的设计。着重讲解了应力应变中性层概念。弯曲件的回弹介绍了产生回弹的原因及减少回弹的措施。弯曲模典型结构设计介绍了 L 形件弯曲模、V 形件弯曲模、U 形件弯曲模、Z 形件弯曲模、圆形件弯曲模等典型弯曲模的结构及特点。

通过本学习情境的学习，学生应了解弯曲工艺及弯曲件的结构工艺性分析，理解弯曲变形过程分析，理解弯曲件的质量问题及防止措施，掌握弯曲工艺设计和弯曲模具典型结构组成及工作过程分析。具备弯曲件的工艺性分析、工艺计算和典型结构选择的基本能力，初步具备根据弯曲件质量问题正确分析原因，并给出防止措施的能力。

思考与练习题

1. 简答题

（1）什么是弯曲？弯曲变形常见的种类有哪些？举例说明。

（2）弯曲变形有何特点？弯曲程度如何表示？

（3）什么是弯曲半径？最小弯曲半径如何选取？

（4）弯曲过程中可能产生滑移的原因有哪些？防止产生滑移的措施有哪些？

（5）怎样设计弯曲模？设计弯曲模应注意什么问题？

（6）什么是应变中性层？怎样确定应变中性层的位置？

（7）什么是弯曲件的回弹？影响弯曲回弹的因素有哪些？生产中减小回弹的方法有哪些？

（8）防止弯曲裂纹的措施有哪些？

2. 设计题

（1）如图 1 所示，弯曲件材料为铍铜，中批量生产。试计算毛坯展开长度，通过

冲压件分析完成冲压工序安排，填写工序表，并绘制出模具结构图。

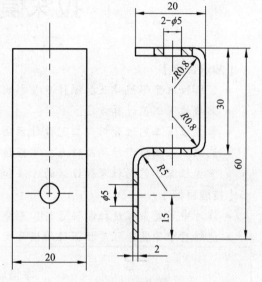

图1 弯曲件

（2）如图 2 所示，已知制件材料为 SUS304，大批量生产。试完成该制件模具的设计，并绘出模具结构图。要求确定工序安排和完成所有必要的计算。

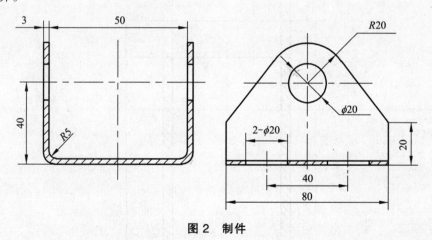

图2 制件

学习情境 4　拉深工艺分析与拉深模具的设计

【知识目标】

- 了解拉深变形规律及拉深件质量影响因素。
- 掌握拉深工艺计算方法。
- 掌握拉深工艺性分析与工艺设计方法。
- 认识拉深模典型结构及特点，掌握拉深模工作零件设计方法。
- 掌握拉深工艺与拉深模设计的方法和步骤。

【技能目标】

- 能对中等复杂程度拉深件进行工艺分析、工艺计算、工艺设计。
- 能够对中等复杂程度拉深件的模具及零部件进行设计。

本情境学习任务

1. 完成图 1 所示拉深件的工艺分析、工艺计算和模具设计。

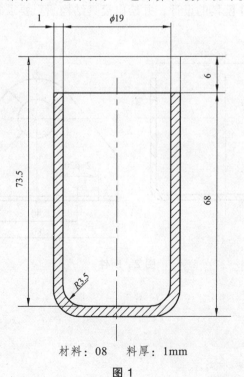

材料：08　料厚：1mm

图 1

4.1　拉深加工概述

拉深（又称拉延）是利用拉深模在压力机的作用下，将平板坯料或空心件制成开口空心零件的加工方法。用拉深方法不仅可以加工旋转体零件、盒形零件及其他形状复杂的薄壁零件（见图 4.1.1），还能和其他冲压成型工艺配合，制造形状极为复杂的零件。它广泛应用于汽车、电器、仪表、航空航天等各种工业部门和日常生活用品生产中。

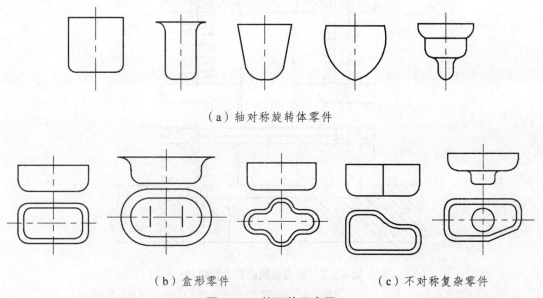

（a）轴对称旋转体零件

（b）盒形零件　　　　　　　（c）不对称复杂零件

图 4.1.1　拉深件示意图

拉深可分为不变薄拉深和变薄拉深：不变薄拉深成型后的零件，其各部分的厚度与拉深前坯料厚度相比基本不变；而变薄拉深成型后的零件，其壁厚与原坯料厚度相比则有明显的变薄。在实际生产中，应用较多的是不变薄拉深。本章重点介绍不变薄拉深的工艺与模具设计。

拉深成型所用的冲模叫做拉深模。拉深模有许多分类方法，根据使用的压力机类型不同，分为单动压力机上用的拉深模和双动压力机上用的拉深模；根据拉深顺序可分为首次拉深模和以后各次拉深模；根据工序组合可分为单工序拉深模、复合工序拉深模、连续工序拉深模；根据压料情况可分为有压边装置拉深模和无压边装置拉深模等。

图 4.1.2 所示为一幅有压边圈的首次拉深模：平板坯料放入定位板 6 内，当上模下行时，首先由压边圈 5 和凹模 7 将平板坯料压住，随后凸模 1 将坯料逐渐拉入凹模孔内进行拉深，形成直壁圆筒件。成型完后，当上模回升时，弹簧 4 恢复，利用压边圈 5 将拉深件从凸模 10 上卸下。为了便于成型和卸料，避免工件与凸模间形成真空，在凸模 10 上设有通气孔。该模具中压边圈既起压边作用，又起卸件作用。

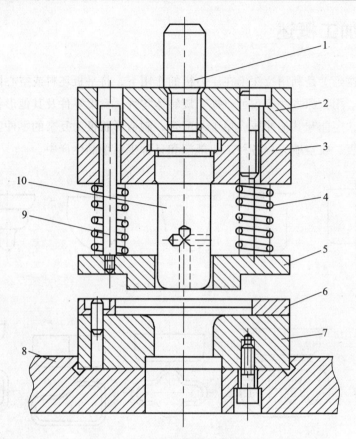

图 4.1.2　有压边圈的首次拉深模

1—模柄；2—上模座；3—凸模固定板；4—弹簧；5—压边圈；6—定位板；7—凹模；
8—下模座；9—卸料螺钉；10—凸模

4.2　拉深变形特点

4.2.1　拉深变形过程

　　圆筒形件是最典型的拉深件：平板圆形坯料拉深成为圆筒形件的变形过程如图 4.2.1 所示。直径为 D、厚度为 t 的平板毛坯经拉深模拉深，成为直径为 d、高度为 h 的开口圆筒形工件。拉深过程中金属的变形过程通过网格试验加以说明。

　　如图 4.2.2（a）所示，在圆形坯料上画出许多间距都等于 a 的同心圆和等分中心角度的辐射线。拉深后，筒形件底部的网格基本上保持原来的形状，而筒壁部分的网格则发生了很大的变

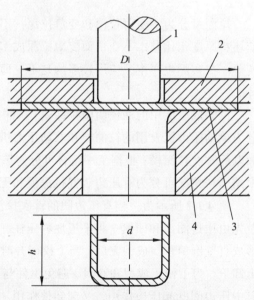

图 4.2.1　圆筒形件拉深变形过程

1—凸模；2—压边圈；3—坯料；4—凹模

化，由扇形网格变成矩形网格。原来直径不同的同心圆均变成筒壁上直径相同的水平圆周线，不仅圆周周长缩短，而且其间距 a 也增大了，愈靠近圆筒口部间距增大愈多，即 $a_1>a_2>a_3>\cdots>a$。原来等分度的辐射线变成了筒壁上的垂直平行线，其间距完全相同。即 $b_1 = b_2 = b_3 = \cdots = b$。

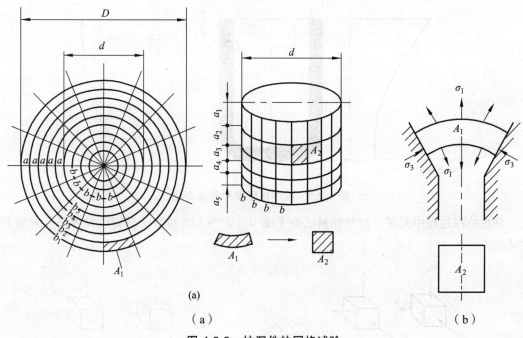

（a）

图4.2.2　拉深件的网格试验

自筒壁取下网格中的一个小单元体来看[见图4.2.2（b）]，拉深前为扇形的 A_1 在拉深后变成了矩形 A_2，假如忽略很少的厚度变化，则前后小单元体的面积不变，即 $A_1 = A_2$。扇形小单元体的变形是切向受压缩，相邻单元体之间产生了压应力 σ_3，径向受拉伸，相邻单元体之间产生了拉应力 σ_1。多余材料则向上转移形成零件筒壁。所以，拉深过程实质上就是将坯料凸缘部分材料逐渐转移到筒壁部分的过程。

综上所述，拉深变形过程可以归纳如下：

①　在拉深过程中，其底部区域几乎不发生变化。

②　在拉深过程中，由于金属材料内部的相互作用，使金属各单元体之间产生了内应力：在径向产生拉伸应力 σ_1，在切向产生压缩应力 σ_3。在 σ_1 和 σ_3 的共同作用下，凸缘区的材料屈服，产生塑性变形并不断地被拉入凹模内，成为圆筒形件。

③　拉深时，坯料凸缘变形区内各部分的变形是不均匀的，外缘的厚度、硬度最大，变形也最大。

4.2.2　拉深过程中的应力应变状态

如果将拉深后的零件剖开，测量可知各部分厚度和硬度是不一致的，如图4.2.3所示。底部略有变薄，但基本上等于原毛坯的厚度；壁部上端增厚，越到上缘增厚越大；壁部下端变薄，越靠近圆角处变得越薄；由壁部向底部转角稍上处，出现严重变薄，甚至断裂；沿高度方向，零件各部分的硬度也不一样，越到上缘硬度越高。这说明在拉深过程的不同时刻，坯料各部分的应力应变状态是不一样的。

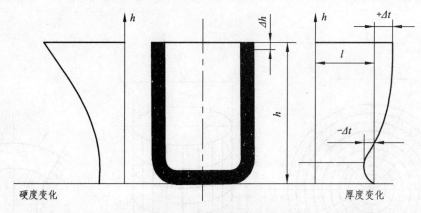

图 4.2.3　拉深件硬度和厚度变化

设在拉深过程中的某一时刻坯料已处于图 4.2.4 所示的位置，分析坯料各部分的应力应变状态。

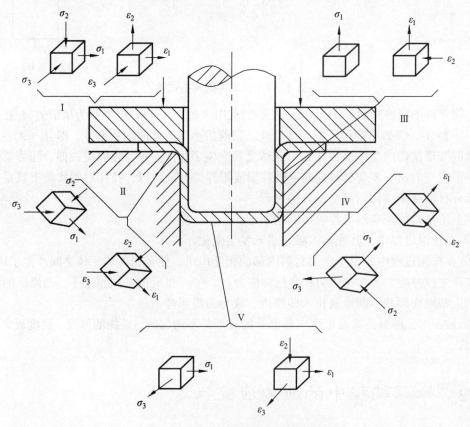

图 4.2.4　拉深过程的应力应变状态

1. Ⅰ凹模口的凸缘部分（主要变形区）

由于凸模作用，迫使坯料进入凹模，在凸模部分产生径向拉应力 σ_1，由于各单元体之间的互相挤压作用，产生切向压应力 σ_3；在凸缘厚度方向，因受到压边圈的作用，产生厚向压应力 σ_2。其应变状态为径向拉应变 ε_1，切向压应变 ε_3，由于凸缘部分的最大主应变是切向压缩应变，ε_3 的绝对值最大，因此，板厚方向产生拉应变 ε_2。

根据力学平衡条件和塑性条件，求得径向拉应力和切向压应力为

$$\sigma_1 = 1.1\bar{\sigma}\ln\frac{R_i}{R} \tag{4.2.1}$$

$$\sigma_3 = 1.1\bar{\sigma}\left(1-\ln\frac{R_i}{R}\right) \tag{4.2.2}$$

式中　R_i——拉深过程中某时刻的凸缘半径；

　　　R——拉深过程中凸缘区内任意处的半径。

将坯料由 R_0 拉至 R_i 时，凸缘变形区不同部位上金属变形抗力的平均值。由式（4.2.1）和式（4.2.2）可知，凸缘变形区内 σ_1 和 σ_3 是按对数曲线规律分布的，如图 4.2.5 所示。

在 $R=0$ 处，即在凹模入口处的凸缘上 σ_1 的值最大，其值为

$$\sigma_{1\max} = 1.1\bar{\sigma}\ln\frac{R_t}{r_0} \tag{4.2.3}$$

σ_3 的最小值是在 $R=R_t$ 处，即在凸缘的外边缘，σ_3 取得最大绝对值，其值为

$$\sigma_{3\max} = 1.1\bar{\sigma} \tag{4.2.4}$$

σ_1 为零是在 $R=0.61R_t$ 处，σ_1 和 σ_3 的绝对值相等，该点为厚度变化的分界点。在 $R>0.61R_t$（即凸缘外围）处，板料略有增厚；在 $R<0.61R_t$，（即凸缘内环）处，板料略有减薄。

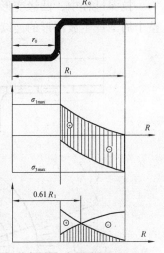

图 4.2.5　筒形件拉深时凸缘上的应力分布

2. Ⅱ凹模圆角部分（过渡区）

这部分是凸缘和筒壁的过渡区。材料变形比较复杂，径向受拉产生拉应力 σ_1 和拉应变 ε_1，切向受压产生压应力 σ_3 与压应变 ε_3，厚度方向受到凹模圆角的弯曲作用，产生压应力 σ_2。这时 σ_1 的值最大，其相应的拉应变 ε_1 的绝对值也最大。因此板厚方向产生压应变 ε_2，材料厚度变薄。凹模圆角半径越小，则弯曲变形越大。当凹模圆角半径小到一定数值时，就会出现弯曲开裂。

3. Ⅲ筒壁部分（传力区）

这部分是凸缘部分材料经塑性变形后形成的筒壁，它将凸模的作用力传递给凸缘变形区。这部分只承受单向拉应力 σ_1 的作用，发生少量的纵向伸长和厚度变薄（$+\varepsilon_3$ 与 $-\varepsilon_2$）。

4. Ⅴ凸模圆角部分（过渡区）

这部分是筒壁和圆筒底部的过渡区，承受径向拉应力 σ_1 和切向拉应力 σ_3 的作用，同时厚

度方向受到凸模圆角的压力和弯曲作用，形成较大的压应力 σ_2，其应变状态与筒壁部分相同。但其压应变 ε_2 引起的变薄现象比筒壁部分严重得多。

5. Ⅵ筒底部分

这部分材料在拉深一开始就被拉入凹模内，它受到径向拉应力 σ_1 和切向拉应力 σ_3，其应变为平面方向的拉应变 ε_1 与 ε_3 和厚度方向的压应变 ε_2，但由于凸模摩擦力的制约，筒底材料的应力与应变均不大，板料变薄可忽略不计。

综上分析可知，拉深时凸缘变形区的起皱和筒壁传力区上危险断面的拉裂是拉深件的主要质量问题。凸缘区起皱是由于切向压应力引起板料失去稳定而产生皱褶，传力区的拉裂是由于拉应力超过材料的抗拉强度引起板料断裂。

4.2.3 圆筒形拉深过程中出现的问题及防止措施

1. 凸缘起皱

拉深过程中，凸缘变形区的材料在切向压应力的作用下，可能会失去稳定性而在凸缘的整个周围产生波浪形的连续弯曲，这就是拉深时的起皱现象，如图 4.2.6 所示。

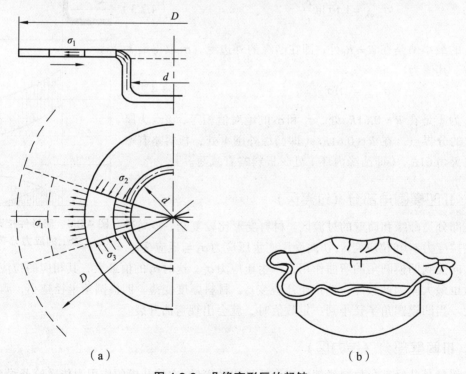

（a） （b）

图 4.2.6 凸缘变形区的起皱

凸缘变形区会不会起皱，主要决定于两个方面：一个是切向压应力 σ_3 的大小，σ_3 越大越容易失稳起皱；另一个是凸缘变形区板料本身抵抗失稳的能力，凸缘宽度越大，厚度越薄，材料弹性模量和硬化模量越小，抵抗失稳能力越小。这类似于材料力学中的压杆稳定问题。

压杆是否稳定不仅取决于压力，而且取决于压杆的粗细。拉深过程中 σ_{3max} 是随着拉深的进行而增加的，但凸缘变形区的相对厚度 $t/(R_t - r_0)$ 也在增大，这说明拉深过程中失稳起皱的因素在增加而抗失稳起皱的能力也在增加。由于以上 2 个作用相反的因素的作用，结果凸缘起皱最强烈的时刻出现在 $R_t = (0.7 \sim 0.9)R_0$ 时。

为了防止起皱，在生产实践中通常采用压边圈，并可利用压边力的合理控制来提高拉深时允许的变形程度。

2. 筒壁拉裂

拉深时，筒壁所受的拉应力 σ_p 除了与径向拉应力 σ_1 有关之外，还与压料力引起的摩擦阻力、坯料在凹模圆角表面滑动所产生的摩擦阻力和弯曲变形所形成的阻力有关。

筒壁会不会拉裂主要取决于 2 个方面：一是筒壁传力区中的拉应力；二是筒壁传力区的抗拉强度。当筒壁拉应力超过筒壁材料的抗拉强度时，拉深件就会在底部圆角与筒壁相切处——"危险断面"——产生破裂，如图 4.2.7 所示。

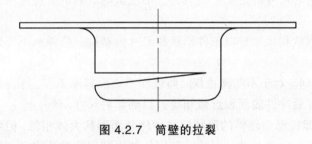

图 4.2.7　筒壁的拉裂

为了避免拉深时的拉裂，壁部必须满足的强度条件是：

$$\sigma_p \leqslant \sigma_k \tag{4.2.5}$$

式中　　σ_k——该处材料的抗拉强度。

为防止筒壁拉裂，一方面要通过改善材料的力学性能，提高筒壁抗拉强度；另一方面要通过正确制定拉深工艺和设计模具，合理确定拉深变形程度、凹模圆角半径，合理改善润滑条件等，降低筒壁传力区中的拉应力。

起皱与拉裂是拉深过程中的两大障碍，是拉探时的主要质量问题。一般情况下，起皱问题可以通过使用压边圈等方法加以解决，但拉裂问题就要复杂得多。实际生产中，拉裂是拉深时的主要破坏形式。公式（4.2.5）的条件则是制定拉深工艺参数的主要依据。

3. 凸耳现象

由于模具间隙不均匀，板厚变化，摩擦阻力不等，定位不准及材料机械性能的方向性等，造成拉深件口部高低不齐，出现凸耳现象。对于要求高的拉深件，需增加一道切边工序。

拉深后的圆筒端部出现凸耳，一般有 4 个凸耳，有时是两个或 6 个甚至 8 个凸耳，产生凸耳的原因是坯料的各向异性。

4. 残余应力

拉深后的圆筒中留有大量残余应力。外表面为拉应力，内表面为压应力，这是由于弯曲-

反向弯曲所引起，靠近圆筒口部最大，因为弯曲发生在拉深后期，此处只有少量的拉深。这种残余应力在圆壁产生弯曲力矩，它由圆筒壁端部附近的轴向拉深所平衡。这种轴向拉深应力的存在，会使圆筒壁由于应力腐蚀而开裂；若使板料变薄，整个断面产生屈服，便可大大减少残余应力。

4.3　拉深工艺计算

4.3.1　圆筒形零件拉深工艺

1. 坯料尺寸的计算

（1）计算原则。

拉深件坯料形状与尺寸确定得正确与否，不仅影响材料的合理使用，还会影响拉深变形过程能否顺利进行。

拉深件坯料的形状和尺寸是以工件形状和尺寸为基础，按体积不变原则和相似原则确定的。

① 体积不变原则。对于不变薄拉深，假设变形前后料厚不变，于是面积也不变，即拉深前坯料表面积与拉深后冲件表面积近似相等，得到坯料尺寸。

② 相似原则。即拉深前坯料的形状应与冲件断面形状大体相似，但坯料的周边必须是光滑的曲线连接。对于形状复杂的拉深件，利用相似原则仅能初步确定坯料形状，必须通过多次试压，反复修改，才能最终确定出坯料形状。因此，拉深件的模具设计一般是先设计拉深模，待坯料形状尺寸确定后再设计落料模。

由于金属板料具有板平面方向性和受模具几何形状等因素的影响，会造成拉深件口部不整齐，因此在多数情况下采取加大工序件高度或凸缘宽度的办法，拉深后再经过切边工序以保证零件质量。圆筒形件和带凸缘件的修边余量可参考表 4.3.1 和表 4.3.2。当零件的相对高度 H/d 很小，并且高度尺寸要求不高时，也可以不用切边工序。

表 4.3.1　圆筒形件的修边余量 Δh　　　　　　　　单位：mm

制件高度 h	工件的相对高度 h/d				附　　图
	0.5 ~ 0.8	0.8 ~ 1.6	1.6 ~ 2.5	2.5 ~ 4	
≤10	1.0	1.2	1.5	2	
10 ~ 20	1.2	1.6	2	2.5	
20 ~ 50	2	2.5	3.3	4	
50 ~ 100	3	3.8	5	6	
100 ~ 150	4	5	6.5	8	
150 ~ 200	5	6.3	8	10	
200 ~ 250	6	7.5	9	11	
>250	7	8.5	10	12	

表 4.3.2　有凸缘圆筒形拉深件的修边余量 Δr　　　　　　　单位：mm

凸缘直径 d_1	凸缘的相对直径 d_1/d				附　图
	<1.5	1.5~2	2~2.5	2.5~3	
≤25	1.6	1.4	1.2	1.0	
25~50	2.5	2.0	1.8	1.6	
50~100	3.5	3.0	2.5	2.2	
100~150	4.3	3.6	3.0	2.5	
150~200	5.0	4.2	3.5	2.7	
200~250	5.5	4.6	3.8	2.8	
>250	6.0	5.0	4.0	3.0	

在计算中，工件的直径按拉深件的中线尺寸计算。当 $t<1$ mm 时，也可按工件的外径和内高（或内径和外高）计算。

（2）简单形状的旋转体拉深件坯料尺寸的确定。

确定简单形状的旋转体拉深件坯料尺寸时，首先将拉深件划分为若干个简单的、便于计算的几何体。并分别求出各简单几何体的表面积，把各简单几何体面积相加即为拉深件总面积；然后根据表面积相等原则，求出坯料直径。

$$\frac{\pi D^2}{4} = A_1 + A_2 + \cdots + A_i = \sum A_i$$

$$D = \sqrt{\frac{4}{\pi} \sum A_i} \tag{4.3.1}$$

式中　A_i——拉深件分解成简单几何形状的表面积。

式 4.3.1 中各部分简单几何形状表面积计算公式可查表 4.3.3。

表 4.3.3　简单几何形状的表面积计算公式

名　称	几何形状	计算公式
圆		$A = \dfrac{\pi d^2}{4} = 0.785 d^2$
环		$A = \dfrac{\pi}{4}(d^2 - d_1^2)$
筒形		$A = \pi d h$
截头锥形		$A = \pi d \left(\dfrac{d + d_1}{2} \right)$ $l = \sqrt{h^2 + \left(\dfrac{d - d_1}{2} \right)^2}$

续表 4.3.3

名　称	几何形状	计算公式
半圆球	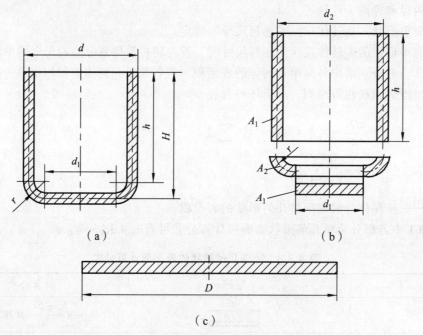	$A = 2\pi r^2$
四分之一凹球带		$A = \dfrac{\pi}{2} r(\pi d - 4r)$
四分之一凸球带		$A = \dfrac{\pi}{2} r(\pi d + 4r)$

例 4.1　求无凸缘圆筒形件的坯料直径，如图 4.3.1（a）所示。

图 4.3.1　圆筒形件坯料尺寸计算

解： 如图 4.3.1（b）所示，可将拉深件分成 3 部分，即 A_1、A_2 和 A_3。

各部分的计算由表 4.3.3 查得：

$$A_1 = \frac{\pi d_1^2}{4}$$

$$A_2 = \frac{\pi}{2} r(\pi d_1 + 4r)$$

$$A_3 = \pi d_2 h$$

分别将 A_1、A_2、A_3 代入式（4.3.1），得

$$D = \sqrt{\frac{\pi}{4}\left[\frac{\pi d_1}{4} + \frac{\pi}{2}r(\pi d_1 + 4r) + \pi d_2 h\right]} = \sqrt{d_1^2 + 4d_2 h + 2\pi r d_1 + 8r^2}$$

若以 $\pi = 3.14$，$d_1 = d_2 - 2r$，$h = H - r$ 代入上式，得

$$D = \sqrt{d_2^2 + 4d_2 H - 1.72 r d_2 - 0.56 r^2} \tag{4.3.2}$$

式中　D——坯料直径，mm；

　　　D、H、r——拉深件直径、高度、圆角半径，mm。

例 4.2　求有凸缘的圆筒形件的坯料尺寸。

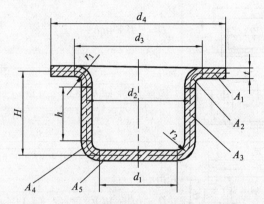

图 4.3.2　有凸缘圆筒形件坯料尺寸计算

解： 将拉深件分成 5 部分，即 A_1、A_2、……A_5，如图 4.3.2 所示，分别计算其面积。

$$A_1 = \frac{\pi}{4}(d_4^2 - d_3^2)$$

$$A_2 = \frac{\pi}{2}r_1(\pi d_3 - 4r_1)$$

$$A_3 = \pi d_2 h$$

$$A_4 = \frac{\pi}{2}r_2(\pi d_1 + 4r_2)$$

$$A_5 = \frac{\pi d_1^2}{4}$$

若上、下 2 个圆角半径相同，则以 $r_1 = r_2 = r$ 代入以上各式，再将 A_1、$A_2 \cdots A_5$ 代入式（4.3.1），得

$$D = \sqrt{d_1^2 + 4d_2 h + 2\pi r(d_1 + d_3) + 4\pi r^2 + d_4^2 - d_3^2}$$

若以 $\pi = 3.14$，$d_3 = d_2 + 2r$，$d_1 = d_2 - 2r$，$h = H - 2r$ 代入上式，得

$$D = \sqrt{d_4^2 + 4d_2 H - 3.44 r d_2} \tag{4.3.3}$$

计算时应注意，对于例 4.1 中的 H，应包括修边余量 Δh；对于例 4.2 中的 d_4 应包括修边余量 $2\Delta r$。当 $t \geq 1$ mm 时，应按拉深件的中线尺寸计算。

对于常用的简单形状旋转体拉深件，其坯料直径 D 的计算公式可查表 4.3.4，也可查各种冲压设计手册。

表 4.3.4　常用旋转体拉深件坯料直径的计算公式

序号	工件形状	坯料直径
1	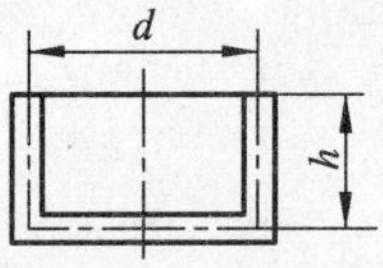	$D = \sqrt{d^2 + 4dh}$
2	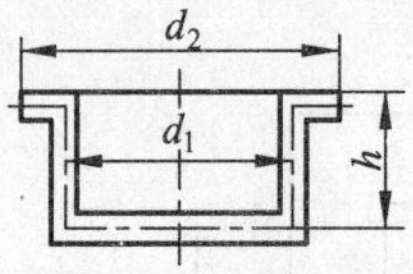	$D = \sqrt{d_2^2 + 4d_1 h}$
3	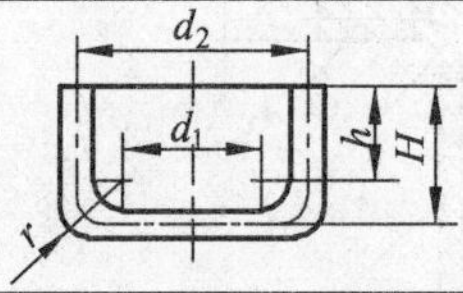	$D = \sqrt{d_1^2 + 4d_2 h + 6.28 r d_1 + 8r^2}$ 或 $D = \sqrt{d_2^2 + 4d_2 H - 1.72 r d_2 - 0.56 r^2}$
4	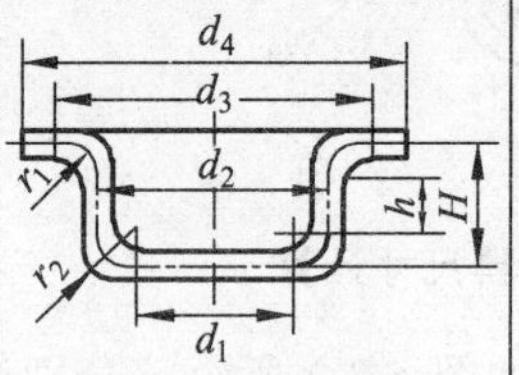	$D = \sqrt{d_1^2 + 2\pi r_2 d_1 + 8r_2^2 + 4d_2 h + 2\pi r_1 d_2 + 4.56 r_1^2 + d_4^2 - d_3^2}$ 若 $r_1 = r_2 = r$ $D = \sqrt{d_1^2 + 4d_2 h + 2\pi r(d_1 + d_2) + 4\pi r^2 + d_4^2 - d_3^2}$ 或 $D = \sqrt{d_4^2 + 4d_2 H - 3.44 r d_2}$
5	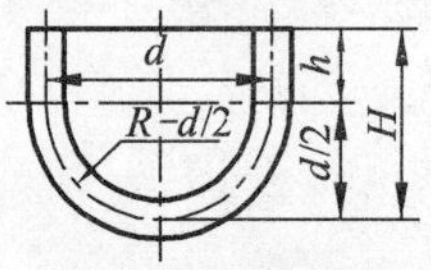	$D = 1.414\sqrt{d_2 + 2dh}$ 或 $D = 2\sqrt{dH}$
6	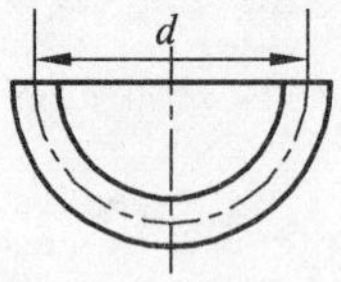	$D = \sqrt{2d^2} = 1.414d$
7	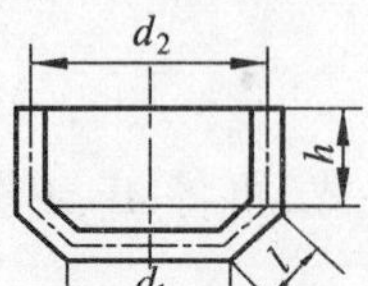	$D = \sqrt{d_1^2 + 2l(d_1 + d_2) + 4d_2 h}$

（3）复杂形状的旋转体拉深件坯料尺寸的确定。

形状复杂的旋转体拉深件坯料尺寸的确定可利用久里金法则。注意：任何形状的母线 AB 绕轴线 $O\text{-}O$ 旋转一周所得到的旋转体表面积，等于该母线展开长度 L 与其重心绕轴线旋转所得周长 $2\pi x$ 的乘积（x 是该段母线重心至旋转轴线的距离），如图 4.3.3 所示。即

旋转体表面积

$$A' = 2\pi x L \qquad\qquad (4.3.4)$$

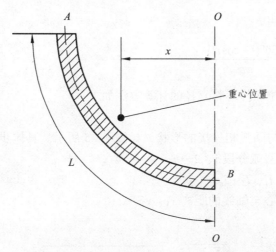

图 4.3.3 久里金法则式（4.3.4）示意图

坯料面积

$$A = \frac{\pi D^2}{4}$$

由于拉深前后的面积相等，即坯料面积与旋转体表面积相等，则坯料直径为

$$D = \sqrt{8Lx}$$

对于图 4.3.4 中所示位置的圆弧曲面，其旋转后的表面积仍按式（4.3.4）计算。此时圆弧线段的重心位置 x 可按下式求得：

$$x = A + r_0 ， \quad A = aR$$
$$x = B + r_0 ， \quad B = bR$$

式中 A、B ——弧线的重心至轴 $y\text{-}y$ 的距离；

　　　a、b ——系数。

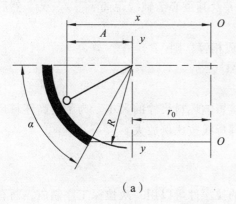

（a）

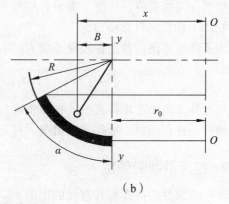

（b）

图 4.3.4 圆弧线段的重心

弧与水平轴相接时用 a：

$$a = \frac{180° \sin \alpha}{\pi \alpha}$$

弧与垂直轴相接时用 b：

$$b = \frac{180°(1-\cos\alpha)}{\pi\alpha}$$

复杂形状的旋转体拉深件坯料直径的计算方法如下：

① 解析法。

解析法适用于直线与圆弧相连接的形状，如图 4.3.5 所示。具体步骤如下：

a. 将母线按直线与圆弧分段 1、2⋯n；

b. 计算各线段长度 l_1、l_2⋯l_n；

c. 计算各线段的重心至轴线的距离 x_1、x_2⋯x_n；

d. 计算各坯料直径：

$$D = \sqrt{8Lx} = \sqrt{8\sum l_n x_n} = \sqrt{8(l_1 x_1 + l_2 x_2 + \cdots + l_n x_n)} \tag{4.3.5}$$

② 作图解析法。

作图解析法适用于曲线连接的形状，如图 4.3.6 所示。

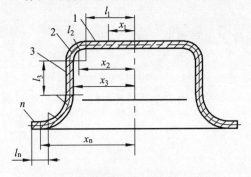

图 4.3.5　由直线与圆弧连接的拉深件

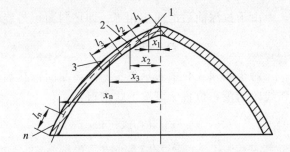

图 4.3.6　母线为圆滑曲线的拉深件

对于母线为曲线连接的旋转体拉深件，可将拉深件的一母线分成线段 1、2⋯n，把各线段近似当作直线看待，从图上量出各线段 l_1、l_2⋯l_n 及其重心至轴线距离 x_1、x_2⋯x_n，然后按式（4.3.5）计算坯料直径 D。

为了计算方便，若把各线段长度 l_1、l_2⋯l_n 取成相等，则

$$D = \sqrt{8l(x_1 + x_2 + \cdots + x_n)}$$

用这种方法确定坯料直径，作图正确与否直接影响坯料尺寸的大小。为了提高坯料尺寸的正确性，在作图时，根据实际情况，可将拉深件母线按比例放大。

2. 拉深系数的确定

由于拉深件的高度与其直径的比值不同，有的拉深件可以用一次拉深工序制成，而有的拉深件则需要多次拉深才能完成。在进行冲压工艺过程设计和确定必要的拉深工序的数目时，都是利用拉深系数作为计算的依据。拉深系数 m 是衡量拉深变形程度的一个重要的工艺参数。

（1）拉深系数。

圆筒形件的拉深系数 m 是每次拉深后圆筒形件的直径与该次拉深前坯料（或半成品）直

径的比值,如图 4.3.7 所示。

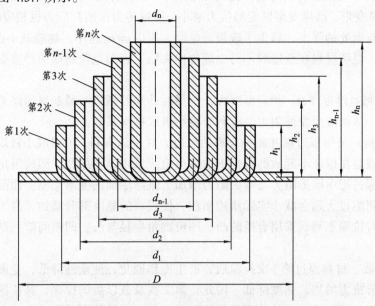

图 4.3.7 多次拉深时圆筒形件直径的变化

第一次拉深系数

$$m_1 = \frac{d_1}{D}$$

以后各次拉深系数为

$$m_2 = \frac{d_2}{d_1}$$

$$\vdots$$

$$m_n = \frac{d_n}{d_{n-1}}$$

拉深件的总拉深系数 $m_总$ 表示从坯料 D 拉深至 d_n 的总变形程度,为各次拉深系数的乘积,即

$$m_总 = \frac{d_n}{D} = \frac{d_1}{D} \cdot \frac{d_2}{d_1} \cdot \frac{d_3}{d_2} \cdot \dots \cdot \frac{d_{n-1}}{d_{n-2}} \cdot \frac{d_n}{d_{n-1}} \tag{4.3.6}$$
$$= m_1 m_2 m_3 \cdots m_{n-1} m_n$$

拉深系数的数值小于 1,可用来表示拉深过程中的变形程度,拉深系数值愈小,说明拉深前后直径差别越大,即该道工序拉深变形程度愈大。

(2)极限拉深系数。

在制定拉深工艺时,如果每道工序的拉深系数取得越小,则拉深件所需要的拉深次数也越少;但拉深系数取得过小,就会使拉深件起皱、断裂或严重变薄超差。在拉深过程中,筒壁传力区所产生的最大拉应力数值达到危险断面的有效抗拉强度,使危险断面濒于拉断时的拉深系数称为极限拉深系数。

① 影响极限拉深系数的主要因素。

　　a. 材料的力学性能。材料的屈强比 σ_s/σ_b 越小，材料的伸长率越大，对拉深越有利。因为 σ_s 小，材料容易变形，凸缘变形区变形抗力减小，筒壁传力区的拉应力也相应减小；而 σ_b 大，则提高了危险断面处的强度，减少了破裂的危险。所以 σ_s/σ_b 越小，越能减小极限拉深系数。材料伸长率大，说明材料在变形时不易出现拉伸失稳，因而危险断面的严重变薄和拉断现象也相应推迟。

　　b. 板料的相对厚度 t/D。相对厚度大，拉深时凸缘处抵抗失稳起皱的能力增加，因而可以减小压边力，从而减少摩擦阻力，有利于减小极限拉深系数。

　　c. 模具结构。采用压边圈并施加合理的压边力对拉深有利，可以减小极限拉深系数。合理的压边力应该是在保证不起皱的前提下取最小值。采用过小的凸、凹模圆角半径与凸、凹模间隙会使拉深过程中摩擦阻力与弯曲阻力增加。危险断面的变薄加剧；而凸、凹模圆角半径与凸、凹模间隙过大则会减小实际压边面积，使板料的悬空部分增加，易于引起板料失稳起皱，所以都对拉深不利。采用合适的凸、凹模圆角半径与凸、凹模间隙可以减小极限拉深系数。

　　d. 拉深次数。材料经过第 1 次拉深后，产生冷作硬化，使塑性降低，变形困难，危险断面处变薄，变形抗力增加，强度降低。因此，第 2 次及其以后的拉深，其拉深系数要比首次拉深大得多，而且通常后一次的拉深系数都略大于前一次的拉深系数。

　　e. 摩擦与润滑条件。凹模（特别是圆角入口处）与压边圈的工作表面应十分光滑并采用润滑剂，以减小板料在拉深过程中的摩擦阻力，从而减少传力区危险断面的负担，可以减小极限拉深系数。对于凸模工作表面，则不必做得很光滑，也不需要润滑，使拉深时在凸模工作表面与板料之间有较大的摩擦阻力，这有利于阻止危险断面的变薄，因而有利于减小极限拉深系数。

　　② 极限拉深系数的确定。

　　由于影响极限拉深系数的因素很多，所以目前仍难采用理论计算方法准确确定极限拉深系数。实际采用的极限拉深系数是根据材料的相对厚度，在一定的拉深条件下用试验方法得出来的。目前在生产实践中采用的各种材料的极限拉深系数见表 4.3.5、表 4.3.6 和表 4.3.7。

表 4.3.5　圆筒形件带压边圈的极限拉深系数

拉深系数	坯料相对厚度 $(t/D) \times 100$					
	2.0 ~ 1.5	1.5 ~ 1.0	1.0 ~ 0.6	0.6 ~ 0.3	0.3 ~ 0.15	0.15 ~ 0.08
m_1	0.48 ~ 0.50	0.50 ~ 0.53	0.53 ~ 0.55	0.55 ~ 0.58	0.58 ~ 0.60	0.60 ~ 0.63
m_2	0.73 ~ 0.75	0.75 ~ 0.76	0.76 ~ 0.78	0.78 ~ 0.79	0.79 ~ 0.80	0.80 ~ 0.82
m_3	0.76 ~ 0.78	0.78 ~ 0.79	0.79 ~ 0.80	0.80 ~ 0.81	0.81 ~ 0.82	0.82 ~ 0.84
m_4	0.78 ~ 0.80	0.80 ~ 0.81	0.81 ~ 0.82	0.82 ~ 0.83	0.83 ~ 0.85	0.85 ~ 0.86
m_5	0.80 ~ 0.82	0.82 ~ 0.84	0.84 ~ 0.85	0.85 ~ 0.86	0.86 ~ 0.87	0.87 ~ 0.88

　　注：① 表中数据适用于 08、10 和 15Mn 等普通拉深碳刚及软黄铜 H62。对拉深性能较差的材料，如 20、25、Q215、Q235、硬铝等，应比表中数值大 1.5% ~ 2%；而对塑性更好的，如 05、08、10 等拉深钢及软铝，应比表中数值小 1.5% ~ 2%。
　　② 表中数据适用于未经中间退火的拉深。若采用中间退火工序时，可取较表中数值小 2% ~ 3%。
　　③ 表中较小值适用于大的凹模倒角半径[$r_凹$=(8 ~ 15)t]，较大则适用于小的凹模圆角半径[$r_凹$ = (4 ~ 8)t]。

表 4.3.6　圆筒形件不带压边圈的极限拉深系数

拉深系数	坯料相对厚度 $(t/D) \times 100$				
	1.5	2.0	2.5	3.0	>3
m_1	0.65	0.60	0.55	0.53	0.50
m_2	0.80	0.75	0.75	0.75	0.70
m_3	0.84	0.80	0.80	0.80	0.75
m_4	0.87	0.84	0.84	0.84	0.78
m_5	0.90	0.87	0.87	0.87	0.82
m_6	—	0.90	0.90	0.90	0.85

注：此表适用于 08、10 钢和 15Mn 等材料，其余各项同表 4.3.5。

表 4.3.7　各种材料的极限拉深系数

材　料	牌　号	首次拉深 m_1	以后各次拉深 m_n
铝和铝和金	8A06M、1035M、3A21M	0.52～0.55	0.70～0.75
杜拉铝	2A11M、2A12M	0.56～0.58	0.75～0.80
黄铜	H62	0.52～0.54	0.70～0.72
	H68	0.50～0.52	0.68～0.72
纯铜	T2、T3、T4	0.50～0.55	0.72～0.80
无氧铜		0.52～0.58	0.75～0.82
镍、镁镍、硅镍		0.48～0.53	0.70～0.75
康铜（铜镍合金）		0.50～0.56	0.74～0.84
白铁皮		0.58～0.65	0.80～0.85
酸洗钢板		0.54～0.58	0.75～0.78
不锈钢、耐热钢及其合金	Cr13	0.52～0.56	0.75～0.78
	Cr18Ni	0.50～0.52	0.70～0.75
	1Cr18Ni9Ti	0.52～0.55	0.78～0.81
	Cr18Ti11Nb、Cr23Ni18	0.52～0.55	0.78～0.80
	Cr20Ni75Mo2A1TiNb	0.46	—
	Cr25Ni60W15T1	0.48	—
	Cr22Ni38W3Ti	0.48～0.50	—
	Cr20Ni80Ti	0.54～0.59	0.78～0.84
钢	30CrMnSiA	0.62～0.70	0.80～0.84
可伐合金		0.65～0.67	0.85～0.90
钼铱合金		0.72～0.82	0.91～0.97
钽		0.65～0.67	0.84～0.87
铌		0.65～0.67	0.84～0.87
钛合金	工业纯钛	0.58～0.60	0.80～0.85
	TA5	0.60～0.65	0.80～0.85
锌		0.65～0.70	0.85～0.90

注：① 凹模圆角半径 $r_{凹}$ <6 时，拉深系数取大值。
　　② 凹模圆角半径 $r_{凹} \geqslant (7 \sim 8)t$ 时，拉深系数取小值。
　　③ 材料的相对厚度 $t/D \geqslant 0.6\%$ 时，拉深系数取小值。
　　④ 材料的相对厚度 $t/D < 0.6\%$ 时，拉深系数取大值。

在实际生产中，并不是在所有的情况下都采用极限拉深系数。因为过于接近极限拉深系数容易引起拉深件在凸模圆角部位的过分变薄，而在以后的各次拉深中，部分变薄的缺陷会转移到成品零件的侧壁上去，降低零件的质量，所以一般采用的拉深系数应大于其极限拉深系数。

3. 拉深次数的确定

确定拉深次数是为了计算各次半成品的直径和拉深高度，作为设计模具及选择设备的依据。式（4.3.6）表示该圆筒形拉深件直径为 d_n，其坯料直径为 D，则拉深件的总拉深系数 $m_总 = d_n/D$。当 $m_总 > m_1$ 时，该零件只需一次就可拉出，否则就要进行多次拉深。

需要多次拉深时，其拉深次数可按以下方法确定：

（1）推算法。

圆筒形件的拉深次数也可根据 t/D 值从表 4.3.5 和表 4.3.6 查出 m_1、m_2、m_3……然后从第 1 次拉深 d_1 向 d_n 推算，即

$$d_1 = m_1 D$$
$$d_2 = m_2 d_1$$
$$d_3 = m_3 d_2$$
$$\cdots$$
$$d_n = m_n d_{n-1}$$

一直算到所得的值等于或小于工件所要求的直径 d 为止，此时的 n 即为所需的拉深次数。

（2）计算法。

如果要由一个直径为 D 的坯料最后拉深成直径为 d_n 的工件，初步估算时可先取后续各次拉深系数均为 m_n，于是

$$d_1 = m_1 D$$
$$d_2 = m_2 d_1 = m_n (m_1 D)$$
$$d_3 = m_3 d_2 = m_n^2 (m_1 D)$$
$$\cdots$$
$$d_n = m_n d_{n-1} = m_n^{n-1} (m_1 D)$$

上式两边取对数，有

$$\lg d_n = (n-1)\lg m_n + \lg(m_1 D)$$

即
$$n = 1 + \frac{\lg d_n - \lg(m_1 D)}{\lg m_n} \tag{4.3.7}$$

式（4.3.7）中的 m_1 与 m_n 可从表 4.3.7 中查取。计算所得的拉深次数 n，其小数部分的数值不得按照四舍五入法，而应取较大整数值，因表中的拉深系数已经是极限值。

（3）查表法。

圆筒形件的拉深次数还可直接从各种实用的表格中查取。如表 4.3.8 是根据坯料相对厚度 t/D 与零件的相对高度 h/d 查取拉深次数，表 4.3.9 所示则是根据 t/D 与拉深件的总拉深系数 $m_总$ 查取拉深次数。

表 4.3.8　拉伸件相对高度 H/d 与拉深次数的关系（无凸缘圆筒形件）

拉深次数 n	坯料相对厚度 $(t/D) \times 100$					
	2～1.5	1.5～1.0	1.0～0.6	0.6～0.3	0.3～0.15	0.15～0.08
1	0.94～0.77	0.84～0.65	0.71～0.57	0.62～0.5	0.52～0.45	0.46～0.38
2	1.88～1.54	1.6～1.32	1.36～1.1	1.13～0.94	0.96～0.83	0.9～0.7
3	3.5～2.7	2.8～2.2	2.3～1.3	1.9～1.5	1.6～1.3	1.3～1.1
4	5.6～4.3	4.3～3.5	3.6～2.9	2.9～2.4	2.4～2.0	2.0～1.5
5	8.9～6.6	6.6～5.1	5.2～4.1	4.1～3.3	3.3～2.7	2.7～2.0

注：① 大的 H/d 值适用于第一道工序的大凹模圆角，$[r_凹 \approx (8～15)t]$。
　　② 小的 H/d 值适用于第一道工序的小凹模圆角，$[r_凹 \approx (4～8)t]$。

表 4.3.9　拉深件总拉深系数 $(m_总)$ 与拉深次数的关系

拉深次数 n	坯料相对厚度 $(t/D) \times 100$				
	2～1.5	1.5～1.0	1.0～0.5	0.5～0.2	0.2～0.06
2	0.33～0.36	0.36～0.40	0.40～0.43	0.43～0.46	0.46～0.48
3	0.24～0.27	0.27～0.30	0.30～0.34	0.34～0.37	0.37～0.40
4	0.18～0.21	0.21～0.24	0.24～0.27	0.27～0.30	0.30～0.33
5	0.13～0.16	0.16～0.19	0.19～0.22	0.22～0.25	0.25～0.29

注：表中数据适用于 08 钢及 10 钢的圆筒形拉深件（用压边圈）。

4. 圆筒形件拉深半成品尺寸的计算

当圆筒形件需分若干次拉深时，就必须计算各次拉深后半成品的尺寸，作为设计模及其选择压力机的依据。

（1）各次半成品的直径。

确定拉深次数之后，根据多次拉深时变形程度应逐次减小（即后继拉深系数应逐次增大，大于表中所列数值）的原则，重新调整各次拉深系数。然后根据调整后的各次拉深系数计算各次拉深后的半成品直径，直到 d_n 等于工件直径 d 为止。即

$$d_1 = m_1 D$$
$$d_2 = m_2 d_1$$
$$d_3 = m_3 d_2$$
$$\cdots$$
$$d_n = m_n d_{n-1}$$

式中　m_1、m_2、$\cdots m_n$——调整后的数值。

（2）各次拉深后半成品的高度。

各次拉深半成品的高度可根据半成品零件的面积与坯料面积相等的原则求得，如图 4.3.8 所示。

由式

$$D = \sqrt{d_2^2 + 4d_2 h - 1.72 r d_2 - 0.56 r^2}$$

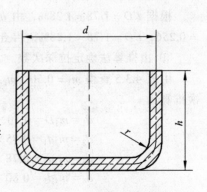

图 4.3.8　筒形件的高度

即可解得

$$h = 0.25\left(\frac{D^2}{d} - d\right) + 0.43\frac{r}{d}(d + 0.32r) \qquad (4.3.8)$$

当要分别计算各次半成品高度 h_1、$h_2 \cdots h_n$ 时，上式中的 d、r 应分别以各次的 d_1、r_2、d_2、$r_2 \cdots d_n$、r_n 代入。

例 4.3　计算图 4.3.9 所示筒形件的坯料直径、拉深次数及各半成品尺寸。材料为 08 钢，料厚 $t = 1$ mm。

解： $t = 1$ mm，尺寸均按中线计算：$d = 20$ mm，$h = 67.5$ mm，$r = 4$ mm。

（1）确定修边余量 Δh。

根据 $h/d = 67.5/20 \approx 3.4$，查表 4.3.1，可知 $\Delta h = 6$ mm。

（2）计算坯料直径 D，由式（4.3.2）得

$$
\begin{aligned}
D &= \sqrt{d_2^2 + 4d_2 H - 1.72 r d_2 - 0.56 r^2} \\
&= \sqrt{20^2 + 4 \times 20 \times (67.5 + 6) - 1.72 \times 4 \times 20 - 0.56 \times 4^2} \\
&\approx 78 \text{ mm}
\end{aligned}
$$

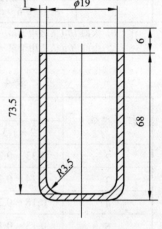

图 4.3.9　筒形件

（3）确定拉深次数。

先判断能否一次拉成：查表 4.3.7，取 $m_1 = 0.55$ mm，$m_n = 0.75$ mm。可得 $m_总 = 0.256 \ll m_1 = 0.55$。

结论：一次拉深不可能拉成，需要多次拉深，下面分别用 3 种方法确定需要的拉深次数，以进行比较。

① 以计算法确定拉深次数。

由式（4.3.7）得

$$
\begin{aligned}
n &= 1 + \frac{\lg d_n - \lg(m_1 D)}{\lg m_n} \\
&= 1 + \frac{\lg 20 - \lg(0.55 \times 78)}{\lg 0.75} = 3.65
\end{aligned}
$$

取较大整数：$n = 4$ 次。

② 由查表法确定拉深次数。

根据 $t/D = 1/78 = 1.28\%$，由 $h/d = 73.5/20 = 3.7$，再查表 4.3.8 得 $n = 4$ 次；也可根据 $m_总 = 0.256$，$t/D = 1/78 = 1.28\%$，再查表 4.3.9 得 $n = 4$ 次。

③ 由推算法确定拉深次数。

由表 4.3.5 查得 $m_1 = 0.50$、$m_2 = 0.75$、$m_3 = 0.78$、$m_4 = 0.8$、$m_5 = 0.82$，则各次拉深直径依次推算为

$$
\begin{aligned}
d_1 &= m_1 D = 0.50 \times 78 = 39 \text{ mm} \\
d_2 &= m_2 d_1 = 0.75 \times 39 = 29.3 \text{ mm} \\
d_3 &= m_3 d_2 = 0.78 \times 29.3 = 22.8 \text{ mm} \\
d_4 &= m_4 d_3 = 0.80 \times 22.8 = 18.3 \text{ mm}
\end{aligned}
$$

因为 $d_4 = 18.3$，已小于 $d = 20$ mm（工件直径），故不必再推算下去。推算结果表明，必

须 4 次才能拉成。

（4）确定各次拉深半成品的尺寸。

① 各次半成品直径计算。

在保证最后一次拉深直径等于工件要求直径的前提下，先调整各次拉深系数。使各次拉深系数均大于由表 4.3.5 查得的相应次数的极限拉深系数。调整后，实际选取 $m_1 = 0.53$、$m_2 = 0.76$、$m_3 = 0.79$、$m_4 = 0.82$。所以各次拉深的直径确定为

$$d_1 = m_1 D = 0.53 \times 78 = 41 \text{ mm}$$
$$d_2 = m_2 d_1 = 0.76 \times 41 = 31 \text{ mm}$$
$$d_3 = m_3 d_2 = 0.79 \times 31 = 24.5 \text{ mm}$$
$$d_4 = m_4 d_3 = 0.82 \times 24.5 = 20 \text{ mm}$$

② 各次半成品的高度计算。

先取各次半成品底部的内圆角半径，分别为 $r_1 = 5$ mm、$r_2 = 4.5$ mm、$r_3 = 4$ mm、$r_4 = 3.5$ mm。在工件尺寸 r 的基础上从后向前推，逐次适当放大。再由式（4.3.8）计算各次半成品的 h（计算时均按中线处的 r 值）。

$$h_1 = \left[0.25 \times \left(\frac{78^2}{41} - 41 \right) + 0.43 \times \frac{5.5}{41} \times (41 + 0.32 \times 5.5) \right] = 29.3 \text{ mm}$$

$$h_2 = \left[0.25 \times \left(\frac{78^2}{31} - 31 \right) + 0.43 \times \frac{5}{31} \times (31 + 0.32 \times 5) \right] = 43.6 \text{ mm}$$

$$h_3 = \left[0.25 \times \left(\frac{78^2}{24.5} - 24.5 \right) + 0.43 \times \frac{4.5}{24.5} \times (24.5 + 0.32 \times 4.5) \right] = 58 \text{ mm}$$

$$h_4 = 73.5 \text{ mm}$$

（5）画出工序图（见图 4.3.10）。

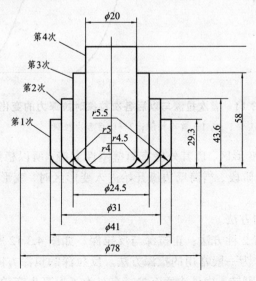

图 4.3.10 圆筒形拉深件工序图

5. 圆筒形件以后各次拉深

（1）以后各次拉深的特点。

圆筒形件进行多次拉深时，以后各次拉深时所用坯料的形状与首次拉深时不同，它不是平板而是圆筒形。因此它与首次拉深相比，有许多不同之处。

① 首次拉深时，平板坯料的厚度和力学性能都是均匀的，而以后各次拉深时，筒形件坯料的壁厚与力学性能都不均匀。以后各次拉深时，不但板料已有加工硬化，而且筒形坯料的筒壁要经过 2 次弯曲才被凸模拉入凹模内，其变形更为复杂，所以它的极限拉深系数要比首次拉深大得多，而且要逐次递增。

② 首次拉深时，凸缘变形区的环形面积是逐渐缩小的；而在以后各次拉深时，其环形变形区（$d_{n-1}-d_n$）面积保持不变，只是在拉深终了以前才逐渐缩小。

③ 首次拉深时，拉深力的变化是变形抗力的增加与变形区域的减小这 2 个相反的因素互相消长的过程，因而在开始阶段较快达到最大拉深力，然后逐渐减小为零。而以后各次拉深时，其变形区保持不变，但材料的硬度与壁厚却是沿着高度方向而逐渐增加，所以其拉深力在整个拉深过程中一直都在增加，如图 4.3.11 所示，直到拉深的最后阶段才由最大值下降至零。

④ 以后各次拉深时的危险断面与首次拉深时一样，都是在凸模圆角处，但首次拉深时，最大拉深力发生在初始阶段，所以破裂也发生在拉深的初始阶段；而以后各次拉深的最大拉深力发生在拉深的最后阶段，所以破裂就往往出现在拉深的后期。

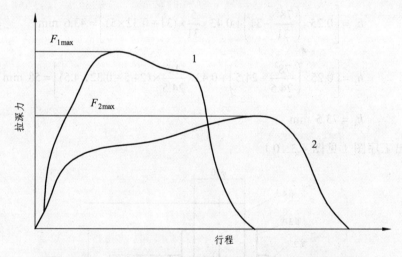

图 4.3.11　首次拉深与以后各次拉深时拉深力的变化曲线

1—首次拉深；2—以后各次拉深

⑤ 以后各次拉深的变形区，因其外缘有筒壁刚性支持，所以稳定性较首次拉深好，不易起皱，只是在拉深的最后阶段，当筒壁边缘开始进入变形区时，变形区的外缘失去刚性支持，这时才有起皱的可能性。

（2）以后各次拉深的方法。

以后各次拉深大致有 2 种方法：正拉深与反拉深，如图 4.3.12 所示。正拉深的拉深方向与前一次拉深方向一致，为一般常用的拉深方法。反拉深的拉深方向与前一次拉深的方向相反，反拉深时，工件发生翻转，内外表面互换。有时为了提高生产效率和保证模具结构紧凑，正、反拉深合用一套模具，在一次行程中完成，这样就能得到很大的变形程度。

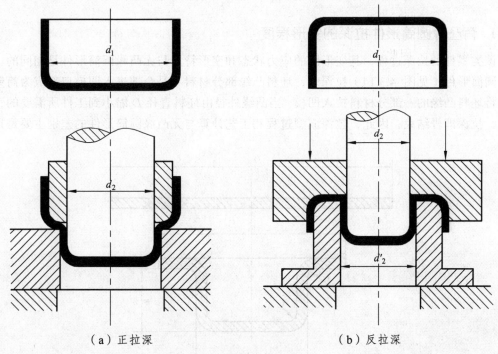

（a）正拉深　　　　　　　　　　　（b）反拉深

图 4.3.12

与正拉深比较，反拉深有如下特点：

① 反拉深时，材料的流动方向与正拉深相反，有利于相互抵消拉深时形成的残余应力。

② 反拉深时，材料的弯曲与反弯曲次数较少，加工硬化也少，有利于成型。正拉深时，位于压边圈圆角部位内圆弧的材料，流到凹模圆角处成了外圆弧；而在反拉深时，位于内圆弧处的材料在流动过程中始终处于内圆弧位置。

③ 反拉深时，坯料与凹模接触面积比正拉深大，流动阻力也大，材料承受较大张力，不易起皱。因此一般反拉深可不用压边圈。这就避免了由于压边力不适当或压边力不均匀而造成的拉裂。

④ 反拉深时，其拉深力比正拉深力大 20%左右。

反拉深方法主要用于板料较薄的大件和中等尺寸零件的拉深，反拉深后的工件圆筒部分最小直径 $d = (30 \sim 60)t$，圆角半径 $r > (2 \sim 6)t$。图 4.3.13 所示为一些典型的反拉深零件。

图 4.3.13　反拉深零件举例

4.3.2　有凸缘圆筒形件的拉深

1. 有凸缘圆筒形件拉深的变形程度

该类零件的拉深过程，其变形区的应力状态和变形特点与无凸缘圆筒形件是相同的。有凸缘圆筒形件（见图 4.3.14）拉深时，坯料凸缘部分材料不是全部进入凹模口部成为筒壁，而是将坯料凸缘的一部分材料拉入凹模。当凸缘外径由坯料直径 D 缩小到工件所需要的直径 d 时，拉深即告结束；因此，拉深成型过程和工艺计算与无凸缘圆筒形件的差别主要是首次拉深。

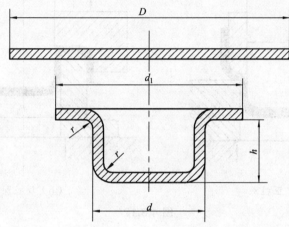

图 4.3.14　有凸缘圆筒形件

无凸缘圆筒形件拉深变形程度是用拉深系数表示的，对有凸缘圆筒形件而言，单凭拉深系数就不能正确反映其变形程度，因为即使是同一个值，其变形程度也还会随凸缘直径 d 或拉深高度 h 变化，当 d_t 越接近 d 或 h 越大时，由凸缘拉入凹模的材料越多。其变形程度越大；反之，凸缘拉入凹模的材料越少，其变形程度越小。

因此，有凸缘圆筒形件的拉深变形程度应该用 d_t 和 h（或 d_t/d 和 h/d）来表示，表 4.3.10 所示就是用一道工序拉深出有凸缘圆筒形件的极限变形程度。

表 4.3.10　有凸缘圆筒形件第一次拉深的最大相对高度（h_t/d_t）

相对直径 d_t/d	坯料相对厚度$(t/D) \times 100$				
	$0.06 \sim 0.2$	$0.2 \sim 0.5$	$0.5 \sim 1$	$1 \sim 1.5$	>1.5
≤ 1.1	$0.45 \sim 0.52$	$0.50 \sim 0.62$	$0.57 \sim 0.70$	$0.60 \sim 0.80$	$0.75 \sim 0.90$
$1.1 \sim 1.3$	$0.40 \sim 0.47$	$0.45 \sim 0.53$	$0.50 \sim 0.60$	$0.56 \sim 0.72$	$0.65 \sim 0.80$
$1.3 \sim 1.5$	$0.35 \sim 0.42$	$0.40 \sim 0.48$	$0.45 \sim 0.53$	$0.50 \sim 0.63$	$0.58 \sim 0.70$
$1.5 \sim 1.8$	$0.29 \sim 0.35$	$0.34 \sim 0.39$	$0.37 \sim 0.44$	$0.42 \sim 0.53$	$0.46 \sim 0.58$
$1.8 \sim 2.0$	$0.25 \sim 0.30$	$0.29 \sim 0.34$	$0.32 \sim 0.38$	$0.36 \sim 0.46$	$0.42 \sim 0.51$
$2.0 \sim 2.2$	$0.22 \sim 0.26$	$0.25 \sim 0.29$	$0.27 \sim 0.33$	$0.31 \sim 0.41$	$0.35 \sim 0.45$
$2.2 \sim 2.5$	$0.14 \sim 0.21$	$0.20 \sim 0.23$	$0.22 \sim 0.27$	$0.25 \sim 0.32$	$0.28 \sim 0.35$
$2.5 \sim 2.8$	$0.13 \sim 0.16$	$015 \sim 0.18$	$0.17 \sim 0.21$	$0.19 \sim 0.24$	$0.22 \sim 0.27$
$2.8 \sim 3.0$	$0.10 \sim 0.13$	$0.12 \sim 0.15$	$0.14 \sim 0.17$	$0.16 \sim 0.20$	$0.18 \sim 0.22$

注：① 适用于 08 钢、10 钢。
　　② 较大值相应于零件圆角半径较大情况，即 $r_凹$、$r_凸$ 为（10～20）t；较小值相应于零件圆角半径较小情况，即 $r_凹$、$r_凸$ 为（4～8）t。

　　尽管拉深系数没有全面反映有凸缘圆筒形件拉深的变形程度，但工艺计算中还是习惯于采用 m 来表达。m 和 d、h、r 等几何尺寸的关系可用式（4.3.3）推出：

$$D = \sqrt{d_1^2 + 4d_1h_1 - 3.44r_1d_1}$$

$$m_1 = \frac{d_1}{D} = \frac{1}{\sqrt{\left(\dfrac{dt}{d_1}\right)^2 + 4\dfrac{h_1}{d_1} - 3.44\dfrac{r_1}{d_1}}} \qquad （4.3.9）$$

式中　d_t/d ——凸缘的相对直径（应包括修边余量）；

　　　　h_1/d_1 ——相对高度；

　　　　r_1/d_1 ——底部与凸缘部分的相对圆角半径；

　　　　下角标 1 ——第 1 次拉深后的尺寸，凸、凹模圆角半径都取 r_1；

　　　　此外，m 还应考虑毛坯相对厚度 t/D 的影响。

　　由于同一个 m 值时，有凸缘圆筒形件的实际变形程度比无凸缘圆筒形件小，因此，有凸缘圆筒形件的极限拉深系数 m_t 可以比无凸缘圆筒形件的极限拉深系数 m 更小一些，见表 4.3.11。

表 4.3.11　有凸缘圆筒形件第 1 次拉深时的拉深系数 m_t

凸缘的相对直径 d_t/d	坯料相对厚度 $(t/D)\times 100$				
	0.06～0.2	0.2～0.5	0.5～1.0	1.0～1.5	>1.5
≤1.1	0.59	0.57	0.55	0.53	0.50
1.1～1.3	0.55	0.54	0.53	0.51	0.49
1.3～1.5	0.52	0.51	0.50	0.49	0.47
1.5～1.8	0.48	0.48	0.47	0.46	0.45
1.8～2.0	0.45	0.45	0.44	0.43	0.42
2.0～2.2	0.42	0.42	0.42	0.41	0.40
2.2～2.5	0.38	0.38	0.38	0.38	0.37
2.5～2.8	0.35	0.35	0.34	0.34	0.33
2.8～3.0	0.33	0.33	0.32	0.32	0.31

注：适用于 08、10 钢。

2. 有凸缘圆筒形件的拉深方法

　　首先根据表 4.3.10 判断该凸缘件能否用一道拉深工序拉成。若能拉成，则不需特殊计算，直接对坯料拉深即可；若不能一次拉成，则需要两次或多次拉深方法。多次拉深根据凸缘的宽窄分为如下 2 类：

　　（1）窄凸缘圆筒形件（$d_t/d = 1.1～1.4$）的多次拉深。

　　窄凸缘圆筒形件多次拉深时，前几次可当作无凸缘圆筒形件拉深，不留凸缘。直到最后几道拉深工序才形成锥形凸缘，最后将其压平，如图 4.3.15 所示。其拉深次数、拉深系数以及半成品工序尺寸的计算与无凸缘圆筒形件完全相同。

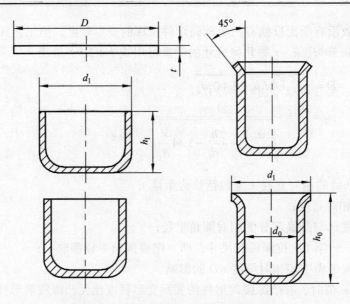

图 4.3.15　窄凸缘圆筒形件的拉深方法

（2）宽凸缘圆筒形件（$d_t/d > 1.4$）的多次拉深。

① 宽凸缘筒形件的拉深特点。

宽凸缘件的第一次拉深与拉深圆筒形件相似，只是在拉深过程中不把坯料边缘全部拉入凹模，而在凹模面上形成凸缘而已。

② 变形程度的表示方法。

当冲件底部圆角半径 r 与凸缘处圆角半径 R 相等时，其拉深系数应为：

$$m = \frac{d}{D} = \frac{1}{\sqrt{\left(\dfrac{d_t}{d}\right)^2 + 4\dfrac{h}{d} - 3.44\dfrac{r}{d}}}$$

显然，上式所计算的拉深系数与三个量有关：

$\dfrac{d_t}{d}$ ——凸缘的相对直径；

$\dfrac{h}{d}$ ——零件的相对高度；

$\dfrac{r}{d}$ ——相对圆角半径。

其中，以 $\dfrac{d_t}{d}$ 影响最大，$\dfrac{h}{d}$ 影响次之，$\dfrac{r}{d}$ 最小。由此可见，有凸缘圆筒形件的拉深系数不仅与筒形件的直径有关，还与筒形件凸缘的大小有关。从凸缘件的首次拉深系数表中可以看出，当坯料相对直径一定时，凸缘相对直径越大，拉深系数越小。

③ 宽凸缘圆筒形件的拉深原则。

a. 判定能否一次拉成。

若 $m_t > [m_1]$ 或 $\dfrac{h}{d} < \left[\dfrac{h_1}{d_1}\right]$，则可一次拉成。

b. 多次拉深的原则。

按查出的第一次极限拉深系数或首次拉深最大相对高度拉成凸缘直径等于零件所需要尺寸 d_t（含修边余量）的中间过渡形状，以后各次拉深均保持凸缘件直径 d_t 不变，只按凸缘筒形件多次拉深的方法逐步减小筒形部分直径，直到拉成零件为止。

为了保证以后各次拉深时凸缘不再收缩变形，通常使第一次拉成的筒形部分金属表面积比实际需要的多 3% ~ 5%，这部分多余的金属逐步分配到以后各次工序中去，最后这部分金属逐渐使筒口附近凸缘加厚，但这不会影响零件质量。

④ 拉深工序件高度的计算。

第一次拉深高度

$$h_1 = \frac{0.25}{d_1}(D^2 - d_t^2) + 0.43(r_1 + R_1) + \frac{0.14}{d_1}(r_1^2 - R_1^2)$$

以后各次拉深高度

$$h_n = \frac{0.25}{d_n}(D^2 - d_t^2) + 0.43(r_n + R_n) + \frac{0.14}{d_n}(r_n^2 - R_n^2)$$

⑤ 有凸缘筒形件多次拉深的方法。

通过减小筒部直径来增加高度，如图 4.3.16（a）所示；通过减小圆角半径来减小直径，如图 4.3.16（b）所示。

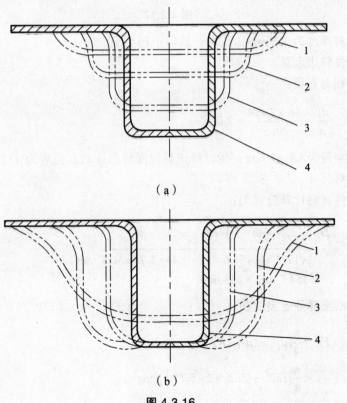

（a）

（b）

图 4.3.16

例 4.4 已知有凸缘零件，材料 10 钢，材料厚度 1.5 mm，如图 4.3.17 所示。试计算坯料直径、拉深次数及各次半成品尺寸。

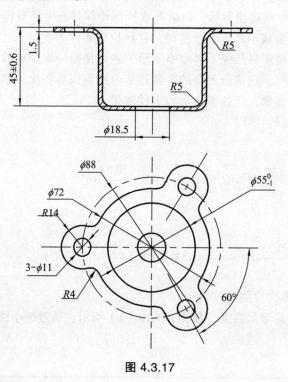

图 4.3.17

解：零件材料厚度为 1.5 mm，所有计算以中径为准。

（1）确定零件修边余量。

零件的凸缘相对直径：

$$\frac{d_F}{d} = \frac{88 + 2 \times 14}{56.5} = 2.06$$

可查得修边余量为 $\Delta R = 3$ mm，所以修正后拉深件凸缘的直径应为 112 mm。

（2）确定坯料尺寸。

有凸缘筒形件坯料计算公式为：

$$D = \sqrt{d_F^2 + 4dh - 3.44rd}$$
$$= \sqrt{122^2 + 4 \times 56.6 \times 45 - 3.44 \times 5.75 \times 56.5} \text{ mm}$$
$$= 154.7 \text{ mm} \approx 155 \text{ mm}$$

其中，零件凸缘部分的表面积：

$$F_凸 = \frac{\pi}{4}[d_F^2 - (d + 2R)^2]$$
$$= \frac{\pi}{4}[122^2 - (56.5 + 2 \times 5.75)^2] \text{mm}^2$$
$$\approx 8\,054 \text{ mm}^2$$

零件除去凸缘部分的表面积：

$$F = \frac{\pi}{4}D^2 - F_凸$$

$$= \frac{\pi}{4} \times 152^2 \, \text{mm}^2 - 8\,054 \, \text{mm}^2$$

$$\approx 10\,806 \, \text{mm}^2$$

（3）判定能否一次拉成。

零件的坯料相对厚度：

$$\frac{t}{D} \times 100 = 0.97$$

凸缘相对直径等于 2.06，查表 4.3.11 可知，其第一次拉深极限拉深系数 $[m_1] = 0.42$。

零件的总拉深系数：

$$m_总 = \frac{56.5}{155} = 0.36$$

总的拉深系数小于 $[m_1]$，所以需要多次拉深。

（4）预定首次拉深工序件尺寸。

为了在拉深过程中不使凸缘部分再变形，取第一次拉入凹模的材料比零件相应部分表面积多 5%，故坯料直径应修正为：

$$D = \sqrt{(F_凸 + 1.05F)4/\pi}$$

$$= \sqrt{(8\,054 + 1.05 \times 10\,806) \times 4/\pi} \, \text{mm}$$

$$\approx 157 \, \text{mm}$$

初选 $\frac{d_F}{d} = 1.1$，查表得首次拉深极限拉深系数 $[m_1] = 0.55$，取 $m_1 = 0.55$，则首次拉深筒形件直径为

$$d_1 = m_1 D = 0.55 \times 157 \, \text{mm} = 86.35 \, \text{mm}$$

取圆角半径为：

$$r_{A1} = r_{T1} = 0.8\sqrt{(D - d_1)t} = 0.8\sqrt{(152 - 85.12) \times 1.5} \, \text{mm} \approx 8 \, \text{mm}$$

则第一次拉深高度为：

$$h_1 = \frac{0.25}{d_1}(D^2 - d_F^2) + 0.43(R_1 + r_1)$$

$$= \frac{0.25}{86.35} \times (157^2 - 122^2) \, \text{mm} + 0.43 \times (8.75 + 8.75) \, \text{mm}$$

$$= 35.80 \, \text{mm}$$

（5）验算 m_1 是否合理。

第一次拉深的相对高度：

$$\frac{h_1}{d_1} = \frac{35.80}{86.35} = 0.415$$

可查得当凸缘相对直径为：

$$\frac{d_F}{d_1} = \frac{122}{86.35} = 1.41$$

坯料相对厚度为 $\frac{t}{D} \times 100 = \frac{1.5}{157} \times 100 = 0.96$ 时，第一次拉深允许的相对高度为 $\frac{h_1}{d_1} = 0.45 \sim 0.53 > 0.415$，所以预定的 m_1 是合理的。

（6）计算以后各次拉深的工序件直径。

查表得以后各次拉深极限拉深系数分别为$[m_2] = 0.76$，$[m_3] = 0.79$，则拉深后筒形件直径分别为

$$d_2 = [m_2]d_1 = 0.76 \times 86.35 = 65.63 \text{ mm}$$
$$d_3 = [m_3]d_2 = 0.79 \times 65.63 = 51.84 \text{ mm} < 56 \text{ mm}$$

所以零件共需进行 3 次拉深。调整各次拉深系数，取第二次实际拉深系数 $m_2 = 0.79$，则拉深后直径应为：

$$d_2 = m_2 d_1 = 0.79 \times 86.35 \text{ mm} = 68.21 \text{ mm}$$

计算第三次拉深的实际拉深系数：

$$m_3 = \frac{56.5}{68.21} \approx 0.83$$

其数值大于第三次拉深极限系数 $[m_3]$ 和第二次拉深实际拉深系数 m_2。所以，以上调整合理。

（7）计算以后各次拉深的工序件高度。

取第二次拉深凸、凹模圆角半径为 $r_{A2} = R_{T2} = 0.8 R_{A1} = 0.8 \times 8 \approx 6.5 \text{ mm}$，设第二次拉深时多拉入 2.5%的材料（其余 2.5%的材料返回到凸缘上），则坯料直径应修正为：

$$D = \sqrt{(F_{凸} + 1.025F)4/\pi}$$
$$= \sqrt{(8\,054 + 1.025 \times 10\,806) \times 4/\pi} \text{ mm}$$
$$\approx 156 \text{ mm}$$

拉深后零件的高度为：

$$h_2 = \frac{0.25}{d_2}(D^2 - d_F{}^2) + 0.43(R_2 + r_2)$$
$$= \frac{0.25}{68.21} \times (156^2 - 122^2) \text{ mm} + 0.43 \times (7.25 + 7.25) \text{ mm}$$
$$= 40.88 \text{ mm}$$

第三次拉深后工序件尺寸应为零件要求尺寸。拉深工序如图 4.3.18 所示。

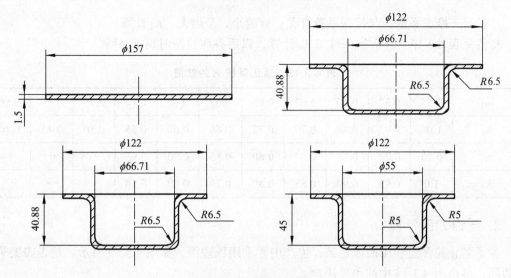

图 4.3.18　拉深工序图

因为利用表 4.3.11 确定有凸缘圆筒形件第 1 次拉深系数 m_1 时，先要知道 d_t/d_t 的值，但实际上 d_1 还是一个待定值，因此需要先假定一个 d_1 值，亦即假定一个 d_t/d_t 值。从而求得对应的拉深系数 m_1。将此 m_1 与表 4.3.11 查得的极限拉深系数$[m_1]$相比较，如果差别较大，则重新假定新的 d_1 值，重复上述计算过程。这样逐次逼近，直到计算值 m_1 等于或者略大于极限拉深系数$[m_1]$为止。详细过程见表 4.3.12。

表 4.3.12　有凸缘圆筒形件首次拉深系数 m_1 的逼近计算

相对直径假定值 $N = d_t/d_1$	第 1 次拉深直径 $d_1 = d_t/N$	实际拉深系数 $m_1 = d_1/D$	极限拉深系数$[m_1]$ 由表 4.3.10 查得	拉深系数相差值 $\Delta m = m_1 - [m_1]$
1.0	88.4/1.0 = 88.4	0.71	0.50	+0.21
1.2	88.4/1.2 = 73.7	0.59	0.49	+0.10
1.3	88.4/1.3 = 68	0.54	0.49	+0.05
1.4	88.4/1.4 = 63	0.50	0.47	+0.03
1.5	88.4/1.5 = 59	0.47	0.47	0

4.3.3　拉深力与压边力

1. 拉深力

对于圆筒形件有压边圈拉深时，拉深力 F 可按以下实用公式计算：

$$F = K\pi dt\sigma_b \tag{4.3.10}$$

式中　d ——拉深件直径，mm；

　　　t ——料厚，mm；

　　　σ_b ——材料强度极限，MPa；

K——修正系数，与拉深系数有关，m 越小，K 越大。K_2 计算。

K 值见表 4.3.13。首次拉深时用 K_1 计算，以后各次拉深时用 K_2 计算。

表 4.3.13　修正系数 K 的数值

m_1	0.55	0.57	0.60	0.62	0.65	0.67	0.70	0.72	0.75	0.77	0.80
K_1	1.00	0.93	0.86	0.79	0.72	0.66	0.60	0.55	0.50	0.45	0.40
m_1	0.70	0.72	0.75	0.77	0.80	0.85	0.90	0.95	—	—	—
K_2	1.0	0.95	0.90	0.85	0.80	0.70	0.60	0.50	—	—	—

2. 压边力的计算

为了防止拉深过程中凸缘起皱，生产中常采用压边圈，如图 4.3.19 所示。是否需要采用压边圈，可由表 4.3.14 中的条件决定。

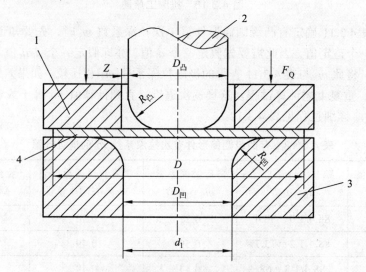

图 4.3.19　带压边圈拉深模工作部分的结构

1—压边圈；2—拉深凸模；3—拉深凹模；4—毛坯

表 4.3.14　采用或不采用压边圈的条件

拉深方法	第 1 次拉深		以后各次拉深	
	t/D（%）	m_1	t/d_n（%）	m_n
用压边圈	<1.5	<0.6	<1.0	<0.8
可用可不用	1.5～2.0	0.6	1.0～1.5	0.8
不用压边圈	>2.0	>0.6	>1.5	>0.8

在压边圈上施加压边力的大小应该适当。压边力过大，会使拉深件在凸模圆角处过分变薄甚至拉裂；压边力过小，则起不到防止起皱的作用。压边力是设计压料装置的依据，压边

力 F_Q 的大小可按下式计算：

$$F_Q = AP \tag{4.3.11}$$

式中　A——实际压边面积，mm；

　　　P——单位面积上的压边力，MPa，其值可由表 4.3.15 查取。

表 4.3.15　单位压边力 p 值

材　　料		单位压边力/MPa	材　　料		单位压边力/MPa
铝		0.8 ~ 1.2	软钢	$t < 0.5$ mm	2.5 ~ 3.0
紫铜、杜拉铝（退火或淬火）		1.2 ~ 1.8	20 钢、08 钢、镀锡钢板		2.5 ~ 3.0
黄　铜		1.5 ~ 2.0	软化状态的耐热钢		2.8 ~ 3.5
软钢	$t > 0.5$ mm	2.0 ~ 2.5	高合金钢、高锰钢、不锈钢		3.0 ~ 4.5

对于圆筒形件，首次拉深时的压边力：

$$F_{Q1} = \frac{\pi}{4}\left[D^2 - (d_1 + 2R_{凹})^2 \right] \cdot p$$

以后各次拉深时的压边力：

$$F_{Qn} = \frac{\pi}{4}\left[d_{n-1}^2 - (d_n + 2R_{凹})^2 \right] \cdot p$$

在实际生产中，压边力的大小要根据"既不起皱又不被拉裂"这个原则，在试模中加以调整。在设计压边装置时，应考虑方便调整压边力。

3. 拉深时压力机标称压力的选择

采用单动压力机拉深时，压边力与拉深力是同时产生的（压边力由弹性装置产生），所以计算总拉深力 $F_{总}$ 时应包括压边力在内，即：

$$F_{总} = F + F_Q \tag{4.3.12}$$

在选择压力机的标称压力时必须注意：当拉深行程较大，特别是采用落料拉深复合模时，不能简单地将落料力与拉深力叠加去选择压力机吨位。因为压力机的标称压力是指滑块在靠近下止点时的压力，而开始拉深特别是拉深前的落料，压力机滑块位置并不靠近下止点。另外，落料力和拉深力并不是同时存在的。

准确地选择压力机的原则应是：工作行程中的实际变形力曲线必须在压力机的压力曲线所允许的范围内。因此，必须注意压力机的压力曲线（见图 4.3.20）。如果实际变形力超出压力机的压力曲线，就很可能由

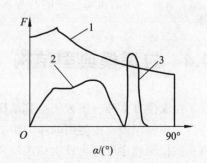

图 4.3.20　冲压力与压力机的压力曲线

1—压力机的压力曲线；2—拉深力曲线；3—落料力曲线

于过早地出现最大冲压力而使压力机超载损坏。

实际上为了选用方便，一般可按下述经验公式对压力机标称压力作概略估算：

浅拉深时： $F_{总} \leqslant （0.7 \sim 0.8） F_{压}$

深拉深时： $F_{总} \leqslant （0.5 \sim 0.6） F_{压}$

式中　$F_{总}$——拉深力和压边力的总和，在用复合模冲压时，还包括其他变形力；

　　　$F_{压}$——压力机的标称压力。

4. 拉深功与功率

由于拉深工作行程较长，消耗功较多，因此对拉深工作还需验算压力机的电动机功率。

拉深功 W 按下式计算（见图 4.3.21）：

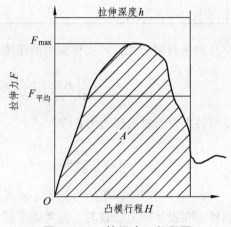

图 4.3.21　拉深力—行程图

$$W = F_{平均}h \times 10^{-3} = CF_{max}h \times 10^{-3}$$

式中　F_{max}——最大拉深力，N；

　　　$F_{平均}$——平均拉深力，N；

　　　h——拉深深度，mm；

　　　C——$F_{平均}/F_{max}$，一般 $C = 0.6 \sim 0.8$；

拉深功率按下式计算：

$$P = \frac{W \cdot n}{60 \times 1\,000}$$

压力机的电动机功率为：

$$P_{电} = \frac{K \cdot W \cdot n}{60 \times 1000 \times \eta_1 \cdot \eta_2}$$

式中　K——不平衡系数，$K = 1.2 \sim 1.4$；

　　　η_1——压力机效率，$\eta_1 = 0.6 \sim 0.8$；

　　　η_2——电动机效率，$\eta_2 = 0.9 \sim 0.95$；

　　　n——压力机每分钟的行程次数。

4.4　拉深模典型结构

拉深模有多种分类方法：其结构按工序组合可分为单工序拉深模、多工位连续拉深模和复合工序拉深模；按使用的压力机类型不同可分为单动压力机用拉深模和双动压力机用拉深模；按拉深顺序可分为首次拉深模和以后各次拉深模，按拉深方向有正向拉深模、反向拉深模和两者兼有的正反向拉深模；按压料情况可分为有压边装置拉深模和无压边装置拉深模。下面介绍单动压力机用拉深模和双动压力机用拉深模的常见结构形式。

4.4.1　单动压力机用拉深模

1. 首次拉深模

（1）无压边装置的首次拉深模。

图 4.4.1 所示为无压边装置的首次拉深模典型结构，适用于坯料塑性好、拉深变形程度 $m_1 > 0.6$、相对厚度 $t/D \times 100 \geqslant 2$ 的拉深件。由图可知，圆坯料由定位板 5 定位，直接用螺钉紧固在模柄上的拉深凸模 4 下行，坯料通过采用硬质合金压套在凹模套圈 6 内的拉深凹模 2 成型，凸模回程时，工件口部拉深后弹性恢复张开，被凹模内壁台阶刮下。为使工件在拉深后不至于紧贴在凸模上难以取下，在拉深凸模中心开有通气孔。

为了便于在装模时保证间隙均匀，该模具还附有一个备用的校模定位圈 3（图 4.4.1 中以双点划线表示）。工作时，应将校模定位圈拿开。

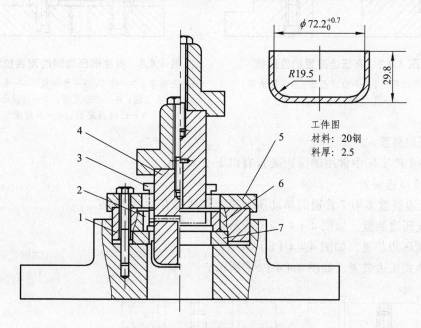

工件图
材料：20钢
料厚：2.5

图 4.4.1　无压边圈的首次拉深模
1—锥孔压块；2—拉深凹模；3—校模定位圈；4—拉深凸模；5—定位板；6—凹模套圈；7—垫板

（2）有压边装置的首次拉深模。

图 4.4.2 所示为压边圈装在上模部分的正装拉深模。由于弹性元件装在上模，因此凸模比较长，这种结构适宜于拉深深度不大的工件。

图 4.4.3 所示为压边圈装在下模部分的倒装拉深模。由于弹性元件是装在下模座下的压力机工作台面的孔中，因此空间较大，允许弹性元件有较大的压缩行程，可以拉深深度较大一些。这副模具采用了锥形压边圈 6。在拉深时，锥形压边圈先将毛坯压成锥形，使毛坯的外径已经产生一定量的收缩，然后再将其拉成筒形件。采用这种结构有利于拉深变形，可以减小一些极限拉深系数。

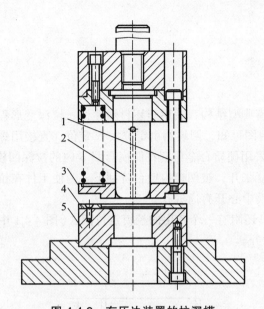

图 4.4.2　有压边装置的拉深模

1—压边螺钉；2—拉深凸模；3—压边圈；
4—定位板；5—拉深凹模

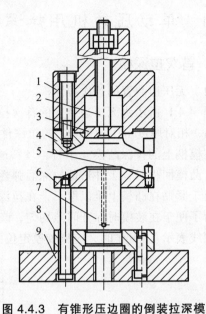

图 4.4.3　有锥形压边圈的倒装拉深模

1—上模座；2—推杆；3—推件板；4—锥形凹模；
5—限位柱；6—锥形压边圈；7—拉深凸模；
8—凸模固定板；9—下模座

（3）压边装置。

目前在生产实际中常用的压边装置有以下 2 大类：

① 弹性压边装置。

弹性压边装置多用于普通的单动压力机上，通常有如下 3 种：

a. 橡皮压边装置，如图 4.4.4（a）所示；

b. 弹簧压边装置，如图 4.4.4（b）所示；

c. 气垫式压边装置，如图 4.4.4（c）所示。

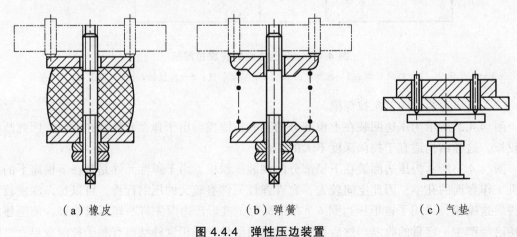

（a）橡皮　　　　　　　　（b）弹簧　　　　　　　　（c）气垫

图 4.4.4　弹性压边装置

这 3 种压边装置压边力的变化曲线如图 4.4.5 所示。

在拉深初期，凸缘变形区很大，起皱的危险性也很大，故压边力也需大一些。随着拉深深度的增加，凸缘变形区的材料不断减少，起皱的可能性减少，需要的压边力也就逐渐减少。但是，橡皮与弹簧压边装置所产生的实际压边力恰与此相反，它随拉深深度的增加而增加，尤以橡皮压边装置更为严重。这种工作情况会引起拉深力增加，从而导致零件拉裂。因此，橡皮及弹簧压边装置通常只适用于浅拉深。气垫式压边装置的压边效果比较好，但其结构、制造、使用与维修都比较复杂。由于橡皮和弹簧结构简单、使用方便，所以它们在普通中、小型单动压力机上还是被广泛使用。不过要正确选择弹簧规格及橡皮的牌号与尺寸，尽量减少其不利方面。如弹簧，应选用总压缩量大、压边力随压缩量缓慢增加的弹簧，而橡皮则应

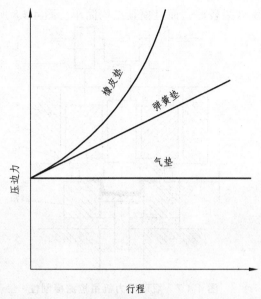

图 4.4.5　弹性压力装置的压边曲线

选用较软橡皮。为使其相对压缩量不致过大，橡皮的总厚度应不小于拉深行程的 5 倍。

对于拉深板料较薄或带有宽凸缘的零件。为了防止压边圈将毛坯压得过紧，可以采用带限位装置的压边圈，如图 4.4.6 所示。利用限位装置，可使拉深过程中压边圈和凹模之间始终保持一定的距离 s。拉深钢件时，$s = 1.2t$；拉深铝合金件时，$s = 1.1t$；拉深带凸缘工件时，$s = t + (0.05 \sim 0.1)\text{mm}$。

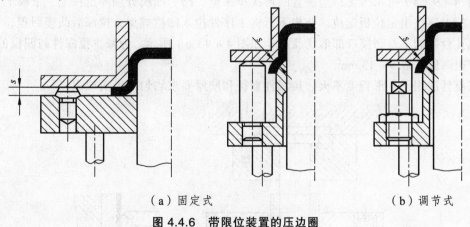

（a）固定式　　　　　　　　　（b）调节式

图 4.4.6　带限位装置的压边圈

② 刚性压边装置。

这种装置用于双动压力机上，拉深高度较大的工件，其动作原理如图 4.4.7 所示。

曲轴 1 旋转时，首先通过凸轮 2 带动外滑块 3 使压边圈 6 下降到距凹模 c（c 隙略大于板材厚度 t）的位置，也就是将要接触板材，但又没有紧压。板材在压边圈 6 和凹模 7 的间隙中可以流动，但不会起皱。随后由内滑块 4 带动凸模 5 对毛坯进行拉深。在拉深过程中，外滑块和压边圈保持不动。考虑到毛坯凸缘变形区在拉深过程中板厚有增大现象，所以调整模具时，压边圈与凹模间的间隙 c 略大于板厚 t。用刚性压边装置时，压边力不随行程变化，拉

深效果较好，而且模具结构简单。图 4.4.8 所示为带刚性压边装置的拉深模。

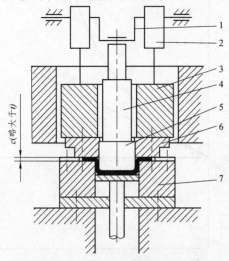

图 4.4.7　双动压力机用拉深模刚性
压边装置动作原理

1—曲轴；2—凸轮；3—外滑块；4—内滑块；
5—凸模；6—压边圈；7—凹模

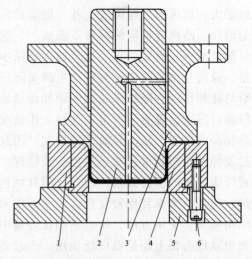

图 4.4.8　带刚性压边装置的拉深模

1—固定板；2—拉深凸模；3—刚性压边圈；
4—拉深凹模；5—下模座；6—螺钉

2. 再次拉深模

在再次拉深中，因毛坯已不是平板形状，而是已经成型的筒形半成品，所以应考虑毛坯在模具中的定位。

图 4.4.9（a）所示为无压边装置的再次拉深模。凸、凹模分别固定在上、下模上，首次拉深后的工序件由定位板定位。凸模下行将工序件拉入凹模成型，拉深后凸模回程，工序件由凹模孔台阶卸下。凹模口部形状及尺寸如图 4.4.9（b）所示。为减少拉深件与凹模的摩擦，凹模直边高度 h 取 9～13 mm。

该模具适用于变形程度不火、拉深件直径和壁厚要求均匀的再次拉深。

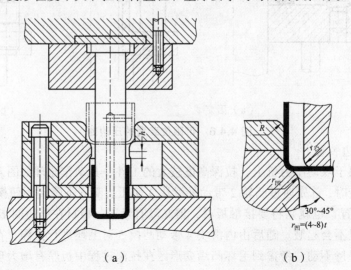

（a）　　　　　　　　　　　　　　（b）

图 4.4.9　无压边装置的以后各次拉深模

　　图 4.4.10 所示为有压边装置的再次拉深摸的典型结构。拉深前，毛坯套在压边圈 4 上，压边圈的形状必须与前一次拉出的半成品相适应。拉深后，压边圈将冲压件从凸模 3 上托出，推件板则将冲压件从凹模中推出。

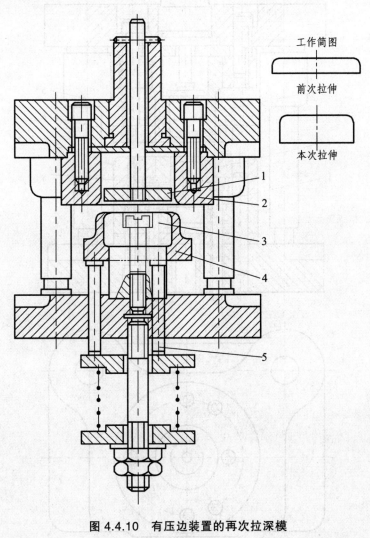

图 4.4.10　有压边装置的再次拉深模

1—推件板；2—拉深凹模；3—拉深凸模板；4—压边圈；5—顶杆；6—弹簧

3. 落料拉深复合模

　　图 4.4.11 所示为落料和首次拉深复合模的典型结构，适用于圆形、矩形或正方形冲件的拉深。

　　上模部分装有凸凹模 3（落料凸模、拉深凹模），下模部分装有落料凹模 7 与拉深凸模 8。为保证冲压时先落料后拉深，拉深凸模 8 应低于落料凹模 7 一个料厚以上。冲压时，上模下行，凸凹模 3 与落料凹模 7 冲出坯料外形，上模继续行，拉深凸模 8 将坯料拉入凸凹模 3 成型。上模回程后，由推件块 5 和顶杆 1 将拉深件推出。

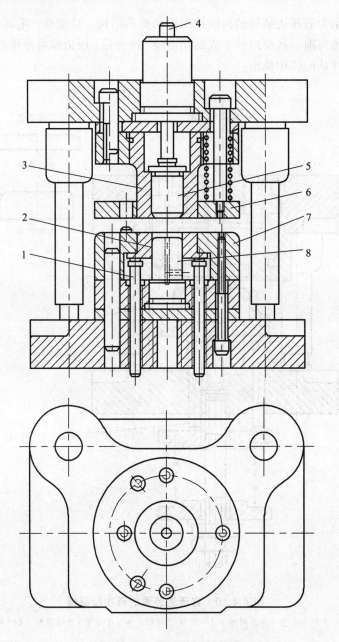

图 4.4.11　落料拉深复合模

1—顶杆；2—压边圈；3—凸凹模；4—推杆；5—推件块；6—卸料板；7—落料凹模；8—拉深凸模

图 4.4.12 所示为落料正、反拉深模。正、反拉深在一副模具中进行，一次就能拉出高度较大的工件，提高了生产率。该模具有 2 个凸凹模：件 1 为凸凹模（落料凸模、第 1 次拉深凹模），件 3 为拉深凸凹模（第 1 次拉深凸模、反拉深凹模）。件 2 为第 2 次拉深（反拉深）凸模，件 7 为落料凹模。第 1 次拉深时由弹性压边圈 6 压边，反拉深时未采用压边装置。上模采用刚性推件，下模则直接用弹簧顶件，由固定卸料板 4 卸料，模具结构十分紧凑。

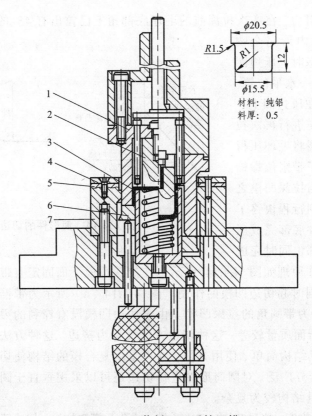

图 4.4.12 落料正、反拉深模

1—凸凹模；2—反拉深凸模；3—拉深凸凹模；4—卸料板；5—导料板；6—压力圈；7—落料凹模

图 4.4.13 所示为一副再次拉深、冲孔、切边复合模。为了有利于本次拉深变形、减小

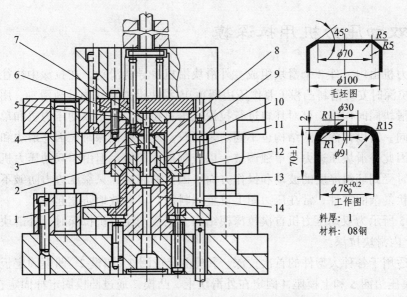

图 4.4.13 再次拉深、冲孔、切边复合模

1—压边圈；2—凹模固定板；3—冲孔凹模；4—推件板；5—凸模固定板；6—垫板；7—冲孔凸模；
8—拉深凸模；9—限位螺栓；10—螺母；11—垫柱；12—拉深切边凹模；13—切边凸模；14—固定块

本次拉深时的弯曲阻力，在本次拉深前的毛坯底部角上已拉出有 45° 的斜角。本次拉深模的压边圈与毛坯的内形完全吻合。模具在开启状态时，压边圈 1 与拉深凸模 8 在同一水平位置。冲压前，将毛坯套在压边圈上，随着上模的下行，先进行再次拉深。为了防止压边圈将毛坯压得过紧，该模具采用了带限位螺栓的结构，使压边圈与拉深凹模之间保持一定距离。到行程快终了时，其上部对冲压件底部完成压凹与冲孔，而其下部也同时完成

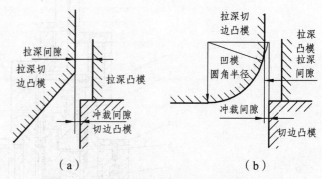

图 4.4.14 筒形件的切边原理

了切边。切边的工作原理如图 4.4.14 所示。在拉深凸模下面固定有带锋利刃口的切边凸模，而拉深凹模则同时起切边凹模的作用。图 4.4.14（a）所示为带锥形口的拉深凹模，图 4.4.14（b）所示为带圆角的拉深凹模。由于切边凹模没有锋利的刃口，所以切下的废料有较大的毛刺，断面质量较差。这种切边方法又称为挤边。这种方法用于圆筒形件壁部的切边，由于其模具结构简单、使用方便，并可采用复合模的结构使切边与拉深在一道工序进行，所以使用十分广泛。对圆筒形件进行切边还可以采用垂直于圆筒形件轴线方向的水平切边，但其模具结构较为复杂。

为了便于制造与修磨，拉深凸模、切边凸模、冲孔凸模和拉深、切边凹模均采用镶拼结构。

冲压结束回程时，由安装在下模座下的弹顶装置通过压边圈将冲压件（由于外径有回弹）及切边废料从拉深凸模中顶出，再由装在上模部分的推件装置将冲压件从凹模中推出。

4.4.2　双动压力机用拉深模

双动压力机由内、外 2 个滑块组成。外滑块沿机身导轨滑动。在拉深中往往用来安装压边圈，落料拉深时安装落料凸模（兼作压边圈）。内滑块沿外滑块内导轨滑动，用来安装拉深凸模。2 个滑块同时作用，可对坯料进行拉深或落料拉深，由于双动压力机和单动压力机的工作方式不同，所以拉深模的结构也不同。采用双动压力机拉深时，因外滑块和内滑块是单独运动的，因此外滑块压边力可单独调整，以控制冲件起皱。但由于双动压力机外滑块产生的压边力有时受到坯料厚度的波动和操作方面等因素的影响，只靠压边力防皱不太可靠。因此，对于形状复杂的零件，常在压边圈上设置压料筋，以有效地防止起皱。

图 4.4.15 所示为双动压力机首次拉深模结构。用双动压力机拉深时，外滑块压边（或冲裁兼压边），内滑块拉深。

该模具适用于各种大型件的首次拉深。下模由定位圈 3、凹模 2、凹模固定板 8 和下模座 1 组成。上模压边圈 5 和上摸座 4 固定在外滑块上，凸模 7 通过凸模固定杆固定在内滑块上。

工作时，外滑块首先下降，将平板毛坯适当压紧，接着内滑块下降进行拉深。上模回升时，内滑块带动凸模首先升起，压边圈滞后（这种协调动作由双动压力机本身保证），拉深零

件在凹模之内，由压力机带动的顶料器 9 将拉伸后得到的零件由凹模内顶出。

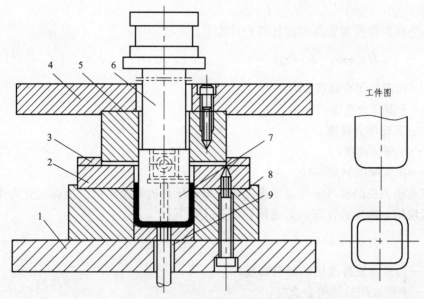

图 4.4.15 双动压力机首次拉深模结构

1—下模座；2—凹模；3—定位圈；4—上模座；5—压边圈；6—固定杆；
7—凸模；8—固定板；9—顶料块

4.4.3 反拉深模具结构

（1）用于双动压力机上的正反拉深模具，如图 4.4.16 所示。先用外凸模进行正拉伸，后用内凸模进行反拉深。

（2）用于单动压力机上的正反拉伸模，如图 4.4.17 所示。

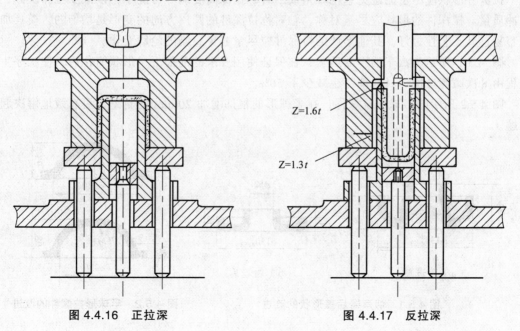

图 4.4.16　正拉深　　　　　**图 4.4.17　反拉深**

4.4.4 拉深模闭合高度计算

单动压力机拉深模闭合高度的计算公式如下：

$$H = h + h_1 - (L + r_d)$$

式中　H —— 拉深模闭合高度；

　　　h —— 下模部分高度；

　　　h_1 —— 下模部分高度；

　　　L —— 拉深件高度；

　　　r_d —— 拉深模的圆角半径。

由于双动压力机的模具安装及工作方式与单动压力机有所不同，所以应分为外滑块闭合高度和内滑块闭合高度的计算。其通用计算公式如下：

$$H = h + h_1 - L$$

式中　H —— 内滑块或外滑块的闭合高度；

　　　h —— 上模装配后的组合高度；

　　　h_1 —— 下模装配后的组合高度；

　　　L —— 上模与下模闭合后的重叠部分。

4.5　拉深件的工艺性

1. 拉深件形状的要求

拉深件形状应尽量能避免急剧转角或凸台，拉深高度应尽可能小，以减少拉深次数，提高冲质量。拉深件的形状应尽量对称，轴对称拉深件的圆周方向的变形是均匀的，模具加工也容易，其工艺性最好。其他形状的拉深件应尽量避免急剧的轮廓变化。

图 4.5.1 所示为汽车消声器后盖，在保证使用要求的前提下，形状简化后，使工序生产过程由 8 次减为 2 次，材料消耗也减少了 50%。

图 4.5.2 所示的半球形拉深件，在半球形的根部增加 20 mm 的直壁，可有效地解决起皱问题。

（a）改进前　　　　　　　（b）改进后

图 4.5.1　消声器后盖形状的改进　　　　图 4.5.2　半球形拉深件的改进

对于半敞开及非对称的拉深件，工艺上还可以采取成双拉深，然后剖切成 2 件的方法，以改善拉深时的受力状况，如图 4.5.3 所示。

拉深件的径向尺寸应注明是保证内壁尺寸还是保证外壁尺寸，内、外壁尺寸不能同时标注；带台阶的拉深件，其高度方向的尺寸标注一般应以底部为基准，如图 4.5.4（a）所示；若以上部为基准，则高度尺寸不易保证，如图 4.5.4（b）所示。

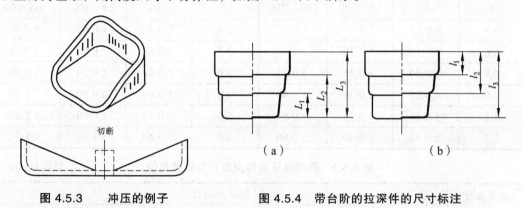

| 图 4.5.3　　冲压的例子 | 图 4.5.4　　带台阶的拉深件的尺寸标注 |

2. 拉深件圆角半径的要求

拉深件的圆角半径应尽量大些，以利于拉深成型和减少拉深次数。对于圆筒件，底与壁的圆角半径 $r \geq \delta$，一般取 $(3 \sim 5)\delta$，凸缘与壁的圆角半径 $R \geq 2\delta$，一般取 $(4 \sim 8)\delta$；对于矩形件，$r \geq \delta$，$R_m \geq 3\delta$，否则应增加整形工序。

如增加一次整形工序，其圆角半径可取 $r \geq (0.1 \sim 0.3)\delta$，$R \geq (0.1 \sim 0.3)\delta$，一般情况下，拉深件圆角半径见表 4.5.1。

表 4.5.1　拉深件圆角半径

	无凸缘圆筒形零件 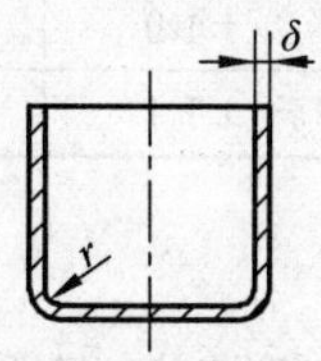	有凸缘圆筒形零件 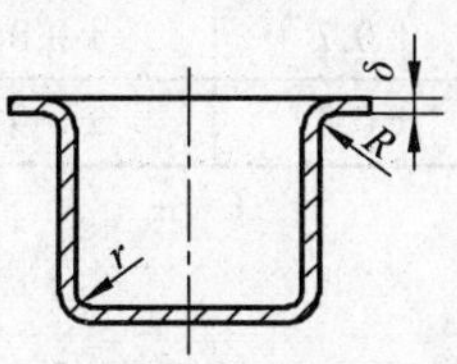	反向拉深件 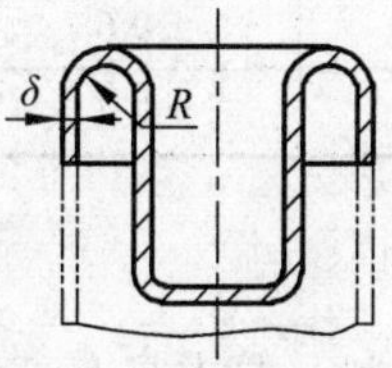	矩　形　件 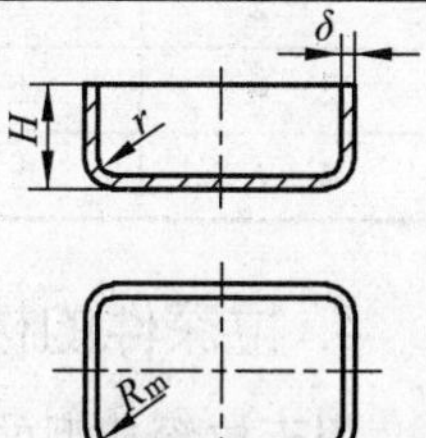
r	$\geq \delta$ 一般为（3～5）δ	$\geq \delta$ 一般为（3～5）δ		$\geq \delta$ 一般为（3～5）δ
R		$\geq \delta$ 一般为（4～8）δ	（4～8）δ	
R				$\geq 3\delta$ >0.2H 时对拉深有利

3. 拉深件的精度

一般情况下，拉深件的尺寸精度应在 IT13 级以下，不宜高于 ITll 级。拉深件的径向尺寸精度以及圆筒形拉深件和有凸缘圆筒形拉深件所能达到的高度方向尺寸精度，分别见表4.5.2~表4.5.4。如果精度要求高，可采取整形来达到要求。

表 4.5.2 圆筒形拉深件径向尺寸的偏差值   单位：mm

板料厚度 δ	拉深件直径			板料厚度 δ	拉深件直径		
	<50	50~100	100~200		<50	50~100	100~200
0.5	±0.12	—	—	2.0	±0.40	±0.50	±0.70
0.6	±0.15	±0.20	—	2.5	±0.45	±0.60	±080
0.8	±0.20	±0.25	±0.30	3.0	±0.50	±0.70	±0.90
1.0	±0.25	±0.30	±0.40	4.0	±0.60	±0.80	±1.00
1.2	±0.30	±0.35	±0.50	5.0	±0.70	±0.90	±1.10
1.5	±0.35	±0.40	±0.60	6.0	±0.80	±1.00	±1.20

表 4.5.3 圆筒形拉深件高度尺寸的偏差值   单位：mm

板料厚度 δ	拉深件高度					
	<18	18~30	30~50	50~80	80~120	120~180
<1	±0.5	±0.6	±0.8	±1.0	±1.2	±1.5
1~2	±0.6	±0.8	±1.0	±1.2	±1.5	±1.8
2~4	±0.8	±1.0	±1.2	±1.5	±1.8	±2.0
4~6	±1.0	±1.2	±1.5	±1.8	±2.0	±2.5

表 4.5.4 有凸缘圆筒形拉深件高度尺寸的偏差值   单位：mm

板料厚度 δ	拉深件高度					
	<18	18~30	30~50	50~80	80~120	120~180
<1	±0.3	±0.4	±0.5	±0.6	±0.8	±1.0
1~2	±0.4	±0.5	±0.6	±0.7	±0.9	±1.2
2~4	±0.5	±0.6	±0.7	±0.8	±1.0	±1.4
4~6	±0.6	±0.7	±0.8	±0.9	±1.1	±1.6

4. 拉深件的材料

用于拉深成型的材料，要求具有高的塑性、低的屈强比、大的板厚方向性系数、小的板平面方向性。

4.6 拉深模工作部分结构尺寸

4.6.1 拉深凸模与凹模的结构

凸模和凹模结构形式的设计要有利于拉深变形，这不但可以提高工件质量，而且可以降低极限拉深系数。

下面介绍几种常用的结构形式。

1. 不用压边圈的拉深凸模和凹模

对于一次可拉成的浅拉深件，其凸模和凹模的结构如图 4.6.1 所示。其中，图 4.6.1（a）所示为普通带圆弧的平端面凹模，适宜于大件；图 4.6.1（b）与图 4.6.1（c）所示适宜于小件。采用图 4.6.1（b）（带锥形凹模口）和图 4.6.1（c）（带渐开线形凹模口）所示的凹模结构，拉深时，毛坯的过渡形状呈曲面形状（见图 4.6.2），因而增大了抗失稳能力，凹模口部对毛坯变形区的作用力也有助于它产生切向压缩变形，减小摩擦阻力和弯曲变形的阻力，所以对拉深变形有利。可以提高拉深件质量，降低拉深系数。对于需拉深 2 次以上的拉深件，其凸模和凹模的结构见图 4.6.3 所示。

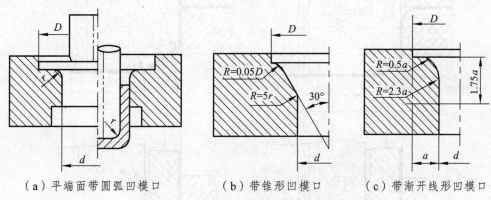

（a）平端面带圆弧凹模口　　　（b）带锥形凹模口　　　（c）带渐开线形凹模口

图 4.6.1　不用压边圈的拉深凹模结构

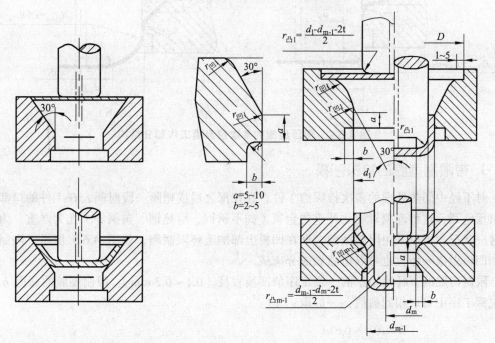

图 4.6.2　锥形凹模拉深特点　　　**图 4.6.3　无压边圈的多次拉深模工作部分结构**

2. 用压边圈的拉深凸模和凹模

图 4.6.4（a）所示为有圆角半径的凸模和凹模，多用于拉深尺寸较小的工件（$d \leqslant 100$ mm）；图 4.6.4（b）所示为有斜角的凸模与凹模，采用这种结构不仅使毛坯在下次工序中容易定位，而且能减轻毛坯的反复弯曲变形，改善了拉深时材料变形的条件，减少了材料的变薄，有利于提高冲压件侧壁的质量，多用于拉深尺寸较大的工件（$d > 100$ mm）。

不论采用哪种模具结构形式，都应注意相邻的前后两道工序的凸模和凹模圆角半径、压边圈的圆角半径之间具有正确的关系，尽量做到前道工序制成的中间毛坯的形状有利于在后道工序中成型。

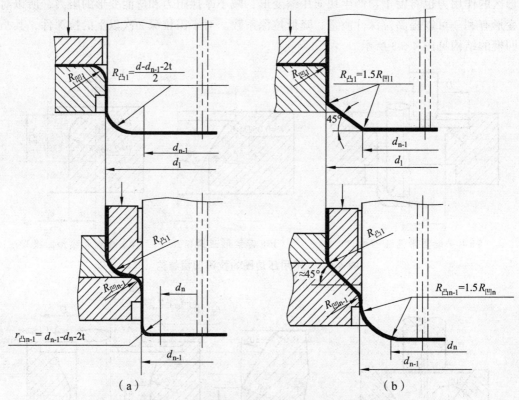

图 4.6.4 带压边圈的多次拉深模工作部分结构

3. 带限制型腔的拉深凹模

对不经中间热处理的多次拉深的工件，在拉深之后或稍隔一段时间，在工件的口部往往会出现龟裂，这种现象对硬化严重的金属（如不锈钢、耐热钢、黄铜等）尤为严重。为了改善这一状况，可以采用限制型腔，即在凹模上部加毛坯限制圈，如图 4.6.5 所示。限制圈可以和凹模做成一体，也可以单独做成分离式。

限制型腔的直径略小于前一道工序的凹模直径（$0.1 \sim 0.2$ mm）。限制型腔的高度 h 在各次拉深工序中可取相同数值，一般取：

$$h = (0.4 \sim 0.6)d_1$$

式中 d_1 ——第 1 次拉深的凹模直径。

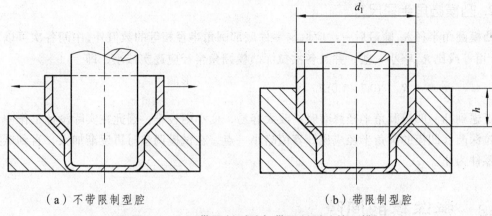

（a）不带限制型腔　　　　　　　　　　（b）带限制型腔

图 4.6.5 不带限制型腔与带限制型腔的凹模

4.6.2 拉深凹模与凸模的圆角半径

1. 凹模圆角半径 $R_凹$

圆筒形件首次拉深时的凹模圆角半径 $R_凹$ 可由下式确定：

$$R_{凹t} = C_1 C_2 t \tag{4.6.1}$$

或 $$R_{凹t} = 0.8\sqrt{(D - d_t)\cdot t} \tag{4.6.2}$$

式中　C_1——考虑材料力学性能的系数，对于软钢、硬铝，$C_1 = 1$；对于纯铜、黄铜、铝，$C_1 = 0.8$；

　　　C_2——考虑板料厚度与拉深系数的系数，见表 4.6.1。

表 4.6.1 拉深凹模圆角半径系数 C_2

材料厚度 t/mm	拉深件直径 d/mm	拉深系数 m_1		
		0.48 ~ 0.55	0.55 ~ 0.6	≥0.6
0 ~ 0.5	<50	7 ~ 9.5	6 ~ 7.5	5 ~ 6
	50 ~ 200	8.5 ~ 10	7 ~ 8.5	6 ~ 7.5
	>200	9 ~ 10	8 ~ 10	7 ~ 9
0.5 ~ 1.5	<50	6 ~ 8	5 ~ 6.5	4 ~ 5.5
	50 ~ 200	7 ~ 9	6 ~ 7.5	5 ~ 6.5
	>200	8 ~ 10	7 ~ 9	6 ~ 8
1.5 ~ 2	<50	5 ~ 6.5	4.5 ~ 5.5	4 ~ 5
	50 ~ 200	6 ~ 7.5	5 ~ 6.5	4.5 ~ 5.5
	>200	7 ~ 8.5	6 ~ 7.5	5 ~ 6.5

以后各次拉深的凹模圆角半径 $R_凹$ 可逐次缩小，一般可取 $R_{凹n} = (0.6 ~ 0.8) R_{凹n-1}$，但不应小于 $2t$。

2. 凸模圆角半径尺寸

凸模圆角半径 $R_凸$ 除最后一次应取与零件底部圆角半径相等的数值外，中间各次可以取得和 $R_凹$ 相等或比 $R_凹$ 略小一些，并且各次拉深凸模圆角半径应逐次减小，即

$$R_凸 = (0.7 \sim 1.0)R_凹$$

考虑到凸、凹模圆角半径修磨时，改大容易，变小则较难，因此在实际设计工作中，选定的拉深凸、凹模的圆角半径应比计算值略小一点，在试模调整时再逐渐加大，直到试拉出合格零件为止。

4.6.3 拉深模的间隙

1. 间隙对拉深过程的影响

拉深模的间隙是指单边间隙。间隙大小应合理确定，间隙过小会增加摩擦阻力，使拉深件容易破裂，且易擦伤零件表面，降低模具寿命；间隙过大则拉深时对毛坯的校直定形作用小，影响零件尺寸精度。

2. 拉深模的间隙

确定间隙的原则是既要考虑板料厚度的公差，又要考虑圆筒形件口部的增厚现象，根据拉深时是否采用压边圈以及零件要求的尺寸精度合理确定。圆筒形件拉深时，间隙可按下列方法确定：

（1）不用压边圈时，为了校直可能产生的起皱，间隙不宜过大，一般可取：

$$Z = (1 \sim 1.1)t_{max}$$

式中　Z——单边间隙值，末次拉深或精密拉深件取小值，中间各次拉深取大值；

　　　t_{max}——材料厚度的上限值。

（2）用压边圈时，其间隙按表 4.6.2 选取。

表 4.6.2　有压边圈拉深时的单边间隙值　　　　单位：mm

总拉深次数	拉深工序	单边间隙 Z	总拉深次数	拉深工序	单边间隙 Z
2	第 1 次拉深	1.1t	4	第 3 次拉深	1.1t
	第 2 次拉深	（1～1.05）t		第 4 次拉深	(1～1.05)t
3	第 1 次拉深	1.2t	5	第 1、2、3 次拉深	1.2t
	第 2 次拉深	1.1t		第 4 次拉深	1.1t
	第 3 次拉深	（1～1.05）t		第 5 次拉深	(1～1.05)t

注：① 材料厚度取材料允许偏差的中间值。
　② 当拉探精密工件时，对最末一次拉深间隙取 $Z = t$。
　③ 对于精度要求较高的拉深件，为了减小拉深后的回弹，提高零件的光洁度，常采用小于板厚的间隙，其间隙值取 $Z = (0.9 \sim 0.95)t$。

3. 拉深模间隙取向的原则

对于最后一次拉深工序规定如下：

① 当工件外形尺寸要求一定时，以凹模为准，凸模尺寸按凹模减小以取得间隙。

② 当工件内形尺寸要求一定时，以凸模为准，凹模尺寸按凸模放大以取得间隙。

除最后一次工序外，对其他工序间隙的取向不作规定。

4.6.4 拉深凸模与凹模工作部分的尺寸

① 对于最后一道工序的拉深模,其凸模和凹模尺寸及其公差应按工件尺寸的标注方式来确定，当工件要求外形尺寸[见图 4.6.6（a）]时，以凹模尺寸为基准进行计算，即：

$$D_{凹} = (D - 0.75\Delta)^{+\delta_d}_0 \tag{4.6.3}$$

$$D_{凸} = (D - 0.75\Delta - 2Z)^0_{-\delta_凸} \tag{4.6.4}$$

当工件要求内形尺寸[见图 4.6.6（b）]时，以凸模尺寸为基准进行计算，即

$$d_{凸} = (d + 0.4\Delta)^0_{-\delta_凸} \tag{4.6.5}$$

$$d_{凹} = (d + 0.4\Delta + 2Z)^{+\delta_凸}_0 \tag{4.6.6}$$

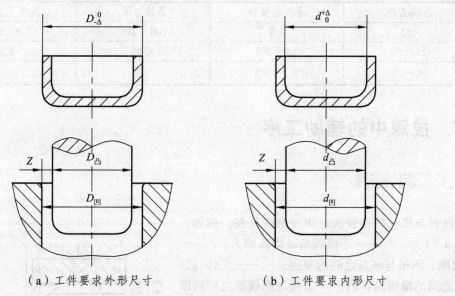

（a）工件要求外形尺寸   （b）工件要求内形尺寸

图 4.6.6 工件尺寸与模具尺寸

② 中间各道工序拉深模，由于其毛坯尺寸与公差没有必要予以严格限制，这时凸模和凹模尺寸只要取等于毛坯过渡尺寸即可。若以凹模为基准，则：

凹模尺寸： $D_{凹} = D^{+\delta_凹}_0$ （4.6.7）

凸模尺寸： $D_{凸} = (D - 2Z)^0_{-\delta_凸}$ （4.6.8）

凸模和凹模的制造公差 $\delta_凸$、$\delta_凹$ 可按表 4.6.3 选取。

表 4.6.3 凸模制造公差 $\delta_{凸}$ 与凹模制造公差 $\delta_{凹}$ （mm）

材料厚度 t	拉深件直径					
	≤20		20 ~ 100		>100	
	$\delta_{凸}$	$\delta_{凹}$	$\delta_{凸}$	$\delta_{凹}$	$\delta_{凸}$	$\delta_{凹}$
≤0.5	0.02	0.01	0.03	0.02	—	—
0.5 ~ 1.5	0.04	0.02	0.05	0.03	0.08	0.05
>1.5	0.06	0.04	0.08	0.05	0.10	0.06

注：$\sigma_{凸}$、$\sigma_{凹}$ 在必要时，可提高至 IT6 ~ IT8 级。若零件公差在 IT13 级以下，则 $\sigma_{凸}$、$\sigma_{凹}$ 可以采用 IT10 级。

4.6.5　拉深凸模的通气孔

工件在拉深时，由于拉深力的作用或润滑油等因素，使得工件很容易被黏附在凸模上，在工件与凸模间形成真空，会增加卸件的困难，造成工件底部不平。为此，凸模应设计有通气孔，以便拉深后的工件容易卸脱。拉深不锈钢或大工件时，由于黏附力大，可在通气时通入高压气体或液体，卸下工件。对于一般的小工件拉深，可直接在凸模上钻出通气孔，其大小根据凸模尺寸而定，具体数值可从表 4.6.4 中查得。

表 4.6.4　拉深凸模通气孔直径 （mm）

凸模直径	通气孔直径	凸模直径	通气孔直径
<25	3.0	100 ~ 200	7.0 ~ 8.0
25 ~ 50	3.0 ~ 5.0	>200	>8.5
50 ~ 100	5.5 ~ 6.5		

4.7　拉深中的辅助工序

4.7.1　润　滑

材料与模具的接触面上均有摩擦存在。例如，在图 4.7.1 中，F_1 ——凹模圆角处的摩擦力；F_2 ——压边圈、凹模与坯料之间的摩擦；F_3 ——工件与凹模壁之间的摩镲力；F_4 ——工件与凸模壁之间的摩擦力；F_5 ——凸模圆角处的摩擦力。

摩擦力 F_1、F_2、F_3 是有害的，它不仅使拉探系数增大，拉深力增加，而且还会刮伤模具和冲件表面，特别是在拉深不锈钢、耐热钢及其合金、钛合金等易黏模的材料时更严重。因此，应采取润滑措施减少这些摩擦力的作用。但摩擦力 F_4、F_5 则有阻碍材料在危险断处变薄的作用，因而是有益的。它

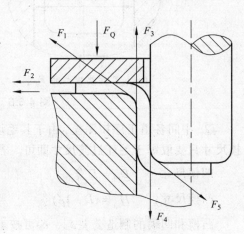

图 4.7.1　拉深中的摩擦力

有助于降低拉深系数，因此在凸模方面则不必采取润滑措施。

表 4.7.1 列出了拉深的摩擦系数与润滑条件的关系。常见润滑剂见表 4.7.2。

表 4.7.1　拉深的摩擦系数与润滑条件的关系

润滑条件	拉深材料		
	08 钢	铝	硬铝合金
无润滑剂	0.18～0.20	0.25	0.22
矿物油润滑剂（全损耗系统用油）	0.14～0.16	0.15	0.16
含附加料的润滑剂（滑石粉、石墨等）	0.06～0.10	0.10	0.08～0.10

表 4.7.2　拉深低碳钢用的润滑剂

简称号	润滑剂成分	质量分数/%	附注	简称号	润滑剂成分	质量分数/%	附注
L-ANS	锭子油 鱼肝油 石墨 油酸 硫黄 钾肥皂 水	43 8 15 8 5 6 15	用这种润滑剂可收到最好的效果，硫黄应以粉末状加进去	L-AN15	锭子油 硫化蓖麻油 鱼肝油 白垩粉 油酸 苛性钠 水	33 1.6 1.2 45 5.5 0.1 13	润滑剂很容易去掉，用于单位压力大的拉深件
L-AN7	锭子油 黄油 滑石粉 硫黄 酒精	40 40 11 8 1	硫黄应以粉末状加进去	L-AN2	锭子油 黄油 鱼肝油 白垩粉 油酸 水	12 25 12 20.5 5.5 25	这种润滑剂比以上几种略差
L-AN10	锭子油 黄油 石墨 硫黄 酒精 水	20 40 20 7 1 12	将硫黄溶于温度约为 160 ℃ 的锭子油内。其缺点是保存时间太久会分层	L-AN10	钾肥皂 水	20 80	将肥皂溶在温度为 60～70 ℃ 的水里。用于球形及抛物线形工件的拉深
					乳化液 白垩粉 焙烧苏打 水	37 45 1.3 16.7	可熔解的润滑剂。加 3% 的硫化蓖麻油后，可改善其效果

拉深过程中，在凹模和坯料之间放层塑料薄膜，也是降低摩擦、防止拉裂的一种有效方法。

单个毛坯润滑时，应遵照以下原则：

（1）不必对整个毛坯涂上润滑剂，只需在凹模圆角和压边圈表面以及相应的毛坯表面每隔一定周期均匀涂抹一层润滑剂即可。

（2）在凸模尤其是凸模圆角处和凸模接触的毛坯上严禁涂抹润滑剂，否则会造成凸模与毛坯之间产生相对滑动，使材料严重变薄或在危险断面拉裂。

4.7.2　热处理

在拉深过程中，由于材料承受塑性变形，所有的金属（铅和锡例外，这 2 种材料不能用于拉深）都产生加工硬化。对于硬化不显著的金属，若工艺过程制定得正确，模具设计合理，一般宁可不需要进行中间退火；而对于高度硬化的金属，一般在一、二次拉深工序之后即需要进行中间热处理。

不需要中间热处理而能完成的拉深见表 4.7.3。

表 4.7.3　无需中间退火所能完成的拉深工序次数

材料	不用退火的中间次数	材料	不用退火的中间次数
08、10、15	3 ~ 4	不锈钢 1Cr18Ni9Ti	1
铝	4 ~ 5	镁合金	1
黄铜 H68	2 ~ 4	钛合金	1
纯铜	1 ~ 2		

如果降低每次拉深的变形程度（即增大拉深系数），增加拉深次数，由于每次拉深后的危险断面是不断往上转移的，结果使拉裂的矛盾得以缓和，于是可以增加总的变形程度而不需要或减少中间热处理工序。

拉深后的工件，常常需要进行消除残余应力的低温退火。奥氏体型的不锈钢、耐热钢及其合金采用淬火处理。

不论是工序间热处理还是最后消除应力的热处理，应尽可能立即进行，避免由于长期存放，工件在内应力作用下产生变形或龟裂，特别对不锈钢、耐热钢及黄铜工件更是如此。这些材料拉深后，不经热处理是不能存放的。

4.7.3　酸　洗

工件退火之后，表面有氧化皮及其他污物，必须进行酸洗处理。

酸洗有时也用在拉深前坯料的准备过程中。

不锈钢酸洗近年来采用酸-碱合用的办法，即预先在沸腾的碱液（质量分数为 80% 的苛性钠、质量分数为 20% 的硝酸钾）中浸 10 ~ 30 分钟，然后在体积分数为 18% 的硫酸或盐酸中浸 5 ~ 20 分钟。这种方法既能大大减小金属和酸液的消耗，又提高了生产率。

酸洗后需要进行仔细的表面洗涤，以便将残留在工件表面上的酸液洗掉。其办法是：先在流动的冷水中清洗，然后放在加温 60 ℃ ~ 80 ℃ 的弱碱液中中和，最后用热水洗涤。

退火、酸洗是延长生产周期、增加生产成本、产生环境污染的工序，应尽可能加以避免。

若能够通过增加拉深次数的办法以减少退火工序，一般宁可增加拉深次数。若工序数在 6 ~ 10 次以上，应该考虑能否使用连续拉深或者将拉深与冷挤服、变薄拉深等工艺结合起来，以避免增加退火工序。

4.8 拉深模设计实例 —— 无凸缘筒形件的首次拉深

实例的设计条件如下：

零件名称：无凸缘圆筒形件。

生产批量：大批量。

材料：08 钢板。

料厚：1 mm。

零件简图：如图 4.8.1 所示。

设计步骤如下：

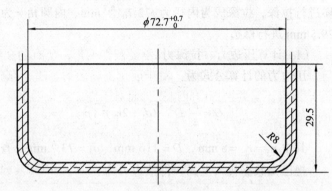

图 4.8.1 零件图

1. 工艺分析

此零件为无凸缘圆筒形件，要求

内形尺寸，没有厚度不变的要求。此零件的形状满足拉深的工艺要求，可用拉深工序加工。

零件底部圆角半径 $r = 8$ mm，取拉深凹模的圆角半径 $r_凹 = 8t = 8$ mm，按式 $r_凸 = (0.6 \sim 1)$ $r_凹 = 5 \sim 8$ mm，取 $r_凸 = 8$ mm，满足拉深对圆角半径的要求。尺寸 $\phi 72.7^{+0.7}_{0}$ mm，按冲压设计资料中公差表查得为 IT14 级，满足拉深工序对工件公差等级的要求。

总之，该零件的拉深工艺性较好。需进行如下的工序计算，来判断拉深次数：

（1）计算坯料直径 D。

按中性层计算尺寸：$h_2 = 29.5 - 0.5 = 29$ mm，$d_2 = 72.7 + 1 = 73.7$ mm。

零件的相对高度 $h_2/d_2 = 29/73.7 = 0.4$。

根据相对高度从表 4.3.1 中查得修边余量 $\Delta h = 2$ mm，查有关设计资料得无凸缘圆筒形拉深件的坯料尺寸计算公式：

$$D = \sqrt{d_2^2 + 4d_2 h - 1.72 r d_2 - 0.56 r^2}$$

将 $d_2 = 73.7$，$h = h_2 + \Delta h = 29 + 2 = 31$ mm，$r = 8 + 0.5 = 8.5$ mm 代入上式，即可得坯料的直径为

$$D = \sqrt{73.7^2 + 4 \times 73.7 \times 31 - 1.72 \times 8.5 \times 73.7 - 0.56 \times 8.5^2} = 116 \text{ (mm)}$$

（2）判断拉深次数。

零件总的拉深系数：

$$m = d_2/D = 73.7/116 = 0.64$$

坯料相对厚度：

$$t/D \times 100 = 1/116 = 0.86$$

判断拉深时是否需要压边：查表 4.3.14 可知，需加压边圈。

由相对厚度可以从表 4.3.7 中查得首次拉深的极限拉深系数 $m_1 = 0.53 \sim 0.55$。因 $m > m_1$，故只需一次拉深。

2. 确定工艺方案

本零件首先需要落料，制成直径 $D = 116$ mm 的圆片；然后以 $D = 116$ mm 的圆板料为毛坯进行拉深，拉深成为内径为 $\phi 72.7_0^{+0.7}$ mm、内圆角 r 为 8 mm 的无凸缘圆筒形，最后按 $h = 29.5$ mm 进行修边。

（1）计算压边力、拉深力。

压边力的计算公式为：

$$Q = \frac{\pi}{4}\Big[D^2 - (d_1 + 2r_凹)^2 \Big] p$$

其中 $r_凹 = r_凸 = 8$ mm，$D = 116$ mm，$d_1 = 73.7$ mm，查表 4.3.15，取 $p = 2.5$ MPa。

把已知数据代入上式，得压边力为：

$$Q = \frac{\pi}{4}\Big[116^2 - (73.7 + 2\times 8)^2 \Big] \times 2.5 = 10\ 617\ (\text{N})$$

（2）计算拉深力。

拉深力的计算公式为：

$$F = K\pi dt\sigma_b$$

已知 $m = 0.64$，由表 4.3.13 查得 $m_1 = 0.65$，$K_1 = 0.72$，取 $K = 0.75$，10 号钢的强度极限为 440 MPa。

将 $K = 0.75$，$d = 72.7$ mm，$t = 1$ mm 代入上式，得拉深力为：

$$F = 0.75 \times 3.14 \times 72.7 \times 1 \times 440 = 75\ 332\ (\text{N})$$

（3）计算压力机的公称压力。

压力机的公称压力为

$$F_压 \geqslant 1.3(Q + F) = 1.3 \times (10\ 617 + 75\ 332) = 111\ 733\ (\text{N})$$

故压力机的公称压力要大于 120 kN。

3. 模具工作部分尺寸的计算

（1）拉深模的间隙。

查得拉深模的单边间隙为 $Z = 1.1$，$t = 1.1$ mm。

（2）拉深模的圆角半径。

凹模的圆角半径取 $8t = 8$ mm，凸模的圆角半径等于工件的圆角半径，即 8 mm。

（3）凸、凹模工作部分尺寸和公差。

由于工件内形尺寸要求，所以以凸模为设计基准。凸模尺寸为：

$$d_凸 = (d + 0.4\Delta)_{-\delta_凸}^{\ 0}$$

将模具公差按 IT10 级选取，则 $\delta_凸 = 0.12$ mm，将相关数据代入上式，得：

$$d_凸 = (72.7 + 0.4 \times 0.7)_{-0.12}^{0} = 72.98_{-0.12}^{0} \ (\text{mm})$$

间隙取在凹摸上，则凹模的尺寸计算为：

$$d_凹 = (d + 0.4\Delta + 2Z)_{0}^{+\delta_凹}$$

（4）确定凸模的通气孔。

由有关资料查表得，凸模的通气孔直径为 $\phi6.5$ mm。

4. 模具的总体设计

模具的总装图如图 4.8.2 所示，拉深模具在单动压力机上安装。压边圈采用平面的，坯料用压边圈的凹槽定位，凹槽深度小于 1 mm，以便压料，压边力用弹性元件控制，模具采用倒装结构，出件时用卸料螺钉顶出。

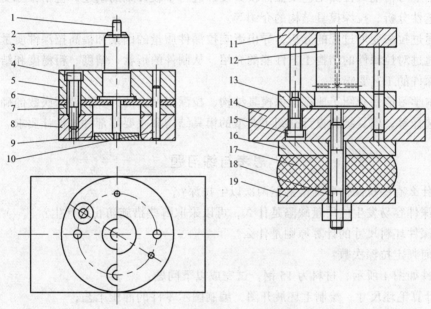

图 4.8.2　无凸缘圆筒形件首次拉深模

1—打杆；2—挡环；3—模柄；4、15—螺钉；5—上模板；6—垫板；7—中垫板；
8—凹模；9—打板；10—销钉；11—压边圈；12—凸模；13—凸模固定板；
14—下模板；16、19—托板；17—橡胶板；18—螺柱

由于此拉深模为非标准形式，所以需计算模具闭合高度，其中各模板的尺寸需标准化。

模具的闭合高度为：

$$H_m = H_1 + H_2 + H_3 + H_4 + 25 \text{ mm}$$

式中　H_1 ——上模高度；

　　　H_2 ——压边圈厚度；

　　　H_3 ——固定板厚度；

　　　H_4 ——下模座高度。

当模具闭合时，压边圈与固定板之间的距离为：

$H_1 = (30 + 8 + 14 + 30) = 82$ mm，$H_2 = 20$ mm，$H_3 = 20$ mm，$H_4 = 40$ mm，得：

$$H_m = 82 + 20 + 20 + 40 + 25 = 187 \text{ (mm)}$$

5. 设备的选择

设备工作行程需要考虑工件成型和方便取件，因此，工件行程 $S \geqslant 2.5h = 2.5 \times 31.5 = 78$ mm。

除上述步骤外，对于一项完整的模具设计，还必须进行各个标准件的选用和非标准件的设计。对此不再作介绍。

本学习情境小结

（1）本学习情境对拉深工艺及拉深模具设计进行了较详细的阐述，包括拉深变形过程、拉深件工艺性分析、拉深模具结构的介绍等。

（2）通过拉深变形过程的分析，导出影响拉深件质量的因素和提高拉深件质量的措施。

（3）通过对拉深件的结构工艺性能的介绍，从制件的形状、精度、粗糙度和结构等方面来分析拉深件的工艺要求。

（4）本学习情景介绍了典型拉深模具结构、拉深工序力的计算和拉深次数的确定以及冲压设备的选择等，模具结构设计介绍了典型的模具结构和主要零部件的设计要求。

思考与练习题

1. 为什么有些拉深件要两次甚至两次以上拉深？
2. 拉深件容易发生的质量缺陷是什么，可以采取哪些措施防止其产生？
3. 拉深件坯料尺寸的计算原则是什么？
4. 如何判定拉深次数？
5. 零件如图 1 所示，材料为 15 钢，试完成以下问题：
（1）计算毛坯尺寸，绘制毛坯展开图，编制图示零件的冲压工艺；
（2）计算拉深模工作部分尺寸；
（3）制定图示零件的拉深模具结构。

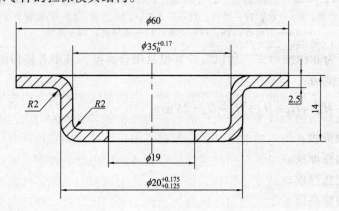

图 1

学习情境 5　翻边工艺与模具设计

【知识目标】
- 掌握翻边的概念及翻边的类型。
- 掌握内孔翻边、外圆翻边、变薄翻边成型工艺及相关计算。
- 掌握翻边模典型结构。

【技能目标】
- 能对翻边零件的成型工艺进行合理的分析与设计。

本情境学习任务

1. 完成图 1 所示零件的翻边工艺分析与模具设计。

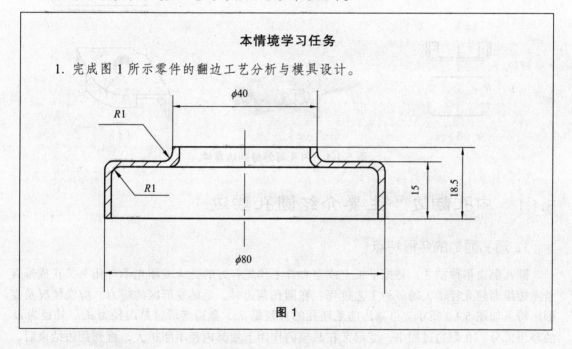

图 1

5.1　翻边的类型与工艺参数

　　翻边是将毛坯或半成品的外边缘或孔边缘沿一定的曲线翻成竖立的边缘的冲压方法，如图 5.1.1 所示。当翻边的沿线是一条直线时，翻边变相就转变成为弯曲，所以也可以说弯曲是翻边的一种特殊形式；但弯曲时毛坯的变形仅局限于弯曲线的圆角部分，而翻边时毛坯的圆角部分和边缘部分都是变形区，所以翻边变形比弯曲变形复杂得多。用翻边方法可以加工形状较为复杂且有良好刚度的立体零件，能在冲压件上制取与其他零件装配的部位，如机车车辆的客车中墙板翻边、客车脚蹬门压铁翻边、汽车外门板翻边、摩托车油箱翻孔、金属板小螺纹孔翻边等。翻边可以代替某些复杂零件的拉深工序，改善材料的塑性流动以免破裂或起皱。代替先拉后切的方法制取无底零件，可以减少加工次数，节省材料。

按变形的性质，翻边可分为伸长类翻边和压缩类翻边。伸长类翻边的共同特点是毛坯变形区在切向拉应力的作用下产生切向的伸长变形，极限变形程度主要受变形区开裂的限制，如图 5.1.1（a）~（e）所示。压缩类翻边的共同特点是除靠近竖立边根部圆角半径附近区域的金属产生弯曲变形外，毛坯变形区的其余部分在切向压应力的作用下产生切向的压缩变形，其变形特点属于压缩类变形，应力状态和变形特点和拉深相同，极限变形程度主要受毛坯变形区失稳起皱的限制，图 5.1.1（f）所示翻边属于压缩类翻边。此外，按竖边壁厚是否强制变薄，可分为变薄翻边和不变薄翻边。按翻边的毛坯及工件边缘的形状，可分为内孔（圆孔或非圆孔）翻边、平面外缘翻边和曲面翻边等。

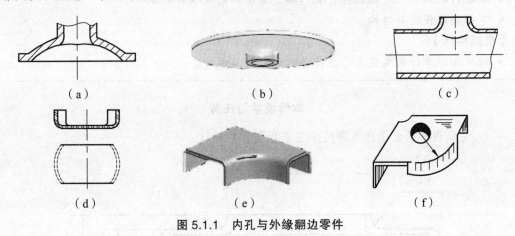

（a）　　　　　　　　（b）　　　　　　　　（c）

（d）　　　　　　　　（e）　　　　　　　　（f）

图 5.1.1　内孔与外缘翻边零件

5.1.1　内孔翻边（主要介绍圆孔翻边）

1. 圆孔翻边的变形特点

圆孔翻边俗称抽牙，是把平板上或空心件上预先打好的孔（或预先不打孔）扩孔成带有竖立边缘而使孔径增大的一种工艺过程。在圆孔翻边时，毛坯变形区的应力、应变情况及变形区特点如图 5.1.2 所示。再翻边前毛坯孔的直径是 d_0，翻边变形区是内径为 d_0，外径为 D_1 的环形部分。在翻边过程中，变形区在凸模的作用下使其内径不断扩大，直到翻边结束后，内径等于凸模的直径。

在圆孔翻边时，变形区内受到两边拉应力（切向拉应力和径向拉应力）的作用，其中切向拉应力是最大主应力。而在翻边变形区内边缘上的毛坯，则处于单向受拉的应力状态，这时只有切向拉应力的作用，而径向拉应力的数值为 0。在圆孔翻边过程中，毛坯变形区的厚度在不断减薄，翻边后所得到的竖边在边缘部位上厚度最小，其厚度变化值可按单向受拉时变形值的计算方法来计算，计算公式为：

$$t = t_0 \sqrt{\frac{d_0}{D_0}}$$

（5.1.1）

式中　t ——翻边后竖立边缘部位上板料的厚度；

t_0 ——板料毛坯的原始厚度；

d_0 ——翻边前毛坯上孔的直径；

D_1 ——翻边变形区外径；

D_0 ——翻边后竖边的直径（外径）。

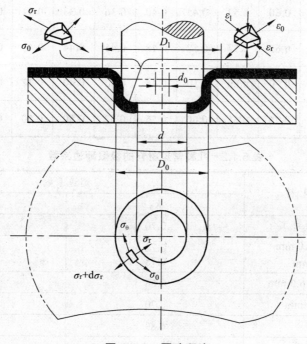

图 5.1.2　圆孔翻边

2. 翻边时的成型极限

圆孔翻边的变形程度用翻边系数 K 表示为：

$$K = d_0 / D \qquad (5.1.2)$$

式中　K ——翻边系数；

　　　d_0 ——翻边前毛坯上孔的直径；

　　　D ——翻边后工作的孔径（中径）。

显然，K 值愈小，变化程度愈大，竖边边缘面临破裂的危险也愈大。圆孔翻边时孔边缘濒临破坏时的翻边系数称为最小（极限）翻边系数，用 K_{min} 表示。由于圆孔翻边时变形区内坯料在切向拉应力的作用下产生的是切向伸长变形，所以极限翻边系数主要取决于毛坯材料的塑性，通常情况下，材料的伸长率越大，极限翻边系数越小。此外翻边系数还与预制孔的表面质量和硬化程度、毛坯的相对厚度、凸模工作部分的形状等因素有关。

用钻孔的方法代替冲孔，或在冲孔后采用修整的方法切掉冲孔时产生的表面硬化层和可能引起应力集中的表面缺陷与毛刺，冲孔后采用退火热处理等均能提高圆孔翻边的变形程度。此外，采用球形凸模或使翻孔的方向与冲孔时相反等措施，对于提高圆孔翻边的变形程度也有明显的效果。表 5.1.1、表 5.1.2 列出了低碳钢及其他几种常见材料的翻边系数。

表 5.1.1　低碳钢的极限圆孔翻边系数 K_{min}

翻边凸模的形式	孔的加工方法	相对厚度 d_0/t										
		100	50	35	20	15	10	8	6.5	5	3	1
球面凸模	钻孔去毛刺	0.70	0.60	0.52	0.45	0.40	0.36	0.33	0.31	0.30	0.25	0.20
	模具冲孔	0.75	0.65	0.57	0.52	0.48	0.45	0.44	0.43	0.42	0.42	—
圆柱体凸模	钻孔去毛刺	0.80	0.70	0.60	0.50	0.45	0.42	0.40	0.37	0.35	0.30	0.25
	模具冲孔	0.85	0.75	0.65	0.60	0.55	0.52	0.50	0.50	0.48	0.47	—

表 5.1.2　几种常见材料的极限翻边系数

经退火的毛坯材料	翻边系数	
	K_0	K_{min}
镀锌钢板（白铁皮）	0.70	0.65
软钢 $t = 0.25 \sim 2.0$ mm $t = 3.0 \sim 6.0$ mm	0.72 0.78	0.68 0.75
黄铜 H62 $t = 0.5 \sim 6.0$ mm	0.68	0.62
铝 $t = 0.5 \sim 5.0$ mm	0.70	0.64
硬质合金	0.89	0.80
钛合金 TA1（冷态） TA1（加热 300 °C ~ 400 °C） TA5（冷态） TA5（加热 500 °C ~ 600 °C）	0.64 ~ 0.68 0.40 ~ 0.50 0.85 ~ 0.90 0.70 ~ 0.65	0.55 0.45 0.75 0.55
不锈钢、高温合金	0.69 ~ 0.65	0.614 ~ 0.57

注：在竖立直壁上允许有不大的裂纹时可以用 K_{min}，K_0 为第一次翻边系数。

3. 圆孔翻边的工艺计算

（1）毛坯计算。

圆孔翻边的毛坯计算主要有两方面的内容：一是要根据翻孔的孔径计算毛坯预制孔的尺寸；二是要根据允许的极限翻边系数校核一次翻边可能达到的翻边高度。

由于圆孔翻边时板料主要是切向拉伸变形，厚度减薄，而径向变形不大，因此，圆孔翻边的毛坯计算可按弯曲件中性层长度不变的原则，用翻边高度计算翻边圆孔的初始直径 d_0，或用 d_0 和翻边系数 K 计算、校核可以达到的翻边高度。

翻边高度不大时，可将平板毛坯一次翻边成型，如图 5.1.3 所示。有如下关系成立：

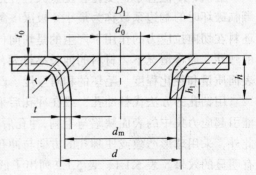

图 5.1.3　圆孔翻边件的尺寸

$$\frac{D_0 - d_0}{2} = \frac{\pi}{2}\left(r + \frac{t}{2}\right) + h_1$$

将 $D_1 = d_m + 2r + t$ 及 $h_1 = h - r - t$ 代入上式并整理后可得预制孔直径 d_0 为

$$d_0 = d_m - 2(h - 0.43r - 0.72t) \tag{5.1.3}$$

一次翻边的极限高度可以根据极限翻边系数级预制孔直径 d_0 推导求得，即

$$h = \frac{d_m - d_0}{2} + 0.43r + 0.72t = \frac{d_m}{2}\left(1 - \frac{d_0}{d_m}\right) + 0.43r + 0.72t \tag{5.1.4}$$

式中的 $\dfrac{d_0}{d_m} = k$。如取极限翻边系数 K_{min} 代入翻边高度公式，便可求出一次翻边的极限高度，即

$$h = \frac{d_m}{2}(1 - K_{min}) + 0.43r + 0.72t \tag{5.1.5}$$

若工件要求的翻边高度大于一次翻边能达到的极限翻边高度时，可采用加热翻边、多次翻边（以后各次都得翻边，其 K 值应增大 15%～20%）或经拉深、冲低孔后再翻边的工艺方法。图 5.1.4 所示即为拉深冲底孔后再翻边，其工艺计算过程是：先计算允许得翻边高度 h_1，然后按零件的要求高度 h 及 h_1 确定拉伸高度 h_2 及预制孔直径 d_0。

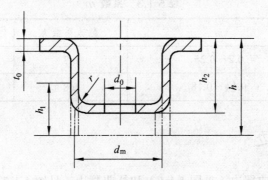

图 5.1.4　拉深后再翻边

翻边高度可用图 5.1.5 中的几何关系求出：

$$h_1 = \frac{d_m - d_0}{2} - \left(r + \frac{t}{2}\right) + \frac{\pi}{2}\left(r + \frac{t}{2}\right) = \frac{d_m}{2}\left(1 - \frac{d_0}{d_m}\right) + 0.57\left(r + \frac{t}{2}\right)$$

将翻边系数代入，则得出允许的翻边高度为

$$h_{max} = \frac{d_m}{2}(1 - K_{min}) + 0.57\left(r + \frac{t}{2}\right) \tag{5.1.6}$$

预制孔直径 d_0 为

$$d_0 = K_{min}d_{min} \tag{5.1.7}$$

拉深高度为：$h_2 = h - h_{max} + r$ \tag{5.1.8}

但是翻边高度也不能太大（一般 $h_1 > 1.5r$），如果 h_1 太小，则翻边后回弹严重，直径和高度尺寸误差大。在工艺上，一般采用加热翻边或增加高度然后按零件要求切除多余高度的方法。

（2）翻边力的计算。

① 采用圆柱形平底凸模时：

$$F = 1.1\pi(d_m - d_0)t_0\sigma_s \qquad (5.1.9)$$

式中　F——翻边力，N；

d_m——翻边后竖边的直径，mm；

d_0——圆孔初始直径，mm；

t_0——毛坯厚度，mm；

δ_s——屈服极限，MPa。

平底凸模底部圆角半径 r_p 对翻边力有影响，增大 r_p 可降低翻边力，如图 5.1.5 所示。

② 采用球形凸模时：

$$F = 1.2\pi D_0 t_0 \sigma_s m \qquad (5.1.10)$$

式中　m——系数，按表 5.1.3 确定。

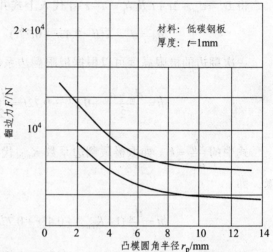

图 5.1.5　凸模圆角半径对翻边力的影响

表 5.1.3　系数 m

翻边系数 k	m	翻边系数 k	m
0.5	0.2 ~ 0.25	0.7	0.08 ~ 0.12
0.6	0.14 ~ 0.18	0.8	0.05 ~ 0.07

5.1.2　外缘翻边

外缘翻边可分为内曲翻边（见图 5.1.6）和外曲翻边（见图 5.1.7）两种。

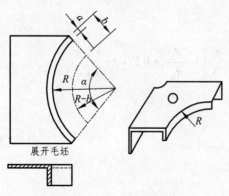

图 5.1.6　内曲外缘翻边

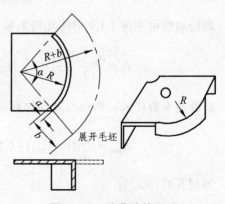

图 5.1.7　外曲外缘翻边

1. 内曲翻边

用模具把毛坯上内凹的外边缘翻成竖边的冲压方法叫做内曲翻边，或叫做内凹外缘翻边。

内曲翻边的应力和应变情况与圆孔翻边相似，也属于伸长类翻边，变形区主要是切向拉伸，但是切向拉应力和切向伸长变形沿全部翻边线的分布是不均匀的。在远离边缘和直线的部分并且曲率半径最小的部位上最大，而在边缘的自由表面上的切向拉应力和切向伸长都为零。切向伸长变形对毛坯在高度方向上变形的影响大小沿全部翻边线的分布也是不均匀的，如果采用高度一致的毛坯形状，翻边后的零件的高度也是不平齐的，是两端高度大，中间高度小的竖边。另外，竖边的端线也不垂直，会向内倾斜成一定的角度。为了得到平齐一致的翻边高度，可在毛坯的两端对毛坯的轮廓线做一些必要的修正。

内曲翻边的变形程度用 E_s 表示：

$$E_s = b/(R-b) \tag{5.1.11}$$

式中符号的意义如图 5.1.6 所示。

内曲翻边的成型极限根据翻边后竖边的边缘是否发生破裂来确定。如果变形程度过大，竖边边缘的切向伸长和厚度减薄也比较大，容易发生破裂，故 E_s 不能太大。竖边边缘不发生破裂时的极限变形程度用 E_{s1} 表示，把 E_{s1} 作为内曲翻边的形成的极限。

2. 外曲翻边

用模具把毛坯上外凸的外边缘翻成竖边的冲压方法叫做外曲翻边，或叫做外凸外缘翻边。

外曲翻边变形区的应力和应变情况与不用压边的浅拉深相似，竖边根部附近的圆角部位产生弯曲变形，而竖边的其他部位均受切向应力作用，产生较大的压缩变形，导致材料厚度有所增大，容易起皱，属于压缩类翻边。

外曲翻边的变形程度用 E_c 表示：

$$E_c = b(R+b) \tag{5.1.12}$$

外曲翻边时，由于受切向应力作用，坯料容易起皱，成型极限主要受压缩起皱的极限，翻边时不发生起皱的极限变形程度用 E_{c1} 表示，把 E_{c1} 作为外曲翻边的成型极限。当翻边高度较大时，起皱趋势增大，为避免起皱，可采用压边装置。

表 5.1.4 为外缘翻边时常用材料的极限程度。

表 5.1.4　外缘翻边允许的极限变形程度

材料名称及牌号		$\varepsilon_凸$ /%		$\varepsilon_凹$ /%	
		橡皮成型	模具成型	橡皮成型	模具成型
铝合金	1035	25	30	6	40
	1A30	5	8	3	12
	3003	23	30	6	40
	3A21	5	8	3	12
	5A01	20	25	6	35
	5A03	5	8	3	12
	LY12M	14	20	6	30

续表 5.1.4

材料名称及牌号		$\varepsilon_凸$ /%		$\varepsilon_凹$ /%	
		橡皮成型	模具成型	橡皮成型	模具成型
铝合金	2A12	6	8	0.5	9
	LY11M	14	20	4	30
	2A11	6	6	0	0
黄铜	H62 软	30	40	8	45
	H62 半硬	10	14	4	16
	H68 软	35	45	8	55
	H68 半硬	10	14	4	16
钢	10	—	38	—	10
	20	—	22	—	10
	1Cr18Ni9 软	—	15	—	10
	1Cr18Ni9 硬	—	40	—	10
	2Cr18Ni9	—	40	—	10

注：本表为外缘翻边的极限变形程度表，包括内凹外缘翻边的极限变形程度和外凸外缘翻边的极限变形程度。

外缘翻边时，竖边高度也不能太小，当高度小于$(2.5 \sim 3) t_0$时，回弹严重，必须加热后再翻边或增大翻边高度，再翻边后切去多余部分。

3. 毛坯形状的确定

外缘翻边的毛坯计算与毛坯外缘轮廓线性质有关，对于内曲翻边的零件，其毛坯形状可参考圆孔翻边毛坯计算方法；对于外曲翻边的零件，其毛坯形状可参考浅拉深毛坯计算方法。

5.1.3　变薄翻边

翻边时材料竖边变薄，是拉应力作用下材料的自然变薄，是翻边的自然情况。当工件很高时，也可采用减小凸、凹模间隙，强迫材料变薄的方法，提高工件的竖边高度，达到提高生产率和节省材料的目的，这种翻边成型方法称为变薄翻边。

图 5.1.8 所示为用阶梯形凸模变薄翻边的例子。由于凸模采用阶梯形，经过不同阶梯使工序件竖壁部分逐步变薄，而高度增加。凸模各阶梯之间的距离大于零件高度，以便前一个阶梯的变形结束后再进行后一阶梯的变形。用阶梯形凸模进行变薄翻边时，应有强力的压料装置和良好的润滑。

从变薄翻边的过程可看出，变形程度不仅决定于翻边系数，还决定于壁部的变薄系数。变薄系数用k_b表示：

$$k_b = \frac{t_后}{t_前} \tag{5.1.13}$$

式中　$t_后$——变薄翻边后竖边材料厚度，mm；

　　　$t_前$——变薄翻边前竖边材料厚度，mm。

在一次翻边中的变薄系数可达$k_b = 0.4 \sim 0.5$，甚至更小。竖边的高度应按体积不变定律进行计算。变薄翻边经常用于平板坯料或工序工件上冲制 M5 以下的小螺孔，翻边参数如图 5.1.9 所示。

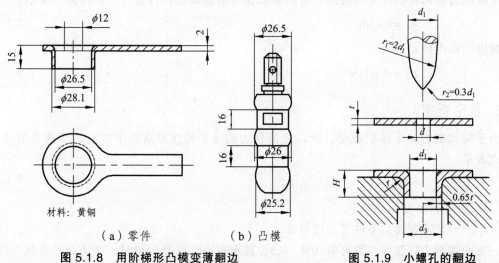

（a）零件　　　　（b）凸模

图 5.1.8　用阶梯形凸模变薄翻边　　　　　**图 5.1.9　小螺孔的翻边**

5.1.4　工艺计算

1. 翻边高度

变薄翻边的翻边高度 h（见图 5.1.10）可用下式计算：

$$h = Ct(d_2^2 - d_0^2)/(d_2^2 - d_1^2) \qquad (5.1.14)$$

式中　h —— 翻边高度；

　　　t —— 坯料厚度；

　　　d_2 —— 翻边凹模内径；

　　　d_1 —— 翻边凸模外径；

　　　d_1 —— 预制孔直径；

　　　C —— 系数，其选取如图 5.1.11 所示。

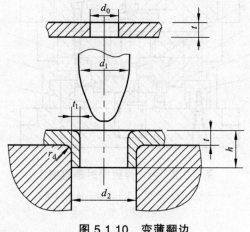

图 5.1.10　变薄翻边

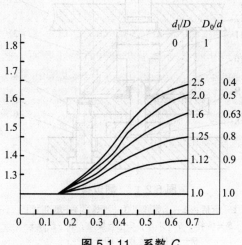

图 5.1.11　系数 C

2. 预制孔尺寸

变薄翻边预制孔的尺寸可按翻边前后体积相等的原则进行计算，一般根据经验取：

$$d_0 = 0.45d_1 \tag{5.1.15}$$

翻边凹模内径 d_2 为：

$$d_2 = d_1 + 1.3t \tag{5.1.16}$$

3. 变形程度

由于变薄翻边属于体积成型，所以变薄翻边的变形程度只取决于竖边的变薄系数 k，k 用下式表示：

$$k = t_1/t \tag{5.1.17}$$

式中　t——坯料厚度；

　　　t_1——变薄翻边后零件竖边的厚度。

一次变薄翻边的变薄系数可取 $0.4 \sim 0.5$，甚至更小，变薄翻边时，竖边处的金属在径向压应力的作用下产生塑性流动，故变薄翻边力要比普通翻边时大得多。

5.2　翻边模结构设计

5.2.1　圆柱形翻边模

图 5.2.1 所示为圆孔翻边模具简图，其结构与拉伸模相似，凹模圆角对翻边成型影响不大，可按零件圆角确定。图 5.2.2 所示为内、外缘同时翻边的模具。一般情况下，平底凸模的圆角半径 r_p 应尽可能大，可取 $r_p \geq 4t$。

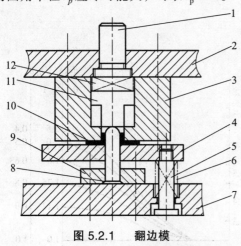

图 5.2.1　翻边模

1—模柄；2—上模座；3—凹模；4—退件板；
5—螺杆；6—弹簧；7—下模座；8—凸模；
9—凸模固定板；10—零件；
11—顶料器；12—弹簧

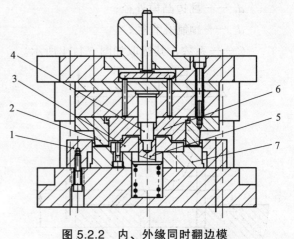

图 5.2.2　内、外缘同时翻边模

1—凹模；2—凸模；3—凹模；4—凸模；
5—顶件块；6—推件块；7—压料块

5.2.2　非圆柱形翻边模

为了改善翻边成型时的塑性流动条件，可采用抛物形凸模或球形凸模。图 5.2.3 所示为 4 种常用的圆孔翻边凸模形状，其中图（a）可同时用于冲孔和翻边（竖边内径 $d \geqslant 4$ mm）；图（b）适用于竖边内径 d 小于或等于 10 mm 的翻边；图（c）适用于竖边内径 d 大于 10 mm 的翻边；图（d）可在不用定位销时对任意孔翻边。

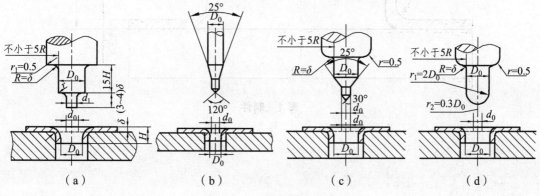

图 5.2.3　圆孔翻边凸模

若零件对翻边后的竖边垂直度无要求，应尽量取较大的凸模和凹模间隙，以有利于翻边变形。若零件对竖边垂直度有要求，凸模和凹模的单边间隙可取（0.75 ~ 0.85）t_0，这样可以保证翻边后的竖边成为直壁。凸模和凹模的间隙也可按表 5.2.1 选取。其他翻边模可类比圆孔翻边模设计。

表 5.2.1　翻边时凸模和凹模的单边间隙　　　　　　　　单位：mm

板料厚度	0.3	0.5	0.7	0.8	1.0	1.2	1.5	2.0
平板毛坯翻边	0.25	0.45	0.6	0.7	0.85	1.0	1.3	1.7
拉深后翻边	—	—	—	0.6	0.75	0.9	1.1	1.5

本学习情境小结

本章主要对翻边成型方法进行了较为详细的阐述。主要讲解了翻边的概念及其分类，包括内孔翻边、外缘翻边和变薄翻边，并分别讲解了各种翻边类型的变性特点和工艺计算，在此基础上讲解了翻边的模具结构。

思考与练习题

1. 简答题

（1）什么是内孔翻边？什么是外缘翻边？其变形特点是什么？

（2）什么叫做极限翻边系数？影响极限翻边系数的主要因素有哪些？翻边常见的废品有哪些？如何防止？

2. 设计题

零件如图 1 所示，判断该零件内形是否能冲底孔、翻边成型，计算底孔冲孔尺寸及翻边凸、凹模工作部分的尺寸（材料为 10 钢）。

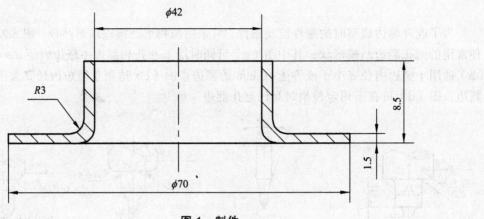

图 1　制件

学习情境 6　胀形、缩口、旋压、校形工艺与模具设计

【知识目标】

- 掌握胀形、缩口、旋压工序的变形特点、工艺计算和模具结构特点；
- 了解胀形、缩口、校形等工序的变形特点；
- 了解胀形模、旋压模、缩口模、校形模的结构特点。

【技能目标】

- 能对中等复杂程度冲裁件进行工艺分析、工艺计算、工艺设计；
- 能够对加工中等复杂程度冲裁件的模具及零部件进行设计。

本情境学习任务

1. 完成图 1 所示零件的工艺分析和模具设计。

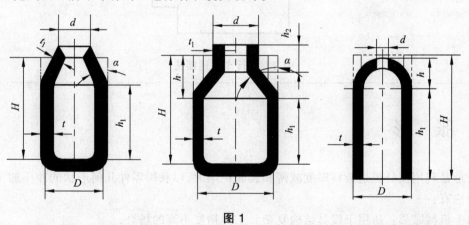

图 1

　　在冲压生产中，除冲裁、弯曲和拉深工序以外，还有一些是通过板料的局部变形来改变毛坯的形状和尺寸的冲压成型工序，如胀形、翻边、缩口、旋压和校形等，这类冲压工序统称为其他冲压成型工序。应用这些工序可以加工许多复杂零件，如图 2 所示的自行接头，就是通过切管、胀形、制孔、圆孔翻边等工序加工的。

　　这些成型工序的共同特点是通过材料的局部变形来改变坯料或工序件的形状，但变形特点差异较大。胀形和圆内孔翻孔属于伸长类成型，成型极限主要受变形区过大拉应力而破裂的限制；缩口和外缘翻凸边属于压缩类成型，成型极限主要受变形区过大压应力而失稳起皱的限制；校形时，由于变形量一般不大，不易产生开裂或起皱，但需解决弹性恢复

影响校形精确度等问题；至于旋压这种特殊的成型方法，可能起皱，也可能破裂。所以在制定成型工艺和设计模具时，一定要根据不同的成型特点，合理设计。

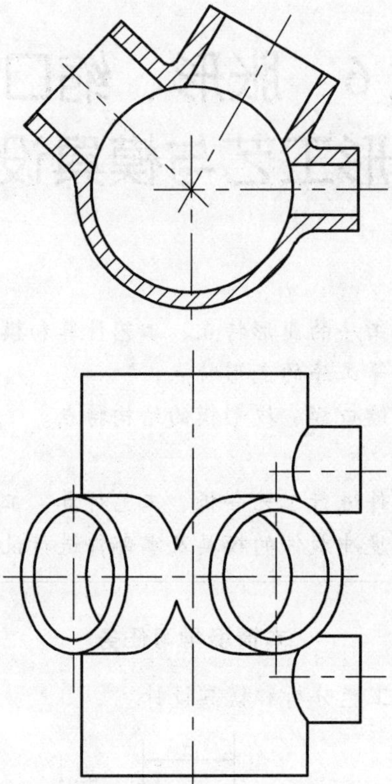

图 2 自行车多通接头

6.1 胀 形

胀形是利用模具强迫板料厚度减薄和表面积增大，以获得零件几何形状的冲压加工方法。胀形方法有：

（1）机械胀形：适用于模具结构复杂，工件精度不高的场合；

（2）软模胀形：利用橡胶、聚氨酯、PVC 塑料等作凸模，聚氨酯在强度、弹性、耐油性方面优于橡胶，得到广泛运用；

（3）液压胀形：液压胀形模利用高压液体充入毛坯空腔，使直径胀大，最后贴于模成型。液压胀形适用于表面质量和精度要求高的中、大型零件的成型，胀形直径可达 200 ~ 1 500 mm。

图 6.1.1 所示为胀形时坯料的变形情况，图中涂黑部分表示坯料的变形区。当坯料外径与成型直径的比值 $D/d > 3$ 时，d 与 D 之间环形部分金属发生切向收缩所必需的径向拉应力很大，属于变形的强区，以至于环形部分金属根本不可能向凹模内流动。它完全依赖于直径为 d 的圆周以内金属厚度的变薄实现表面积的增大而成型。很显然，胀形变形区内金属处于切

向和径向两向受拉的应力状态，其成型极限将受到拉裂的限制。材料的塑性愈好，硬化指数 n 值愈大，可能达到的极限变形程度就愈大。

由于胀形时坯料处于双向受拉的应力状态，变形区的材料不会产生失稳起皱现象，因此成型后零件的表面光滑，质量好。同时，由于变形区材料截面上拉应力沿厚度方向的分布比较均匀，所以卸载时的弹复很小，容易得到尺寸精度较高的零件。

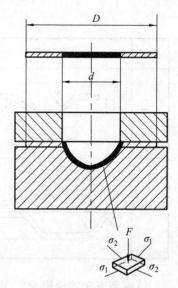

图 6.1.1　胀形变形区

6.1.1　板料起伏成型

起伏成型俗称局部胀形，可以压制加强筋、凸包、凹坑、花纹图案及标记等。图 6.1.2 所示为起伏成型的一些例子。经过起伏成型后的冲压件，由于零件惯性矩的改变和材料加工硬化，能够有效地提高零件的刚度和强度。

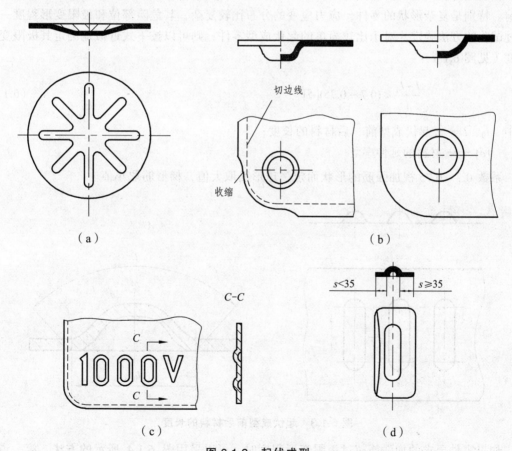

（a）　　　　　　　　　　（b）

（c）　　　　　　　　　　（d）

图 6.1.2　起伏成型

加强筋的形式和尺寸可参考表 6.1.1。当在坯料边缘局部胀形时[见图 6.1.2（b）、图 6.1.2（d）]，由于边缘材料要收缩，因此应预先留出切边余量，成型再切除。

表 6.1.1　加强筋的形式和尺寸

名称	简　图	R	h	D 或 B	r	a
压筋		$(3\sim4)t$	$(2\sim3)t$	$(7\sim10)t$	$(1\sim2)t$	—
压凸		—	$(1.5\sim2)t$	$\geqslant3h$	$(0.5\sim1.5)t$	$15°\sim30°$

该成型方法的极限变形程度通常有两种确定方法，即试验法和计算法。起伏成型的极限变形程度主要受到材料的性能、零件的几何形状、模具结构、胀形的方法以及润滑等因素的影响。特别是复杂形状的零件，应力应变的分布比较复杂，其危险部位和极限变形程度一般通过试验的方法确定。对于比较简单的起伏成型零件，则可以按下式近似地确定其极限变形程度（见图 6.1.3）：

$$\frac{l-l_0}{l}<(0.7\sim0.75)[\delta] \tag{6.1.1}$$

式中　l_0、l —— 起伏成型前、后材料的长度；

　　　$[\delta]$ —— 材料的延伸率。

系数 0.7～0.75 视加强筋的形状而定，球形筋取大值，梯形筋取小值。

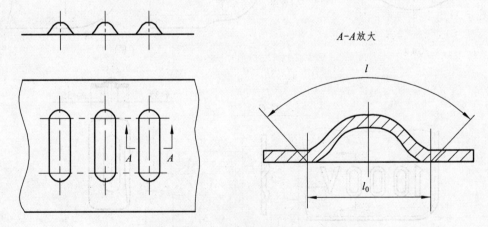

图 6.1.3　起伏成型前后材料的长度

如果零件要求的加强筋超过极限变形程度时，可以采用图 6.1.4 所示的方法，第一道工序用大直径的球形凸模胀形，达到在较大范围内聚料和均匀变形的目的，用第二道工序成型得到零件所要求的尺寸。

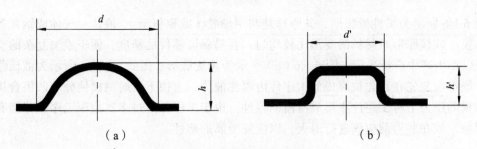

（a）　　　　　　　　　　　　　（b）

图 6.1.4　深度较大的局部胀形法

压制加强筋所需的冲压力，可用下式近似计算：

$$F = KLt\sigma_b \tag{6.1.2}$$

式中　K—— 系数，一般取 $K = 0.7 \sim 1$，筋窄而深时取大值，筋宽而浅时取小值；

　　　L —— 加强筋截面长度；

　　　t —— 材料厚度；

　　　σ_b —— 材料抗拉强度。

6.1.2　空心坯料的胀形

空心坯料的胀形俗称凸肚，它使材料沿径向拉伸，将空心工序件或管状坯料向外扩张，胀出所需的凸起曲面，如壶嘴、皮带轮、波纹管等。

1. 胀形方法

胀形方法一般分为刚性模具胀形和软模胀形两种。

图 6.1.5 所示为刚性模具胀形，利用锥形芯块将分瓣凸模顶开，使工序件胀出所需的形状。分瓣凸模的数目越多，工件的精度越好。这种胀形方法的缺点是很难得到精度较高的正确旋转体，变形的均匀程度差，模具结构复杂。

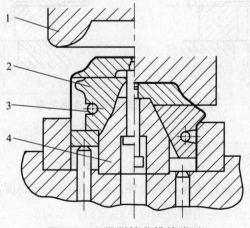

图 6.1.5　用刚性凸模的胀形

1—凹模；2—分瓣凸模；3—拉簧；4—锥形芯块

　　图 6.1.6 所示为柔性模胀形，其原理是利用橡胶（或聚氨酯）、液体、气体或钢丸等代替刚性凸模。软模胀形时材料的变形比较均匀，容易保证零件的精度，便于成型复杂的空心零件，所以在生产中广泛采用。图 6.1.6（a）所示为橡皮胀形；图 6.1.6（b）所示为液压胀形的一种，胀形前要先在预先拉深成的工序件内灌注液体，上模下行时侧楔使分块凹模合拢，然后在凸模的压力下将工序件胀形成所需的零件。由于工序件经过多次拉深工序，伴随有冷作硬化现象，故在胀形前应该进行退火，以恢复金属的塑性。

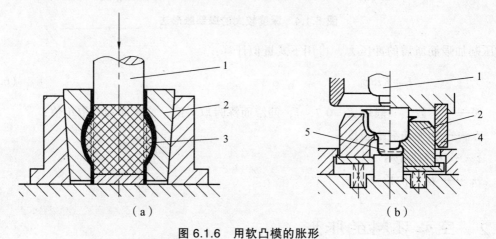

图 6.1.6　用软凸模的胀形

1—凸模；2—分块凹模；3—橡胶；4—侧楔；5—液体

　　图 6.1.7 所示为采用轴向压缩和高压液体联合作用的胀形方法。首先将管坯置于下模，然后将上模压下，再使两端的轴头压紧管坯端部，继而由轴头中心孔通入高压液体，在高压液体和轴向压缩力的共同作用下胀形而获得所需的零件。用这种方法加工高压管接头、自行车的管接头和其他零件效果很好。

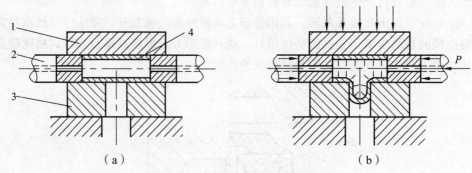

图 6.1.7　加轴向压缩的液体胀形

1—上模；2—轴头；3—下模；4—管坯

2. 胀形的变形程度

　　空心坯料胀形的变形主要是依靠切向拉伸，故胀形的变形程度常用胀形系数 K 表示（见图 6.1.8）：

$$K = \frac{d_{\max}}{D}$$

$$(6.1.3)$$

式中　d_{max} —— 胀形后零件的最大直径；

　　　　D —— 坯料的原始直径。

由于坯料的变形程度受到材料的伸长率限制，所以只要知道材料的伸长率便可以按上式求出相应的极限胀形系数：

$$\delta = \frac{d_{max} - D}{D} = K - 1 \qquad (6.1.4)$$

或

$$K = 1 + \delta \qquad (6.1.5)$$

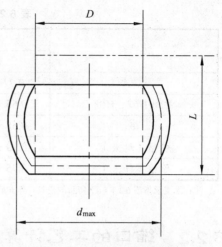

图 6.1.8　胀形前后尺寸前后尺寸的变化

6.2　缩　口

缩口是将管坯或预先拉深好的圆筒形件通过缩口模将其口部直径缩小的一种成型方法。缩口工艺在国防工业和民用工业中都有广泛应用，如枪炮的弹壳、钢气瓶等。

6.2.1　缩口变形特点及程度

缩口的应力应变特点如图 6.2.1 所示。在缩口变形过程中，坯料变形区受两向压应力的作用，所以切向压应力是最大主应力，使坯料直径减小，壁厚和高度增加，因而切向可能产生失稳起皱。同时，在非变形区的筒壁，在缩口压力 F 的作用下，轴向可能产生失稳变形。故缩口的极限变形程度主要受失稳条件限制，防止失稳是缩口工艺要解决的主要问题。

缩口的变形程度用缩口系数 m 表示：

$$m = d/D \qquad （6.2.1）$$

缩口系数 m 愈小，变形程度愈大。表 6.2.1 是不同材料、不同厚度的平均缩口系数，表 6.2.2 是不同材料、不同支承方式下缩口的允许极限缩口系数参考数值。从表 6.2.1、表 6.2.2 可以看出：材料塑

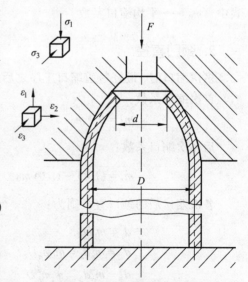

图 6.2.1　缩口的应力应变特点

性愈好，厚度愈大，缩口系数愈小。此外，模具对筒壁有支承作用时，极限缩口系数可更小。

表 6.2.1　平均缩口系数 m_0

材　料	材料厚度 t/mm		
	<0.5	0.5～1	>1
黄　铜	0.85	0.8～0.7	0.7～0.65
钢	0.80	0.75	0.7～0.65

表 6.2.2　极限缩口系数 m_{min}

材　料	支撑方式		
	无支撑	外支撑	内外支撑
软　钢	0.7~0.75	0.55~0.60	0.3~0.35
黄铜 H62、H68	0.65~0.70	0.5~0.55	0.27~0.32
铝	0.68~0.72	0.53~0.57	0.27~0.32
硬铝（退火）	0.73~0.80	0.6~0.63	0.35~0.40
硬铝（淬火）	0.75~0.80	0.68~0.72	0.40~0.43

注：无支承指图 6.3.3（a）所示的模具；外支承指图 6.3.3（b）所示的模具；内外支承指图 6.3.3（c）所示的模具。

6.2.2　缩口的工艺计算

1. 缩口次数

当工件的缩口系数 m 允许的缩口系数时，则需进行多次缩口，缩口次数 n 按下式估算：

$$n = \frac{\lg m}{\lg m_0} = \frac{\lg d - \lg D}{\lg m_0} \tag{6.2.2}$$

式中　m_0——平均缩口系数。

2. 颈口直径

多次缩口时，最好每道缩口工序之后进行中间退火，各次缩口系数可参考下列公式确定：
首次缩口系数：

$$m_1 = 0.9 \, m_0 \tag{6.2.3}$$

后各次缩口系数：

$$m_n = (1.05 \sim 1.10) \, m_0 \tag{6.2.4}$$

各次缩口后的颈口直径则为：

$$
\begin{aligned}
d_1 &= m_1 D \\
d_2 &= m_n d_1 = m_1 m_n D \\
d_3 &= m_n d_2 = m_1 m_n^2 D \\
&\vdots \\
d_n &= m_n d_{n-1} = m_1 m_n^{n-1} D
\end{aligned}
\tag{6.2.5}
$$

d_n 应等于工件的颈口直径。

缩口后，由于回弹，工件直径要比模具尺寸增大 0.5%~0.8%。

3. 坯料高度

对于图 6.2.2 所示的缩口工件，缩口前坯料高度 H 按下列公式计算：

对于图 6.2.2（a）所示工件：

$$H = 1.05\left[h_1 + \frac{D^2 - d^2}{8D\sin\alpha}\left(1 + \sqrt{\frac{D}{d}}\right)\right] \tag{6.2.6}$$

对于图 6.2.2（b）所示工件：

$$H = 1.05\left[h_1 + h_2\sqrt{\frac{d}{D}} + \frac{D^2 - d^2}{8D\sin\alpha}\left(1 + \sqrt{\frac{D}{d}}\right)\right] \tag{6.2.7}$$

对于图 6.2.2（c）所示工件：

$$H = h_1 + \frac{1}{4}\left(1 + \sqrt{\frac{D}{d}}\right)\sqrt{D^2 - d^2} \tag{6.2.8}$$

式中，凹模的半锥角 α 对缩口成型过程有重要影响。半锥角取值合理，允许的缩口系数可以比平均缩口系数小 10% ~ 15%。一般应使 $\alpha < 45°$，最好使 $\alpha < 30°$。

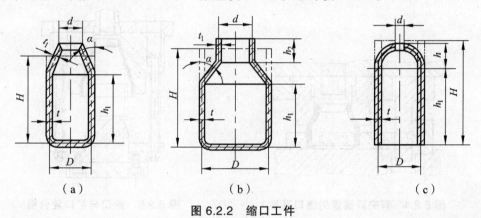

图 6.2.2   缩口工件

4. 缩口力

将图 6.2.2（a）所示锥形缩口件在图 6.2.3（a）所示无支承缩口模上进行缩口时，其缩口力 F 可用下式计算：

$$F = K\left[1.1\pi Dt\sigma_b\left(1 - \frac{d}{D}\right)(1 + \mu\cot\alpha)\frac{1}{\cos\alpha}\right] \tag{6.2.9}$$

式中 μ —— 工件与凹模间的摩擦系数；

σ_b —— 材料抗拉强度；

K —— 速度系数，在曲轴压力机上工作时，$K = 1.15$；

其余符号如图 6.2.2（a）所示。

6.2.3   缩口模结构

图 6.2.3 所示为不同支承方法的缩口模。图 6.2.3（a）所示为无支承形式，其模具结构简单，但缩口过程中坯料稳定性差。图 6.2.3（b）所示外支承形式，缩口时坯料的稳定性较前者好。图 6.2.3（c）所示为内外支承形式，其模具结构较前两种复杂，但缩口时坯料的稳定性最好。图 6.2.4 所示为带有夹紧装置的缩口模。图 6.2.5 所示为缩口与扩口复合模，可以得

到特别大的直径差。

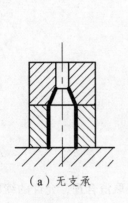（a）无支承   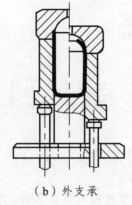（b）外支承   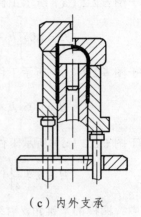（c）内外支承

图 6.2.3 不同支承方法的缩口模

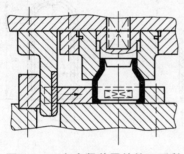

图 6.2.4 有夹紧装置的缩口系数

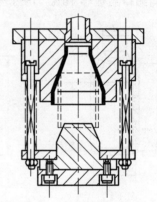

图 6.2.5 缩口与扩口复合模

6.3 旋 压

旋压是将平板或空心坯料固定在旋压机的模具上，在坯料随机床主轴转动的同时，用旋轮或赶棒加压于坯料，使之产生局部的塑性变形。在旋轮的进给运动和坯料的旋转运动共同作用下，使局部的塑性变形逐步地扩展到坯料的全部表面，并紧贴于模具，完成零件的旋压加工。

旋压加工的优点是设备和模具都比较简单（没有专用的旋压机时可用车床代替），除可成型如圆筒形、锥形、抛物面形成或其他各种曲线构成的旋转体外，还可加工相当复杂形状的旋转体零件。缺点是生产率较低，劳动强度较大，比较适用于试制和小批量生产。

随着飞机、火箭和导弹的生产需要，在普通旋压的基础上，又发展了变薄旋压（也称强力旋压）。

6.3.1 普通旋压工艺

1. 普通旋压变形特点

图 6.4.1 所示为平板坯料的旋压过程示意图。顶块把坯料压紧在模具上，机床主轴带动

模具和坯料一同旋转，赶棒加压于坯料反复赶辗，于是由点到线，由线及面，使坯料逐渐紧贴于模具表面而成型。

为了使平板坯料变为空心的筒形零件，必须使坯料切向收缩、径向延伸。但与普通拉深不同，旋压时赶棒与坯料之间基本上是点接触。坯料在赶棒的作用下，产生两种变形：一是赶棒直接接触的材料产生局部凹陷的塑性变形；二是坯料沿着赶棒加压的方向大片倒伏。前一种现象为旋压成型所必需，因为只有使材料局部塑性变形，螺旋式地由筒底向外发展，才有可能引起坯料的切向收缩和径向延伸，最终取得与模具一致的外形；后一种现象则使坯料产生大片皱折，振动摇晃，失去稳定或撕裂，妨碍旋压过程的进行，必须防止。因此旋压的基本要点是：

（1）合理的转速。如果转速太低，坯料将在赶棒作用下翻腾起伏，极不稳定，使旋压工作难以进行；转速太高，则材料与赶棒接触次数太多，容易使材料过度辗薄。合理转速一般是：软钢为 400 ~ 600 r/min；铝为 800 ~ 1 200 r/min。当坯料直径较大、厚度较薄时取小值，反之则取较大值。

（2）合理的过渡形状。旋压操作如图 6.3.1 所示，首先应从坯料靠近模具底部圆角处开始，得出过渡形状。再轻赶坯料的外缘，使之变为浅锥形，得出过渡形状，这样做是因为锥形的抗压稳定性比平板高，材料不易起皱。后续的操作和前述相同，即先赶辗锥形件的内缘，使这部分材料贴模（过渡形状），然后再轻赶外缘（过渡形状）。这样多次反复赶辗，直到零件完全贴模为止。

（3）合理加力。赶棒的加力一般凭经验，加力不能太大，否则容易起皱。同时赶棒着力点必须不断转移，使坯料均匀延伸。

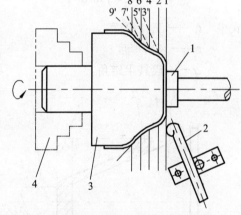

图 6.3.1　用圆头赶棒的旋压程序

1—顶块；2—赶棒；3—模具；4—卡盘

（系坯料的连续位置）

2. 旋压成型极限

旋压成型的变形程度以旋压系数 m 表示：

$$m = \frac{d}{D} \tag{6.3.1}$$

式中　　d —— 工件直径（工件为锥形件时，则 d 为圆锥最小直径）；

　　　　D —— 坯料直径。

坯料直径 D 可按拉深件计算坯料直径的方法（等面积法）求出，但旋压时材料的变薄较大些，因此应将理论计算值减小 5% ~ 7%。

一次旋压的变形程度过大时，旋压中容易起皱，工件壁厚变薄严重，甚至破裂，故应限制其极限旋压系数。

圆筒形件的极限旋压系数可取为 $m_{min} = 0.6 ~ 0.8$。当相对厚度 $t/D = 2.5\%$ 时取小值，$t/D = 0.5\%$ 时取大值。圆锥形件的极限旋压系数可取为 $m_{min} = 0.2 ~ 0.3$。

当工件需要的变形程度比较大时（即 m 小时），便需要多次旋压。多次旋压是由连续几道工序在不同尺寸的旋压模具上进行，并且都以底部直径相同的锥形过渡。

6.3.2　变薄旋压工艺

1. 变薄旋压变形特点

图 6.3.2（a）所示为锥形件的变薄旋压。旋压机的尾架顶块把坯料压紧在模具上，使其随同模具一起旋转，旋轮通过机械或液压传动强力加压于坯料，其单位面积压力可达 2 500 ~ 3 000 MPa。旋轮沿给定轨迹移动并与保持一定间隙，使坯料厚度产生预定的变薄，加工成所需的零件。

图 6.3.2（b）所示变薄旋压过程中坯料的变形情况。试验证明，坯料外径以及坯料中任意点的径向位置在变形前后始终不变。变形前 ab 与 cd 的距离为 s，$ab = cd = t$，变形后 $a'b'$ 与 $c'd'$ 的距离仍为 s，且 $a'b' = c'd' = t$，所以在变薄旋压中，坯料的厚度按正弦定则变化，其关系为

$$t_1 = t \sin \alpha \tag{6.3.2}$$

式中　t_1 ——工件厚度；

　　　t ——坯料厚度；

　　　α ——模具半锥角。

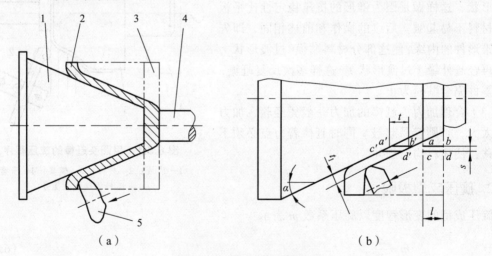

（a）　　　　　　　　　　　　　　　　　（b）

图 6.3.2　锥形件变薄旋压

1—模具；2—工件；3—坯料；4—顶块；5—旋轮

变薄旋压的主要特点：

（1）与普通旋压相比，变薄旋压在加工过程中坯料凸缘不产生收缩变形，因此没有凸缘起皱问题，也不受坯料相对厚度的限制，可以一次旋压出相对深度较大的零件。变薄旋压一般要求使用功率大、刚度大并有精确靠模机构的专用强力旋压机。

（2）与冷挤压相比，变薄旋压是局部变形，因此变形力比冷挤压小得多。某些用冷挤压加工困难的材料，用变薄旋压则可加工。

（3）经强力旋压后，材料晶粒紧密细化，提高了强度，表面质量也比较好，表面粗糙度 Ra 可达 0.4 m。

6.4　校　形

6.4.1　校形的特点及应用

校形通常指平板工序件的校平和空间形状工序件的整形。校形工序大都是在冲裁、弯曲、拉深等工序之后进行，以便使冲压件获得高精度的平面度、圆角半径和形状尺寸，所以它在冲压生产中具有相当重要的意义，而且应用也比较广泛。

校平和整形工序的共同特点：

（1）只在工序件局部位置使其产生不大的塑性变形，以达到提高零件的形状和尺寸精度的目的。

（2）由于校形后工件的精度比较高，因而模具的精度相应地也要求比较高。

（3）校形时需要在压力机下止点对工序件施加校正力，因此所用设备最好为精压机。若用机械压力机时，机床应有较好的刚度，并需要装有过载保护装置，以防材料厚度波动等原因损坏设备。

6.4.2　平板零件的校形

由于条料不平或者由于冲裁过程中材料的穹弯（尤其是无压料的级进模冲裁和斜刃冲裁），都会使冲裁件产生不平整的缺陷，当对零件的平面度有要求时，必须在冲裁后加校平工序。

校平的方式通常有三种：模具校平、手工校平和在专门校平设备上校平。

平板零件的校平模有光面校平模和齿形校平模两种形式。

光面校平模适用于软材料、薄料或表面不允许有压痕的制件。光面模改变材料的内应力状态的作用不大，仍有较大回弹，特别是对于高强度材料的零件校平效果比较差。在生产实际中有时将工序件背靠背地（弯曲方向相反）叠起来校平，能收到一定的效果。为了使校平不受压力机滑块导向精度的影响，校平模最好采用浮动式结构，如图 6.4.1 所示。

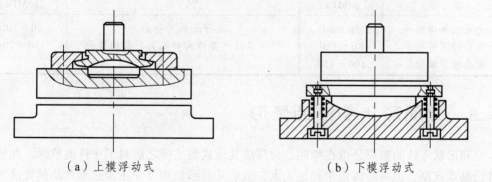

（a）上模浮动式　　　　　　　　　　（b）下模浮动式

图 6.4.1　光面校平模

齿形校平模适用于平直度要求较高或抗拉强度高的较硬材料的零件。齿形模有尖齿和平齿两种，图 6.4.2（a）所示为尖齿齿形，图 6.4.2（b）所示为平齿齿形，齿互相交错。采用尖齿校平模时，模具的尖齿挤压进入材料表面层内一定的深度，形成塑性变形的小网点，改变了材料原有应力状态，故能减少回弹，校平效果较好。但在校平零件的表面上留有较深的压痕，而且工件也容易粘在模具上不易脱模，所以在生产中多用平齿校平模。

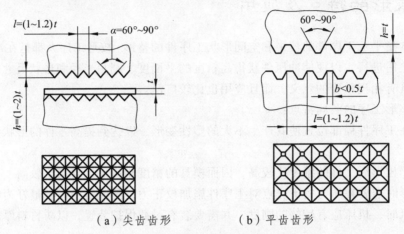

（a）尖齿齿形　　　　　（b）平齿齿形

图 6.4.2　齿形校平模

　　如果零件的表面不允许有压痕，或零件的尺寸较大，而又要求具有较高的平直度时，还可以采用加热校平法。将需要校平的零件叠成一定的高度，由夹具压紧成平直状态，然后放进加热炉内加热到一定温度。由于温度升高以后材料的屈服强度降低，材料的内应力数值也相应降低，所以回弹变形减小，达到校平的目的。

　　校平力可按下式计算：

$$F = Ap \tag{6.4.1}$$

式中　F——校平力；

　　　A——校平零件的面积；

　　　p——校平单位面积压力，见表 6.4.1。

表 6.4.1　校平和整形单位面积压力

方　法	p/MPa	方　法	p/MPa
光面校平模校平	$50 \sim 80$	敞开形制件整形	$50 \sim 100$
细齿校平模校平	$80 \sim 120$	拉深件减小圆角及对底面、侧面整形	$150 \sim 200$
粗齿校平模校平	$100 \sim 150$		

6.4.3　空间形状零件的整形

　　空间形状零件的整形是指在弯曲、拉深或其他成型工序之后对工序件的整形。在整形前工件已基本成型，但可能圆角半径还太大，或是某些形状和尺寸还未达到产品的要求，这样可以借助于整形模使工序件产生局部的塑性变形，以达到提高精度的目的。整形模和前工序的成型模相似，但对模具工作部分的精度、粗糙度要求更高，圆角半径和间隙较小。

　　弯曲件的整形方法有图 6.4.3（a）所示的压校和图 6.4.3（b）、（c）所示的镦校两种形式。

镦校时使整个工序件处于三向受压的应力状态，改变了工序件的应力状态，故能得到较好的整形效果。但带大孔的或宽度不等的弯曲件不能采用镦校。

无凸缘拉深件的整形，通常取整形模间隙等于$(0.9 \sim 0.95)t$，即采用变薄拉深的方法进行整形。这种整形也可以和最后一次拉深合并，但应取稍大一些的拉深系数。

带凸缘拉深件的整形部位常常有：凸缘平面、侧壁、底平面和凸模、凹模圆角半径，如图 6.4.4 所示。整形时由于工序件圆角半径变小，要求从邻近区域补充材料，如果邻近不能流动过来（例如凸缘直径大于筒壁直径的 2.5 倍时，凸缘的外径已不可能产生收缩变形），则只有靠变形区本身的材料变薄来实现。这时，变形部位材料的伸长变形以 2% ~ 5%左右为宜，变形过大则工件会破裂。

整形力 F 可按下式计算：

$$F = Ap \tag{6.4.2}$$

式中　A——整形面投影面积；

　　　　p——单位面积整形，见表 6.4.1。

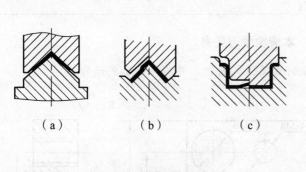

图 6.4.3　弯曲件的整形

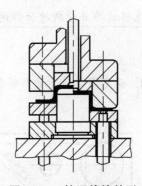

图 6.4.4　拉深件的整形

本学习情境小结

（1）本学习情境对胀形、缩口、旋压、校形等工艺及模具设计进行了阐述，讲述了这几种工艺的变形规律和相应模具的特点。

（2）通过胀形的分析，突出了平板起伏成型和空心坯料胀形的变形特点和相应的模具结构。

（3）通过对缩口成型的介绍，重点讲述了缩口的工艺计算和缩口模具的工作特点。

（4）本学习情境还简要介绍了旋压工艺和成型工艺以及它们的作用。

思考与练习

1. 胀形的种类有哪些？

2. 缩口与拉伸相同和不同的地方有哪些？哪些件需要整形？

学习情境 7　典型冲压模具零件制造与装配

【知识目标】

- 掌握冲模零件的加工特点。
- 掌握典型冲模中的工作零件、板类零件及其他零件的加工方法。
- 掌握冲模的装配和调试方法。

【技能目标】

- 能正确选择典型冲模零件的加工方法。
- 能够拟定典型冲模零件的加工工艺路线并编写其工艺规程。
- 能够装配冲模和调试冲模。
- 能够试冲并分析冲压件的质量。

本情境学习任务

1. 确定图 1 所示的凸模固定板的加工工艺路线，并编写其工艺规程。

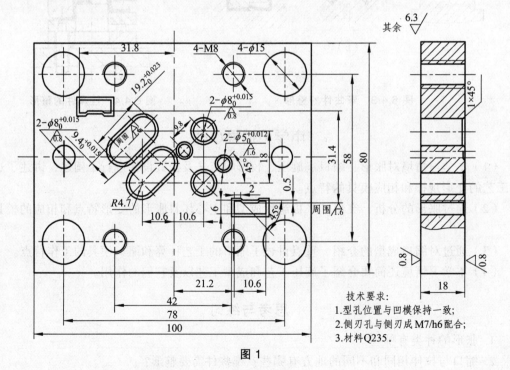

图 1

技术要求：
1. 型孔位置与凹模保持一致；
2. 侧刃孔与侧刃成 M7/h6 配合；
3. 材料 Q235。

2. 编写图 2.1.26 所示模具的拆装工艺过程。

3. 亲自动手调整模具的间隙。

4. 参观模具的调试。

7.1　冲裁模具零件的制造与装配

　　因冲裁模零件大部分已标准化，所以冲裁模零件的制造主要是工作零件的制造。对部分标准化的零件（如卸料板，固定板，上、下模座等），只需根据需要做一些后加工。考虑目前标准化普及程度不够的现状，本节除介绍工作零件的制造以外，还对模架组成零件、卸料板和固定板的制造进行简单介绍。

7.1.1　工作零件的加工

　　冲裁模工作零件的结构形状较复杂，精度和表面质量要求较高，其加工质量直接影响模具的使用寿命和冲件的质量。

1. 凸、凹模加工的技术要求

　　① 加工后凸、凹模的尺寸和精度必须达到设计要求（刃口部分一般为 IT6 ~ IT9），其间隙要均匀、合理。

　　② 刃口部分要保持尖锐锋利，刃口侧壁应平直或稍有利于卸料的斜度。

　　③ 凸模的工作部分与安装部分之间应圆滑过渡，过渡圆角半径一般为 3 ~ 5 mm。

　　④ 凸、凹模刃口侧壁转角处为尖角时（刃口部位除外），若图样上没有注明，加工时允许按 $R0.3$ 制造。

　　⑤ 镶拼式凸、凹模的镶块结合面缝隙不得超过 0.03 mm。

　　⑥ 加工级进模或多凸模单工序模时,凹模型孔与凸模固定板安装孔和卸料板型孔的孔位应保持一致;加工复合模时,凸凹模的外轮廓与内孔的相互位置应符合图样中所规定的要求。

　　⑦ 凸、凹模的表面粗糙度应符合图样的要求，一般刃口部位为 $Ra = 1.6 ~ 0.4 \ \mu m$，装部位和销孔为 $Ra1.6 ~ 0.8 \ \mu m$，其余部位为 $Ra = 12.5 ~ 6.3 \ \mu m$。

　　⑧ 加工后的凸、凹模应有足够的硬度和韧性，对碳素工具钢和合金钢材料，热处理硬度为 58 ~ 62HRC。

2. 凸、凹模的加工方法

　　根据凸、凹模的结构形状、尺寸精度、间隙大小、加工条件及冲裁性质不同，凸、凹模的加工一般有分别加工和配作加工两种方案，其中，配作加工方案根据加工基准不同又分为以凹模为基准的配作加工和以凸模为基准的配作加工两种。各种加工方案的特点和适应范围见表 7.1.1。

表 7.1.1　凸模与凹模的加工方案

加工方案		加工特点	适用范围
分别加工	方案一	凸、凹模分别按图样加工至尺寸和精度要求，冲裁是由凸、凹模的实际刃口尺寸之差来保证	1. 凸、凹模刃口形状较简单，刃口直径大于 5 mm 的圆形凸、凹模 2. 要求凸模或凹模具有互换性

续表 7.1.1

加工方案		加工特点	适用范围
分别加工	方案一		3. 成批生产 4. 加工手段较先进，分别加工能保证加工精度
配作加工	方案二	以凸模为基准，先加工好凸模，然后按凸模的实际刃口尺寸配作凹模，并保证凸、凹模之间规定的间隙值	1. 凸、凹模刃口形状较复杂，冲裁间隙比较小 2. 冲孔时采用方案二，落料时采用方案三
	方案三	以凹模为基准，先加工好凹模，然后按凹模的实际刃口尺寸配作凸模，并保证凸、凹模之间规定的间隙值	3. 复合模冲裁时，可先分别加工好冲孔凸模和落料凹模，再配作加工凸凹模，并保证规定的冲裁间隙

　　上述每一种加工方案在进行具体加工时，由于加工设备和凸、多种加工方法。常用的凸模加工方法见表 7.1.2，凹模加工方法见表表 7.1.3。

表 7.1.2　冲裁凸模常用加工方法

凸模形式		常用加工方法	适应场合
圆形凸模		车削加工毛坯，淬火后精磨，最后对工作表面抛光及刃磨	各种圆凸模
非圆形凸模	阶梯式	方法一：凹模压印锉修法。车、铣或刨削加工毛坯，磨削安装面和基准面，划线铣轮廓，留 0.2～0.3 mm 单边余量，用凹模（已加工好）压印后锉修轮廓，淬硬后抛光、磨刃口	无间隙冲模，设备条件较差，无成型加工设备
		方法二：仿形刨削加工。粗铣或工轮廓，留 0.2～0.3 mm 单边余量，用凹模（已加工好）压印后仿形精刨，最后淬火、抛光、磨刃口	一般要求的凸模
	直通式	方法一：线切割。粗加工毛坯，磨削安装面和基准面，划线加工安装孔、穿丝孔，淬硬后磨安装面和基准面，线切割成型，抛光、磨刃口	形状较复杂或尺寸较小、精度较高的凸模
		方法二：成型磨削。粗加工毛坯，磨削安装面和基准面，划线加工安装孔、加工轮廓，留 0.2～0.3 mm 单边余量，淬硬后磨安装面，再成型磨削轮廓	形状不太复杂、精度较高的凸模或镶块

表 7.1.3　冲裁凹模常用的加工方法

型孔形式	常用加工方法	适应场合
圆形孔	方法一：钻铰法。车削加工毛坯上、下面及外形，钻、铰工作型孔，淬硬后磨削上、下面，研磨、抛光工作型孔	孔径小于 5 mm 的圆孔凹模
	方法二：磨削法。车削加工毛坯上、下面及外形，钻、铰工作型孔，划线加工安装孔，淬硬后磨上、下面和工作型孔，抛光	较大孔径的圆孔凹模
圆形孔系	方法一：坐标镗法。粗加工毛坯上、下面和凹模外形，磨上、下面和定位基面，钻、坐标镗削各型孔，加工安装孔，淬火后磨上、下面，研磨、抛光型孔	位置精度要求较高的多圆孔凹模
	方法二：立铣加工法。毛坯粗、精加工与坐标镗方法相同，不同之处为孔系加工用坐标法在立铣机床上加工，后续加工与坐标镗方法一样	位置精度要求一般的多圆孔凹模
非圆形孔	方法一：锉削法、毛坯粗加工后按样板划轮廓线，切除中心余料后按样板修锉，淬火后磨上、下面，再研磨抛光型孔	工厂设备条件较差，形状较简单的凹模
	方法二：仿形铣法。凹模型孔精加工在仿形铣床或立式铣床上用靠模加工(要求铣刀半径小于型孔圆角半径)，钳工锉斜度，淬火后磨上、下面，再研磨抛光型孔	形状不太复杂、精度不太高、过渡圆角较大的凹模
	方法三：压印加工法。毛坯粗加工后，用加工好的凸模或样冲压印后修锉，淬火后再研磨抛光型孔	尺寸不太大、形状不太复杂的凹模
	方法四：线切割法。毛坯外形加工好后，划线加工安装孔和穿丝孔，淬火后，磨上、下面和基面，切割型孔，研磨抛光	精度要求较高的各种形状的凹模
	方法五：成型磨削法。毛坯外形加工好后，划线粗加工型孔轮廓，淬火，磨上、下面和基面，成型磨削型孔轮廓，研磨抛光	凹模镶拼件
	方法六：电火花加工法。毛坯外形加工好后，划线加工安装孔和去型孔余量，淬火，磨上、下面和基面，作电极或用凸模电火花加工凹模型孔，研磨抛光	形状复杂、精度高的整体式凹模

注：表中加工方法应根据工厂设备情况和模具要求具体选用。

3. 凸、凹模加工工艺过程

根据前述凸、凹模加工方法，可制定出的凸、凹模加工工艺过程有多种，但典型的主要有以下三种：

① 备料（下料、锻造）→退火→毛坯外形加工（包括外形粗加工和基准精加工）→划线（刃口轮廓线、螺孔与销孔中心线）→刃口轮廓粗加工（铣或刨、钻等）→刃口轮廓精加工（仿形刨或压印锉修、仿形铣等）→螺孔、销孔加工→淬火与回火→研磨或抛光。

此工艺过程钳工工作量较大，技术要求高，适用于形状简单、热处理变形小的凸、凹模。

② 备料（下料、锻造）→退火→毛坯外形加工（包括外形粗加工和基面精加工）→线（刃

口轮廓线、螺孔与销孔中心线）→刃口轮廓粗加工（铣或刨、钻等）→螺孔、销孔加工→悴火与回火→磨削上、下面与基面→刃口轮廓精加工（成型磨削或坐标磨削）→研磨或抛光。

　　此工艺过程能消除热处理变形对凸、凹模精度的影响，加工精度较高，适用于热处理变形较大而精度要求较高的凸、凹模。

　　③　备料→（下料、锻造）→退火→毛坯外形加工（包括外形粗加工和基准精加工）→划线（刃口轮廓线、螺孔和销孔中心线）→螺孔、销孔、穿丝孔加工→淬火与回火→磨削上、下面与基面→线切割刃口轮廓→研磨或抛光。

　　此工艺过程以线切割加工为主要精加工工艺，特别适合形状复杂、热处理变形较大的直通式凸、凹模，是目前生产中主要采用的加工工艺。

　　加工实例：图 7.1.1 ～ 图 7.1.3 所示分别为某冲孔凸模、冲槽凸模和落料凹模零件图，其加工工艺过程分别见表 7.1.4、表 7.1.5 和表 7.1.6。

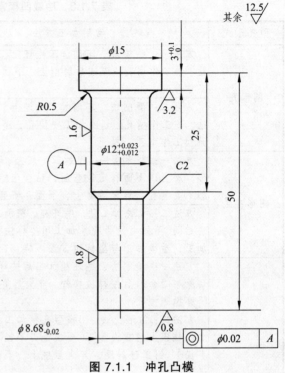

图 7.1.1　冲孔凸模

材料：T10A　　　　　热处理：58 ~ 62HRC

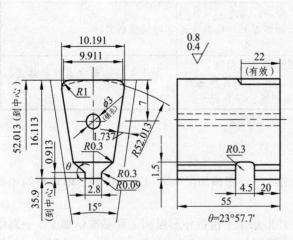

图 7.1.2　冲槽凸模

材料：CrWMn　　　热处理：58 ~ 62HRC

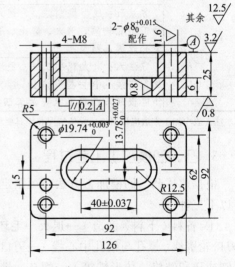

图 7.1.3　落料凹模

材料：T10A　　　热处理：60 ~ 64HRC

表 7.1.4　冲孔凸模加工工艺过程

工序号	工序名称	工序内容	设备	工序简图（示意图）
1	备料	将毛坯锻成匝棒 $\phi18$ mm×55 mm		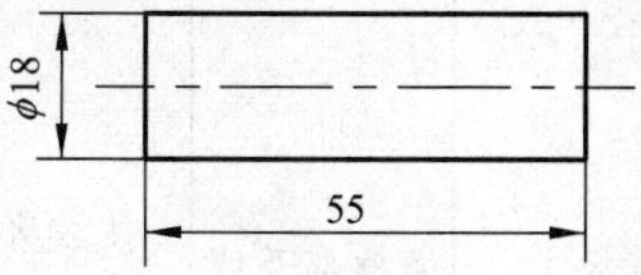
2	热处理	退火		
3	车削	按图车全形,单边留 0.2 mm 精加工余量	车床	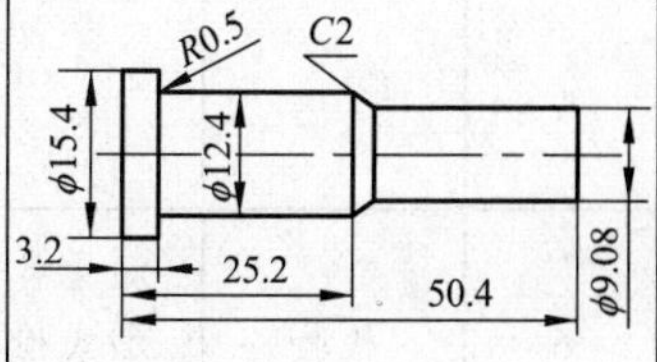
4	热处理	按热处理工艺,淬火回火达到 58～62HRC		
5	磨削	磨外圆、两端面达设计要求	磨床	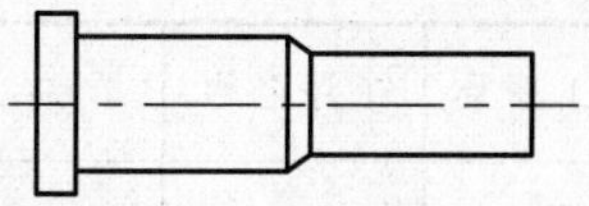
6	钳工精修	全面达到设计要求		
7	检验			

表 7.1.5　冲槽凸模加工工艺过程

工序号	工序名称	工序内容	设备	工序简图（示意图）
1	坯料准备	按加工图要求放适当余量		
2	坯料检验	尺寸、形状和加工余量的检验		
3	平面磨削	粗磨两侧面（将电磁吸盘倾斜 15°,工件周围用辅助块加以固定） 磨削上、下平面达到要求（用角度块定位）并保证各镶块高度一致 精磨两侧面（方法如前） 磨削两端面使总长（55.5 mm）达到一致 磨槽（4.5 mm）	平面磨床	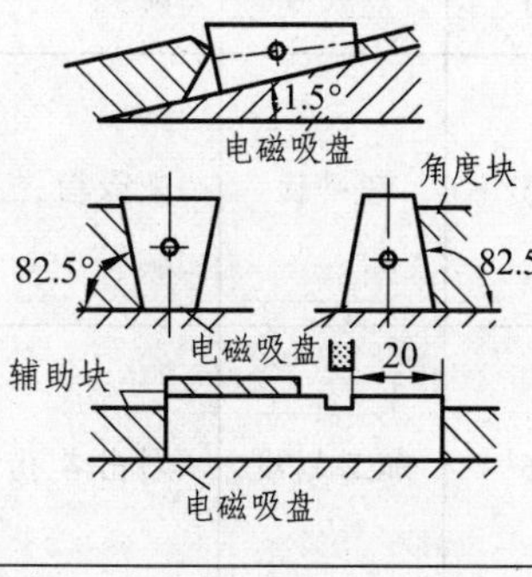
4	磨削外径	磨 $R52.014$ mm 的圆弧达精度要求	外面磨床	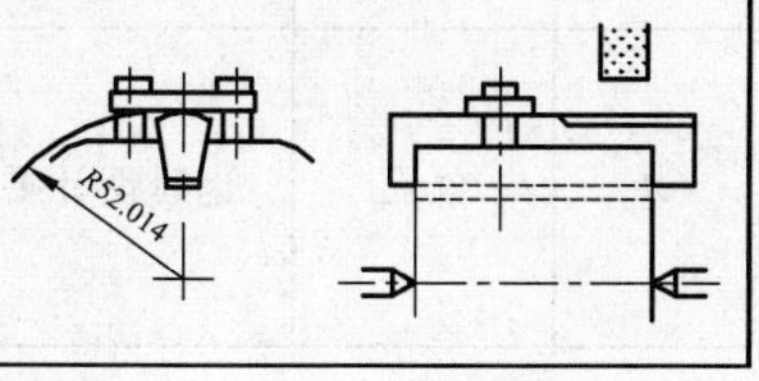

续表 7.1.5

工序号	工序名称	工序内容	设备	工序简图（示意图）
5	磨槽部及圆弧	按放大图对拼块进行精磨 按同样方法对反面圆弧进行精磨	光学曲线磨床	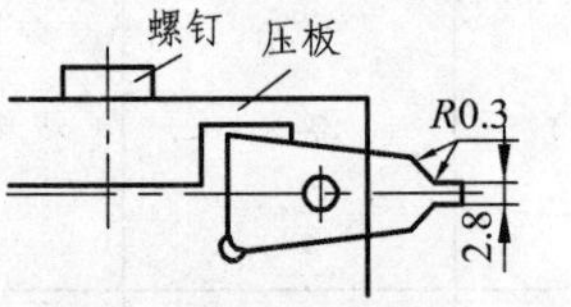 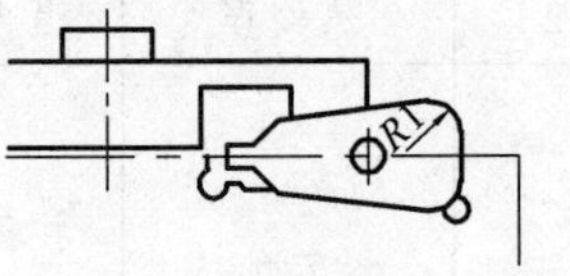
6	检验	测量各部分尺寸 形式检验 硬度检验		

表 7.1.6　落料凹模的加工工艺过程

工序号	工序名称	工序内容	设备	工序简图（示意图）
1	备料	将毛坯锻成长方体 135 mm×100 mm×30 mm		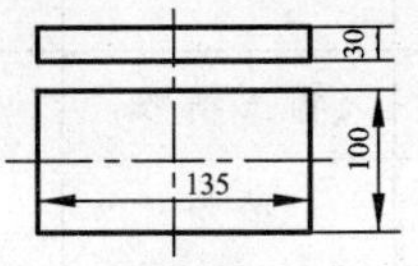
2	检验	尺寸、形状和加工余量的检验		
3	粗刨	刨六面达到 126 mm×92 mm×26 mm，互为直角	刨床	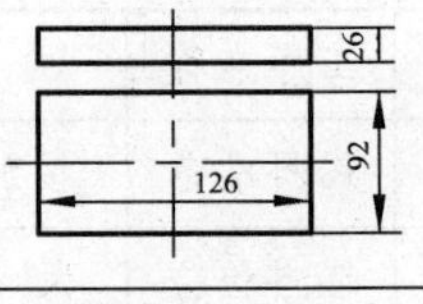
4	热处理	调质		
5	磨平面	光六面，互为直角	磨床	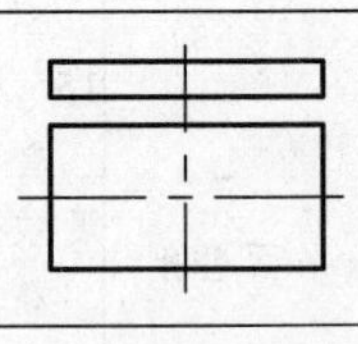
6	加工划线	划出各孔位置线、型孔精磨线		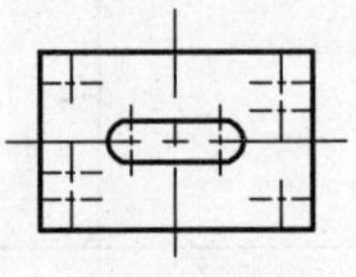
7	铣孔	达到设计要求	铣床	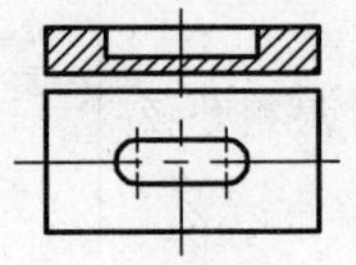

续表 7.1.6

工序号	工序名称	工序内容	设备	工序简图（示意图）
8	加工螺钉孔，螺钉孔及穿丝孔	按位置加工螺钉孔及穿丝孔		
9	热处理	按热处理工艺，淬火、回火达到 60～64HRC		
10	磨平面	磨光上、下平面	磨床	
11	线切割	切割型孔达到尺寸要求		
12	钳工精修	全面达到设计要求		
13	检验			

7.1.2　卸料板与固定板的加工

1. 卸料板的加工

卸料板加工的技术要求如下：

① 卸料孔与凸模之间的间隙应符合图样设计要求，孔的位置与凹模孔对应一致。

② 卸料板上、下面应保持平行，卸料孔的轴心线也必须与卸料板支承面保持垂直，其平行和垂直度公差一般在 300 mm 范围内不超过 0.02 mm。

③ 卸料板上、下面及卸料孔的表面粗糙度一般为 $Ra=1.6～0.8\ \mu m$，其余部位可为 $Ra=12.5～6.3\ \mu m$。

④ 卸料板一般用 Q275 钢或 45 钢制造，一般不需要淬硬处理。

卸料板的加工方法与凹模有些类似，加工工艺过程如下：

备料（下料、锻造）→退火→铣或刨粗加工六面→平磨上、下面及侧基面→划线→螺孔加工（固定卸料板的销孔在装配时与凹模配作）→型孔粗加工（铣或钻，单边留余量 0.03～0.05 mm，精加工为线切割时只钻穿丝孔）→型孔精加工。

上述工艺过程中，型孔的精加工方法有按凸模的配作法（压印锉修等）和电火花线切割加工法，目前广泛应用的是线切割加工法。

2. 固定板的加工

固定板加工的技术要求如下：

① 加工后固定板的形状、尺寸和精度均应符合图样设计要求，非工作部分外缘锐边应倒

角成（1～2）×45°。

② 固定板上、下表面应相互平行，其平行度允差在 300 mm 内不大于 0.02 mm。固定板的安装孔轴心线应与支承面垂直，其垂直度允差在 100 mm 内不大于 0.01 mm。

③ 固定板安装孔位置与凹模孔位置对应一致；安装孔有台肩时，各孔台肩深度应相同。

④ 固定板一般选用 Q255 钢或 45 钢，不需淬硬处理；上、下面及安装孔的表面粗糙度一般为 $Ra = 1.6～0.8$ μm，其余部分为 $Ra = 12.5～6.3$ μm。

固定板的加工方法大致与卸料板相同，主要保证安装孔位置尺寸与凹模孔一致，否则不能保证凸、凹间隙均匀一致。当固定板安装孔为圆孔时，可采用钻孔后精镗（坐标镗）或与凹模孔配钻后铰孔等方法；当固定板安装孔为非圆形孔时，其加工方法分如下两种情况：

① 当凸模为直通式结构时，可利用已加工好的凹模或卸料板作导向，采用锉修或压印锉修方法加工，也可采用线切割加工。

② 当凸模为阶梯形结构时，固定板安装孔大于凹模孔，这种情况下主要采用线切割加工。

7.1.3 模座及导向零件的加工

1. 上、下模座的加工

上、下模座属于板类零件，一般都是由平面和孔系组成。模座经机械加工后应满足如下技术要求：

① 模座上、下面平行度允差在 300 mm 范围内应小于 0.03 mm；模座上的导柱、导套安装孔的抽线必须与模座上、下面垂直，垂直度允差在 500 mm 范围内应小于 0.01 mm。

② 上、下模座的导柱、导套安装孔的位置尺寸（中心距）应保持一致。非工作面的外缘锐边倒角成（1～4）×45°。

③ 模座上、下工作面及导柱、导套安装孔的表面粗糙度 $Ra = 1.6～0.8$ μm，其余部位为 $Ra = 12.5～6.3$ μm。

④ 模座的材料一般为铸铁 HT200 或 HT250，也可用 Q230 或 Q255。

模座的加工主要是平面加工和孔系加工。加工过程中为了保证技术要求和加工方便，一般遵循先面后孔的原则，即先加工平面，再以平面定位进行孔系加工。平面的加工一般先在铣床或刨床上进行粗加工，再在平面磨床上进行精加工，以保证模座上、下面的平面度、平行度及表面粗糙度要求，同时作为孔加工的定位基准以保证孔的垂直度要求。导柱、导套安装孔的加工根据加工要求和生产条件，可以在专用镗床（批量较大时）、坐标镗床、双轴镗床上进行加工，也可在铣床或摇臂钻床上采用坐标法或引导元件进行加工。加工时将上、下模座重叠在一起，一次装夹同时加工出导柱和导套安装孔，以保证上、下模座上导柱和导套安装孔间距离一致。

加工实例：图 7.1.4 所示为后侧式冲模的上、下模座，其加工工艺过程分别见表 7.1.7 和表 7.1.8。

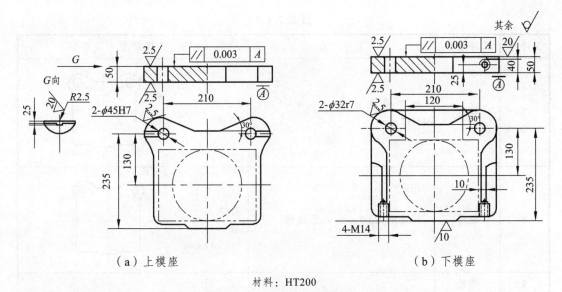

（a）上模座　　　　　　　　　　　（b）下模座

材料：HT200

图 7.1.4　冷冲模模座

表 7.1.7　上模座加工工艺过程

工序号	工序名称	工序内容	设备	工序简图（示意图）
1	备料	铸造毛坯		
2	刨平面	刨上、下平面，保证尺寸 50.8 mm	牛头刨床	50.8
3	磨平面	磨上、下平面，保证尺寸 50 mm	平面磨床	50
4	钳工划线	划前部和导套孔线		210　135　235
5	铣前部	按线铣前部	立铣床	
6	钻孔	按线钻导套孔至 ϕ43 mm	立式钻床	ϕ43

续表 7.1.7

工序号	工序名称	工序内容	设备	工序简图（示意图）
7	镗孔	和下模座重叠，一起镗孔至 ϕ45H7 mm	镗床或铣床	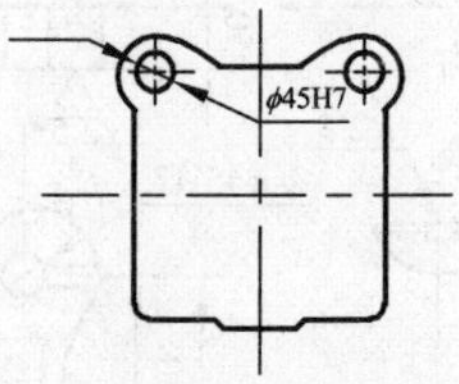
8	铣槽	按线铣 R2.5 mm 的圆弧槽	卧式铣床	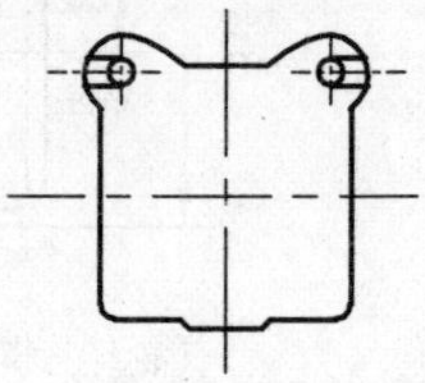
9	检验			

表 7.1.8　下模座的加工工艺过程

工序号	工序名称	工序内容	设备	工序简图（示意图）
1	备料	铸造毛坯		
2	刨平面	刨上、下平面，保证尺寸 50.8 mm	牛头刨床	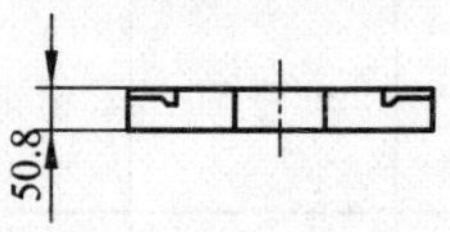
3	磨平面	磨上、下平面，保证尺寸 50 mm	平面磨床	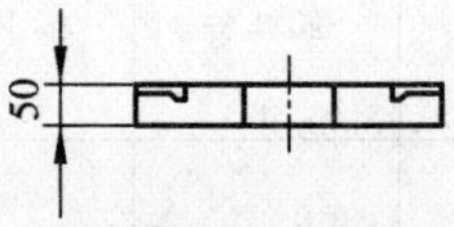
4	钳工划线	划前部线 划导柱孔和螺纹孔线		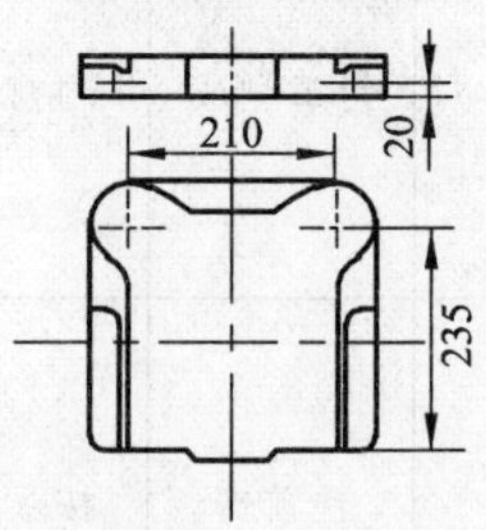
5	铣床加工	按线铣衫部 铣肩台至尺寸	立铣床	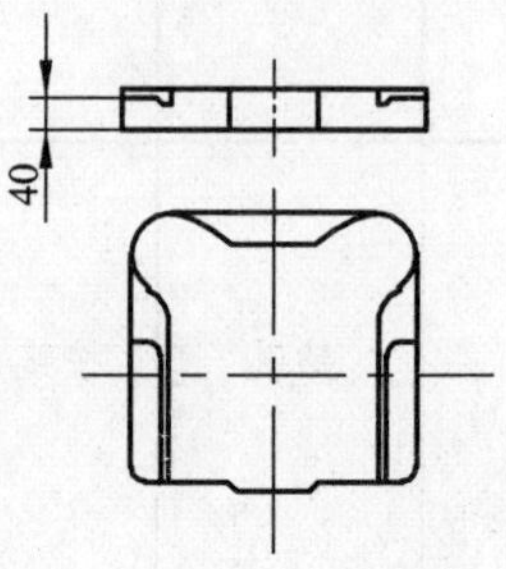

续表 7.1.8

工序号	工序名称	工序内容	设备	工序简图（示意图）
6	钻床加工	钻导柱孔至 $\phi20$ mm 钻螺纹底孔并攻丝	立式钻床	$\phi30$
7	镗孔	和上模座重叠，一起镗孔至 $\phi32^{-0.025}_{-0.050}$ mm		$\phi32^{-0.025}_{-0.050}$
8	检验			

2. 导柱、导套的加工

　　导柱、导套在模具中起定位和导向作用，保证凸、凹模工作时具有正确的相对位置。为了保证良好的导向，导柱、导套在装配后应保证模架的活动部分移动平稳。所以，在加工过程中除了保证导柱、导套配合表面的尺寸和形状精度外，还应保证导柱、导套各自配合面之间的同轴度要求。为了提高导柱、导套的耐磨性并保持较好的韧性，导柱、导套一般选用低碳钢（20钢）进行渗碳、淬火处理，也可选用碳素工具钢（T10A）淬火处理，淬火硬度 58～62HRC。

　　构成导柱、导套的基本表面是旋转体圆柱面，因此导柱导套的主要加工方法是车削和磨削，对于配合精度要求高的部位，配合表面还要进行研磨。为了保证导柱、导套的形状和位置精度，导柱加工时都采用两端中心孔定位，使各主要工序的定位基准统一（热处理后还应注意修正中心孔，以消除中心孔在热处理时可能产生的变形和其他缺陷）；导套加工时，粗加工一般采用一次装夹同时加工外圆和内孔，精加工采用互为基准的方法来保证内孔和外圆的同轴要求。

　　根据上述分析，导柱、导套的加工工艺过程如下：

　　下料→粗车、半精车内外圆柱表面→热处理（渗碳、淬火）→研磨修正导柱中心孔→粗磨、精磨配合表面→研磨导柱、导套配合表面。

　　加工实例：图 7.1.5 所示为导柱、导套零件图，其加工工艺过程见表 7.1.9 和表 7.1.10。

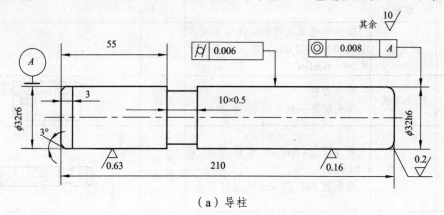

（a）导柱

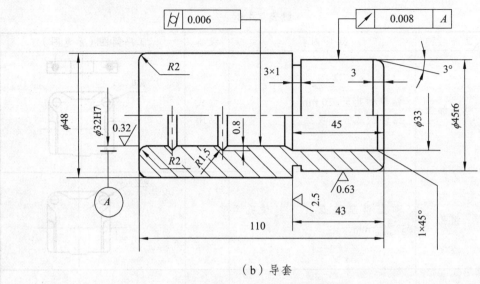

（b）导套

图 7.1.5　导柱与导套

材料：20 钢；热处理：渗碳层深度 0.8～1.2 mm；HRC58～62

表 7.1.9　导柱的加工工艺过程

工序号	工序名称	工序内容	设备	工序简图（示意图）
1	下料	按尺寸 ϕ35 mm×215 mm 切断	锯床	ϕ35　215
2	车端面 打中心孔	车端面保持长度 212.5 mm 打中心孔 调头车端面保持长度 210 mm 打中心孔	车床	210
3	车外圆	车外圆至 ϕ32.4 mm 切 10 mm×0.5 mm 槽到尺寸 车端部锥面 调头车外圆至 ϕ32.4 mm 端部倒圆	车床	ϕ32.4
4	检验			
5	热处理	按热处理工艺进行，保证渗碳层深度 0.8～1.2 mm，淬火后表面硬度 58～62HRC		
6	研中心孔	研中心孔 调头研另一端中心孔	车床	
7	磨外圆	磨 $\phi32^{0}_{-0.016}$ mm 外圆留研磨量 0.01 mm 调头磨 $\phi32^{+0.041}_{-0.025}$ mm 外圆到尺寸	外圆 磨床	ϕ32r6　ϕ32o1

续表 7.1.9

工序号	工序名称	工序内容	设备	工序简图（示意图）
8	研磨	研磨外圆 $\phi32_{-0.016}^{0}$ mm 达要求 抛光 $Ra0.2$ μm 圆角	车床	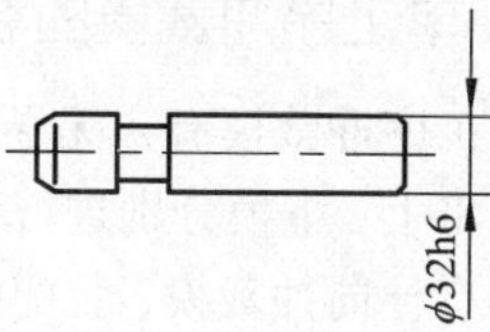 $\phi32h6$
9	检验			

表 7.1.10 导套的加工工艺过程

工序号	工序名称	工序内容	设备	工序简图（示意图）
1	下料	按尺寸 $\phi52$ mm×115 mm 切断	锯床	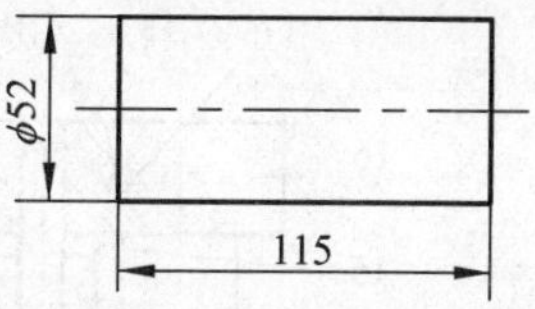 $\phi52$ 115
2	车端面 打中心孔	车端面保持长度 113 mm 钻 $\phi32$ mm 的孔至 $\phi30$ mm 车 $\phi45$ mm 的外圆至 $\phi45.4$ mm 倒角 切 3 mm×1 mm 的槽至尺寸 镗 $\phi33$ mm 的孔至 $\phi31.6$ mm 镗油槽 镗 $\phi33$ mm 的孔至尺寸 倒角	车床	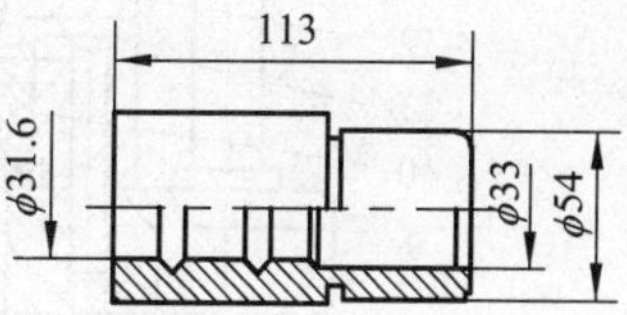 113 $\phi31.6$　$\phi33$　$\phi54$
3	车外圆	车 $\phi48$ mm 的外圆至尺寸 车墙面保持长度 110 mm 倒内外圆角	车床	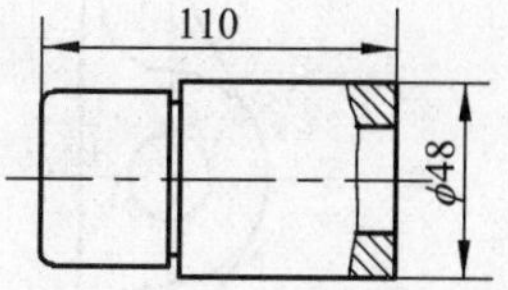 110 $\phi48$
4	检验			
5	热处理	按热处理工艺进行，保证渗碳层深度 0.8 ~ 1.2 mm，硬度 58 ~ 62HRC		
6	磨内外面	磨 $\phi45$ mm 外圆达图样要求 磨 $\phi32$ mm 内孔，留研磨量 0.01 mm	万能外圆床	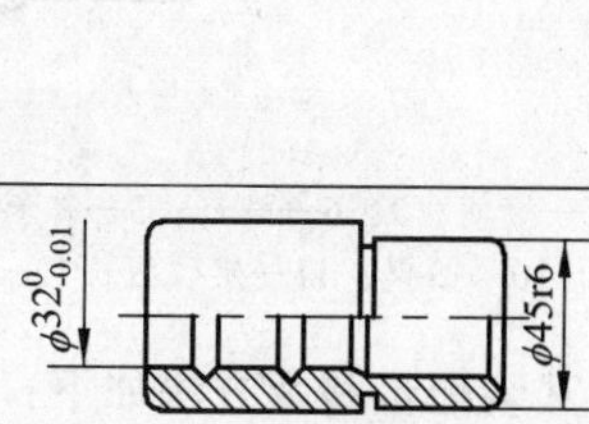 $\phi32_{-0.01}^{0}$　$\phi45r6$
7	研磨内孔	研磨 $\phi32$ mm 的孔达图样要求 研磨 $R2$ mm 的内圆角	车床	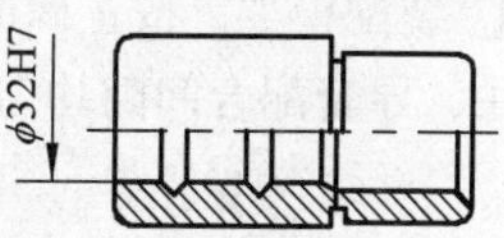 $\phi32H7$
8	检验			

7.1.4 冲裁模的装配

1. 单工序冲裁模的装配

单工序冲裁模有：无导向冲裁模和有导向冲裁模两种类型。对于无导向冲裁模，可按图样要求将上、下模分别进行装配，其凸、凹模间隙是在冲模被安装到压力机上时进行调整的。而对于有导向冲裁模，装配时要选择好基准件（一般多以凹模为基准件），然后以基准件为准装配其他零件并调整好间隙。

图 7.1.6 所示为铜片冲孔模，冲件材料为 H62 黄铜，厚度为 2 mm。

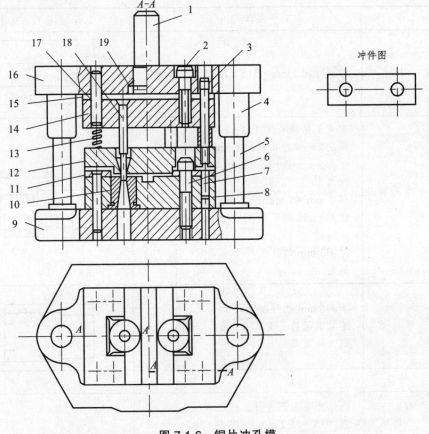

图 7.1.6 铜片冲孔模

1—模柄；2、6—蜾钉；3—卸料螺钉；4—导套；5—导柱；7、17—销钉；8、14—固定板；9—下模座；10—凹模；11—定位板；12—卸料板；13—弹簧；15—垫板；16—上模座；18—凸模；19—防转销

其装配步骤及方法如下：

① 装配模架。按正确的方法，将导套、模柄、导柱分别装入上、下模座，并注意安装后使导柱、导套配合间隙均匀，上、下模座相对滑动时无卡住现象，模柄与上模座上平面保持垂直。

② 装配凹模。把凹模 10 装入凹模固定板 8 中，装入后应将固定板与凹模上平面在平面磨床上一起磨平，使刃口锋利，同时，其底面也应磨平。

③ 装配下模。先在装配好凹模的固定板 8 上安装定位板 11，然后将装配好凹模和定位板的固定板安放在下模座上，按中心线找正固定板的位置，用平行夹头夹紧，通过固定板上的螺钉孔在下模座上钻出锥窝。拆开固定板，在下模座上按锥窝钻螺纹底孔并攻丝，再将凹模固定板组件置于下模座上，找正位置后用螺钉紧固。最后钻铰销钉孔，打入定位销。

④ 装配凸模。将凸模 18 压入固定板 14，铆合后将凸模尾部与固定板一起磨平。同时为了保持刃口锋利，还应将凸模的工作端面在平面磨床上刃磨。

⑤ 配钻卸料螺钉过孔。将卸料板 12 套装在已装入固定板的凸模 18 上，在卸料板与固定板之间垫入适当高度的等高垫铁，用平行夹头夹紧。然后以卸料板上的螺孔定位，在固定板上划线或钻出锥窝，拆去卸料板，以锥窝或划线定位在固定板上钻螺钉过孔。

⑥ 装配上模。将装入固定板上的凸模插入凹模孔中，在凹模与凸模固定板之间垫入等高垫铁，装上上模座 16，找正中心位置后用平行夹头夹紧上模座与固定板。以固定板上的螺纹孔和卸料螺钉过孔定位，在上模座上钻锥窝或划线，拆开固定板，以锥窝或划线定位在上模座上钻孔。然后，放入垫板 15，用螺钉将上模座、垫板、固定板联接并稍加固紧。

⑦ 调整凸、凹模间隙。将装好的上模套装在下模导柱上，调整位置使凸模插入凹模型孔，采用适当方法（如透光法、垫片法、镀层法等）并用手锤敲击凸模固定板侧面进行调整，使凸、凹模之间的间隙均匀。

⑧ 试切检查。调整好冲裁间隙后，用与冲件厚度相当的纸片作为试切材料，将其置于凹模上定位，用锤子敲击模柄进行试切。若冲出的纸样轮廓整齐、无毛刺或毛刺均匀，说明间隙是均匀的。如果只有局部有毛刺或毛刺不均匀，应重新调整间隙直至均匀。

⑨ 固紧上模并安装卸料装置。间隙调整均匀后，将上模联接螺钉紧固，并钻铰销钉孔，打入定位销。再将卸料板 12、弹簧 13 用卸料螺钉 3 连接。装上卸料装置后，应能使卸料板上、下运动灵活，且在弹簧作用下，卸料板处于最低位置时凸起的下端面应缩入卸料板孔内约 0.5 mm。

2. 级进冲裁模的装配

级进冲裁模一般是以凹模为基准件，故应先装配下模，再以下模为基准装配上模。若级进模的凹模是整体式凹模，因凹模型孔间进距是在加工凹模时保证的，故装配的方法和步骤与单工序冲裁模基本相同。若凹模是镶拼式凹模，因各拼块虽然在精加工时保证了尺寸和位置精度，但拼合后因积累误差也会影响进距精度，这时为了调整准确进距和保证凸、凹模间隙均匀，应对各组凸、凹模进行预配合装配，检查间隙的均匀程度，由钳工修正和调整合格后把凹模拼块压入固定板。然后再把固定板装入下模座，以凹模定位装配凸模和上模，待间隙调整和试冲达到要求后，用销钉定位并固定，最后装入其他辅助零件。

3. 复合冲裁模的装配

复合模一般以凸凹模作为装配基准件。其装配顺序是：

① 装配模架；

② 装配凸凹模组件（凸凹模及其固定板）和凸模组件（凸模及其固定板）；

③ 将凸凹模组件用螺钉和销钉安装固定在指定模座（正装式复合模为上模座，倒装式复合模为下模座）的相应位置上；

④ 以凸凹模为基准，将凸模组件及凹模初步固定在另一模座上，调整凸模组件及凹模的位置，使凸模刃口和凹模刃口分别与凸凹模的内、外刃口配合，并保证配合间隙均匀后固紧凸模组件与凹模；

⑤ 试冲检查合格后，将凸模组件、凹模和相应模座一起钻铰销孔；

⑥ 卸开上、下模，安装相应的定位、卸料、推件或顶出零件，再重新组装上、下模，并用螺钉和定位销紧固。

4. 凸、凹模间隙的调整方法

冲模中凸、凹模之间的间隙大小及其均匀程度是直接影响冲件质量和模具使用寿命的主要因素之一，因此，在制造冲模时，必须要保证凸、凹模间隙的大小及均匀一致性。通常，凸、凹模间隙的大小是根据设计要求在凸、凹模加工时保证的，而凸、凹模之间间隙的均匀性则是在模具装配时保证的。

冲模装配时调整凸、凹模间隙的方法很多，需根据冲模的结构特点、间隙值的大小和装配条件来确定。目前，最常用的方法主要有以下几种：

① 垫片法。

这种方法是利用厚度与凸、凹模单面间隙相等的垫片来调整间隙，是简便而常用的一种方法。其方法如下：

a. 按图样要求组装上模与下模，其中一般上模只用螺钉稍为拧紧，下模用螺钉和销钉紧固。

b. 在凹模刃口四周垫入厚薄均匀，厚度等于凸、凹模单面间隙的垫片（金属片或纸片），再将上、下模合模，使凸模进入相应的凹模孔内，并用等高垫铁垫起，如图 7.1.7 所示。

c. 观察凸模能否顺利进入凹模，并与垫片能否有良好的接触。若在某方向上与垫片接触的松紧程度相差较大，表明间隙不均匀，这时可用手锤轻轻敲打凸模固定板，使之调整到凸模在各方向与凹模孔内垫片的松紧程度一致为止。

d. 调整合适后，再将上模用螺钉紧固，并配钻销钉孔，打入定位销。

垫片法主要用于间隙较大的冲裁模，也可用于拉深模、弯曲模及其他成型模的间隙调整。

② 透光法。

透光法（又称光隙法）是根据透光情况调整凸、凹模间隙的一种方法，其调整的方法如下：

a. 同"垫片法"步骤 a。

b. 将上、下模合模，在凹模与凸模固定板之间放入等高垫铁并用平行夹头夹紧。

c. 翻转上、下模，并将模柄夹紧在平口钳上，如图 7.1.8 所示。用手灯或手电筒照射凸、凹模，从下模座的漏料孔观察凸、凹模间隙中所透光线是否均匀一致。若所透光线不均适当松开平行夹头，用手锤敲击固定板的侧面，使上模向透光间隙偏大的方向移动，再反复观察、调整，直至认为合适时为止。

d. 调整合适后，再将上模用螺钉及销钉固紧。

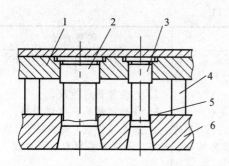

图 7.1.7 垫片法调整凸、凹模间隙

1—固定板；2、3—凸模；4—等高垫铁；
5—垫片；6—凹模

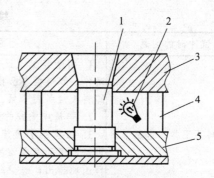

图 7.1.8 透光法调整凸、凹模间隙

1—凸模；2—光源；3—凹模；
4—等高垫铁；5—固定板

③ 测量法。

测量法是将凸模插入凹模孔之后，用塞尺检查凸、凹模不同部位的配合间隙，再根据检查结果调整凸、凹模之间的相对位置，使两者之间的配合间隙均匀一致。这种方法调整的间隙基本上是均匀合适的，也是生产中比较常用的一种方法，多用于间隙较大（单边间隙大于 0.02 mm）的冲裁模，也可用于弯曲模和拉深模等。

④ 镀铜法。

镀铜法是采用电镀的方法，在凸模上电镀一层厚度等于凸、凹模单面间隙的铜层后，再将凸模插入凹模孔中进行调整的一种方法。镀层厚度用电流及电镀时间来控制，厚度均匀，模具装配后镀层也不必专门去除，在模具使用过程中会自行脱落。这种方法得到的凸、凹模间隙比较均匀，但工艺上增加了电镀工序，主要用于冲裁模的间隙调整。

7.1.5 冲裁模的调试

冲裁模在加工装配以后，还必须安装在压力机上进行试冲压生产。在试冲过程中，可能会出现这样或那样的问题，这时必须要根据所产生问题或缺陷的原因，确定合适的调整或修正方法，以使其正常工作。

冲裁模在试冲时的常见问题、产生原因及调整方法见表 7.1.11。

表 7.1.11 冲裁搜试冲时的常见问题、产生原因及调整方法

试冲时的问题	产生原因	调整方法
送料不通畅或料被卡死	1. 两导料板之间的尺寸过小或有斜度。 2. 凸模与卸料板之间的间隙过大，使搭边翻扭。 3. 用侧刃定距的冲裁模导料板的工作面和侧刃不平行，形成毛刺，使条料卡死； 4. 侧刃与侧刃挡块不密合，形成毛刺，使条料卡死	1. 根据情况修理或重装导料板； 2. 根据情况采取措施减小凸模与卸料板间隙； 3. 重装导料板或修理侧刃； 4. 修理侧刃挡块，消除间隙

续表 7.1.11

试冲时的问题	产生原因	调整方法
卸料不正常，送不下料	1. 由于装配不正确，卸料装置不能动作，卸料板与凸模配合过紧，或因卸料板倾斜而卡紧； 2. 弹簧或橡胶的弹力不足； 3. 凹模和下模座的翻料孔没有对正，凹模孔有倒锥度造成工件堵塞，料不能排出； 4. 顶件块（或推件块）过短，或卸料板行程不够	1. 修整卸料板，顶板等零件或重新装配； 2. 更换弹簧或橡胶； 3. 修整卸料孔，修理凹模； 4. 加长顶件块（或推件块）的顶出部分，加深卸料螺钉沉孔深度
凸、凹模的刃口相碰	1. 上模座、下模座、固定板、凹模、垫板等零件安装面不平行； 2. 凸、凹模错位； 3. 凸模、导柱等零件安装不垂直； 4. 导柱与导套配合间隙过大，使导向不准； 5. 卸料板的孔位不正确或歪料，使冲孔凸模位移	1. 修整有关零件，重装上模或下模； 2. 重新安装凸、凹模，使之对正； 3. 重装凸模或导柱； 4. 更换导柱或导套； 5. 修理或更换卸料板
凸模折断	1. 冲裁时产生的侧向力来抵消； 2. 卸料板倾斜	1. 在模具上设置挡块抵消侧向力； 2. 修整卸料板或增加凸模导向装置
冲件不平整	1. 落料凹模型孔呈上大下小的倒锥形，冲件从孔中通过时被压弯； 2. 冲模结构不合理，落料时没有弹性顶件或推件装置压住工件； 3. 在级进模中，导正销与预冲孔配合过紧，将工作压出凹陷，或导正销与挡料销的间距过小，导正销使条料前移，被挡料销挡住	1. 修整凹模孔，去除倒锥度现象； 2. 增加弹性顶件或推件装置； 3. 推小挡料销
冲件毛刺较大	1. 刃口不锋利或淬火硬度低； 2. 凸、凹模配合间隙过大或间隙不均匀	1. 修磨工作部分刃口； 2. 重新修整凸、凹模间隙，使其均匀

7.2　成型模具零件的制造与装配

　　成型模具制造过程与冲裁模是类似的，差别主要体现在凸、凹模上，而其他零件与冲裁模类似。

7.2.1　成型模凸、凹模技术要求及加工特点

　　成型模与冲裁模的主要区别在于：成型模的凸、凹模不带锋利的刃口，而带有圆角半径

和型面，表面质量要求更高，凸、凹模之间的间隙也要大些（单边间隙略大于坯料厚度）。塑性成型模具最常见的是弯曲模和拉深模。

1. 弯曲模的加工特点和技术要求

① 弯曲凸、凹模的加工一般要采用样板或样件来控制精度。因为弯曲凸、凹模工作部分的形状比较复杂，几何形状及尺寸精度要求较高，因此在制造时，特别是大中型弯曲模，凸、凹模工作表面的曲线和折线多数需要用事先做好的样板或样件来控制，以保证制造精度。样板及样件的精度一般应为±0.05 mm。另外，由于弯曲件回弹的影响，加工出来的凸模与凹模的形状不可能与零件最后形状完全相同，因此，必须要有一定的修正值，该值应根据操作者的实践经验和反复试验而定，并应根据修正值来加工样板及样件。

② 弯曲凸、凹模的淬火工序一般在试模后进行。弯曲成型时，由于材料的弹性与塑性变形，弯曲件要产生回弹。因此，在制造弯曲模时，必须要考虑材料的回弹值，以便使所弯曲的零件能符合图样所规定的要求。但由于影响回弹的因素很多，模具设计时要准确控制回弹是不可能的，这就要求在制造模具时，要反复试模和修正，直到弯出合格的零件为止。为了便于对凸、凹模形状和尺寸进行修正，需要在试模合适后才能进行淬硬定形。

③ 当凸、凹模采用配作法加工时，其加工次序应按弯曲件尺寸标注情况来选择。对于尺寸标注在内形上的弯曲件，一般先加工凸模，凹模按加工好的凸模配制，并保证合适的间隙值；对于尺寸标注在外形上的弯曲件，应先加工凹模，凸模按加工好的凹模配制，并保证合适的间隙值。

④ 弯曲凸、凹模工作部分的表面质量要求较高，表面粗糙度值一般应在 Ra0.4 以下，因此在加工或试模时，应将其在加工时留下的刀痕去除，并在淬火后仔细地精修或抛光。

⑤ 弯曲凸、凹模的圆角半径及间隙的均匀性对弯曲件质量影响较大，因此，加工时除要保证圆角半径对称、间隙均匀以外，还应便于试模后修正，并在修正角度时不要影响弯曲件的直线尺寸。

⑥ 弯曲凸、凹模的材料及硬度要求，可根据弯曲件所用材料、厚度及批量大小选用。对于一般要求的凸、凹模，常用 T8A、T10A 钢，淬硬到 HRC56～60；对于形状复杂或生产批量较大的弯曲件，凸、凹模可采用 CrWMn，Cr12 或 Cr12MoV，淬硬到 HRC58～62。

2. 拉深模模的加工特点和技术要求

① 凸、凹模的断面形状和尺寸精度是选择加工方法的主要依据。对于圆形断面，一般先采用车削加工，经热处理淬硬后再磨削达到图样要求，圆角部分和某些表面还需进行研磨、抛光；对于非圆形断面，一般按划线进行铣削加工，再热处理淬硬后进行研磨或抛光；对于大、中型零件的拉深凸、凹模，必要时先做出样板，然后按样板进行加工。

② 凸、凹模的圆角半径是一个十分重要的参数，凸模圆角半径通常根据拉深件要求决定，可一次加工而成。而凹模圆半径一般与拉深件尺寸没有直接关系，往往要通过试模修正才能达到较佳的数值，因此凹模圆角的设计值不宜过大，要留有修模时由小变大的余地。

③ 因为拉深凸、凹模的工作表面与坯料之间产生一定的相对滑动，因此其表面粗糙度要求比较高，一般凹模工作表面粗糙度 Ra 应达到 0.8 μm，凹模圆角处 Ra 应达到 0.4 μm，凸模工作表面粗糙度 Ra 也应达到 0.8 μm，凸模圆角处 Ra 值可以大一点，但一般也应达到 1.6～

0.8 μm。为此凸、凹模工作表面一般都要进行研磨、抛光。

④ 拉深凸、凹模的工作条件属磨损型，凹模受径向胀力和摩擦力，凸模受轴向压力和摩擦力，所以凸、凹模材料应具有良好的耐磨性和抗黏附性，热处理后一般凸模应达到 58~62HRC，凹模应达到 60~64HRC。有时还需采用表面化学热处理来提高其抗黏附能力。

⑤ 拉深凸、凹模的淬硬处理有时可在试模后进行。在拉深工作中，特别是复杂零件的拉深，由于材料的回弹或变形不均匀，即使拉深模各个零件按设计图样加工得很精确，装配得也很好，但拉深出来的零件不一定符合要求。因此，装配后的拉深模，有时要进行反复的试冲和修整加工，直到冲出合格件后再对凸、凹模进行淬硬、研磨、抛光。

⑥ 由于拉深过程中，材料厚度变化、回弹及变形不均匀等因素影响，复杂拉深件的坯料形状和尺寸的计算值与实际值之间往往存在误差，需在试模后才能最终确定。所以，模具设计与加工的顺序一般是先拉深模后冲裁模。

7.2.2 成型模凸、凹模的加工

成型模的凸、凹模加工与冲裁模的凸、凹模加工不同之处主要在于前者有圆角半径和型面的加工，而且表面质量要求高。

弯曲模的凸、凹模工作表面一般是敞开面，其加工一般属于外形加工。对于圆形凸、凹模一般采用车削和磨削即可，比较简单。对于非圆形凸、凹模的加工则有刨削、铣削、成型磨削、线切割加工等多种方法。其加工工艺过程通常为：

锻制坯料→退火→粗加工坯料外形→精加工基准面→划线→工作型面粗加工→螺、销孔或穿丝孔加工→工作型面精加工→淬火与回火→工作型面光整加工。

工作型面的精加工根据生产条件不同，所采用的加工方法也有所不同。如果模具加工设备比较齐全，可采用电火花、线切割、成型磨削等方法；否则，采用普通金属切削机床加工和钳工锉修相配合的加工方案较为合适。

拉深凸模的加工一般是外形加工，而凹模的加工则主要是型孔或型腔的加工。凸、凹模常用的加工方法如下：

拉深凸模的一般加工工艺过程：坯料准备（下料、锻造）→退火→坯料外形加工→划线→型面粗加工、半精加工→通气孔、（螺孔、销孔）加工→淬火与回火→型面精加工→研磨或抛光。（注：是否安排划线工序和螺孔、销孔加工，要视凸模轮廓形状与结构而定，非圆断面型面精加工通常有仿形刨削和成型磨削等。）

拉深凹模的一般加工工艺过程：坯料准备（下料、锻造）→退火→坯料外形加工→划线→型孔粗加工、半精加工→螺孔、销孔或穿丝孔加工→淬火与回火→型孔精加工→研磨或抛光。（注：非圆形型孔精加工通常有仿形铣、电火花、线切割等。）

7.2.3 成型模的装配与调试

成型模的装配与调试过程与冲裁模基本类似。只是由于塑性成型工序比分离工序复杂，难以准确控制的因素多，所以其调试过程要复杂一些，试模、修模反复次数多。

1. 弯曲模的装配与调试

弯曲模的装配方法基本上与冲裁模相同，即确定装配基准件和装配顺序→按基准件装配有关零件→控制调整模具间隙和压料、顶件装置→试冲与调整。

对于单工序弯曲模，一般没有导向装置，可按图样要求分别装配上、下模，凸、凹模间隙在模具安装到压力机上时进行调整。因弯曲模间隙较大，可采用垫片法或标准样件来调整，以保证间隙的均匀性。弯曲模顶件或压料装置的行程也较大，所用的弹簧或橡皮要有足够的弹力，其大小允许在试模时确定。另外，因弯曲时的回弹很难准确控制，一般要在试模时反复修正凸、凹模的工作部分，因此，固定凸、凹模的销钉都应在试冲合格后打入。

对于级进或复合弯曲模，除了弯曲工序外一般都包含有冲裁工序，且有导向装置，故通常以凹模为基准件，先装配下模，再以下模为基准装配上模。装配时应分别根据弯曲和冲裁的特点保证各自的要求。

2. 弯曲模的调试

弯曲模装配后需要安装在压力机上试冲，并根据试冲的情况进行调整或修正。弯曲模在试冲过程中的常见问题、产生原因及调整方法见表 7.2.1。

表 7.2.1　弯曲模试冲时的常见问题、产生原因及调整方法

试冲时的问题	产生原因	调整方法
弯曲件的回弹较大	1. 凸、凹模的回弹补偿角不够 2. 凸模进入凹模的深度太浅 3. 凸、凹模之间的间隙过大 4. 校正弯曲时的校正力不够	1. 修正凸模的角度或形状 2. 增加凹模型槽的深度 3. 减少凸模、凹模之间的间隙 4. 增大校正力或修正凸、凹模形状，使校正力集中的变形部位
弯曲件底面不平	1. 推件杆着力点分布不均匀 2. 压料力不足 3. 校正弯曲时的校正力不够	1. 增加推件杆并使其位置分布对称 2. 增大压料力 3. 增加校正力
弯曲件产生偏移	1. 弯曲力不平衡 2. 定位不稳定 3. 压料不牢	1. 分析产生弯曲力不平衡的原因，加以克服或减少 2. 增加定位销，定位板或导正销 3. 增加压料力
弯曲件的弯曲部位产生裂纹	1. 材料的塑造性差 2. 弯曲线与材料纤维方向平行 3. 坯料剪切断面的毛边在弯角外侧	1. 将坯料退火或改用塑造性好的材料 2. 改变落料位置，使弯曲线与材料纤维成一定的角度 3. 使毛边位于弯角的内侧，光面在外侧
弯曲件表面擦伤	1. 凹模圆角半径过小，表面粗糙度值太大 2. 坯料黏附在凹模上	1. 增大凹模圆角半径，减小凹模型面的表面粗糙度值 2. 合理润滑，或在凸、凹模工作表面镶硬铬
弯曲件尺寸过长或不足	1. 间隙过小，材料被拉长 2. 压料装置的压力过大，材料被拉长 3. 坯料长度计算错误或不准确	1. 增大凸、凹模间隙 2. 减少压料装置的压力 3. 坯料的落料尺寸应在弯曲试模后确定

3. 拉深模的装配与调试

拉深模的装配与调试过程基本与弯曲模相似,只是由于拉深成型的特点决定了其试模、调整、修模比弯曲模复杂。

在单动压力机上调试拉深模的一般程序如下:

① 检查压力机的技术状态和模具的安装条件。压力机的技术状态要完好,对模具安装的条件(如闭合高度、安装槽孔位置、排料等)要完全适应,压力机的吨位和行程要满足拉深的要求。

② 安装模具。先将模具上下平面及与之接触的压力机滑块底面和工作台面擦干净,并开动压力机,使滑块上升到上止点,将模具放到压力机工作台面上;检查和调整在上止点时的滑块底面到处在闭合状态的模具上平面的距离,使之大于压力机行程;下降滑块到下止点,调节连杆长度到与处在闭合状态的模具上平面接触,并将上模紧固在滑块上;采用垫片法或样件调整凸、凹模之间的间隙,并调整压料装置,使压料力大小合适后固紧下模;开动压力机空车走几次,检查模具安装的正确性。

③ 试冲与修整。用图纸规定的坯料(钢号、拉深级别、表面质量和厚度等)进行试冲,并根据试冲过程中出现的拉深件缺陷,分析其产生的原因,设法加以修整,直至加工出合格的拉深件。对于形状复杂的拉深件,还要按照拉深深度分阶段进行调整。

拉深模试冲时的常见问题、产生原因及调整方法见表 7.2.2

表 7.2.2 拉深模试冲时的常见问题、产生原因及调整方法

试冲时的问题	产生原因	调整方法
拉深件起皱	1. 没有使用压料圈或压料力太小 2. 凸、凹模之间间隙太大或不均匀 3. 凹模圆角过大 4. 板料太薄或塑造性差	1. 增加压料圈或增大压料力 2. 减小拉深间隙值 3. 减小凹模圆角半径 4. 更换材料
拉深件破裂或有裂纹	1. 材料太硬,塑造性差 2. 压料力太大 3. 凸、凹模圆角半径太小 4. 凹模圆角半径太粗糙,不光滑 5. 凸、凹模之间间隙不均匀,局部过小 6. 拉深系数太小,拉深次数太少 7. 凸模轴线不垂直	1. 更换材料或将材料退火处理 2. 减小压料力 3. 加大凸、凹模圆角半径 4. 修光凹模圆角半径,越光越好 5. 调整间隙,使其均匀 6. 增大拉深系数,增加拉深次数 7. 重装凸模,保持垂直
拉深件高度不够	1. 坯料尺寸太小 2. 拉深间隙过大 3. 凸模圆角半径太小	1. 放大坯料尺寸 2. 更换凹模或凸模,使间隙调整合适 3. 增大凸模圆角半径
拉深件高度太大	1. 坯料尺寸太大 2. 拉深间隙过大 3. 凸模圆角半径太大	1. 减小坯料尺寸 2. 修整凸模或凹模,使间隙调整合适 3. 减小凸模圆角半径

续表 7.2.2

试冲时的问题	产生原因	调整方法
拉深件壁厚和高度不均	1. 凸模与凹模不同轴,间隙向一边偏 2. 定位板或挡料销位置不正确 3. 凸模轴线不垂直 4. 压料力不均匀 5. 凹模的几何形状不正确	1. 重装凸模与凹模,使间隙均匀一致 2. 重新调整定位板或挡料销 3. 修整凸模后重装 4. 调整顶杆长度或弹簧位置 5. 重新修正凹模
拉深件表面拉毛	1. 拉深间隙太小或不均匀 2. 凹模圆角表面粗糙 3. 模具或板料表面不清洁,有脏物或砂粒 4. 凹模硬度不够,有黏附板料现象 5. 润滑剂选用不合适	1. 修整拉深间隙 2. 修光凹模圆角半径 3. 清洁模具表面和板料 4. 提高凹模表面硬度,修光表面,进行镀铬或氧化等处理 5. 更换润滑剂
拉深件底面不平	1. 凸模上无通气孔 2. 顶件块或压料板未压实 3. 材料本身存在弹性	1. 在凸模上加工出通气孔 2. 调整冲模结构,使冲模达到闭合高度时顶出块或压料板将拉深件压实 3. 改变凸模、凹模和压料板形状

7.3　多工位级进模零件的制造与装配

多工位级进模由于工位数目多、精度高、镶拼块多、尺寸协调多。因此,多工位级进模与其他冲模相比,虽然加工和装配方法有相似之处,但要求提高了,因而加工、装配更复杂、更困难。在模具设计合理的前提下,要制造出合格的多工位级进模,必须具备先进的模具加工设备和测量手段,同时要制定合理的模具制造工艺规范。

7.3.1　多工位级进模零件的加工

1. 多工位级进模的制造特点

多工位级进模加工的工件尺寸比较小、数量大,因而使用小尺寸的凸模多,且凹模常采用镶拼结构以便加工和维修。同时,由于级进模的工位数较多,卸料板等板类零件的精度要求和相互间的尺寸协调要求也比较高,因此,多工位级进模的制造工艺有其自身的特点。

① 凸、凹模形状复杂,加工精度高。凸模和凹模历来是模具加工中的难题,多工位级进模中形状复杂、尺寸小、精度高、使用寿命要求长的凸、凹模比较多,传统的机械加工面临很大的困难,因而电火花线切割和电火花成型加工已成为凸、凹模加工的主要手段。

由于多工位级进模常用于批量大的工件加工,并且多在高速压力机上生产使用,因而要求损坏的凸模、凹模镶块等能得到及时的更换,而且这种更换并不一定都是同时进行,所以要求凸模、凹模镶块有一定的互换性,以便于及时更换并投入使用。这样,传统的配作方法已不能适应这一要求，必须采用精密线切割技术和精密磨削技术才能很好地解决这一问题。采用互换法加工形状复杂的凸、凹模时，不论是凸模，还是凹模镶块，刃口部分必须直接标明具体的尺寸和上、下偏差，以便于备件生产。图 7.3.1 和图 7.3.2 所示为能互换的凸模和凹模镶块示例，制造时应注意控制加工尺寸在中心值附近，以利于互换装配和保证凸、凹模间隙。

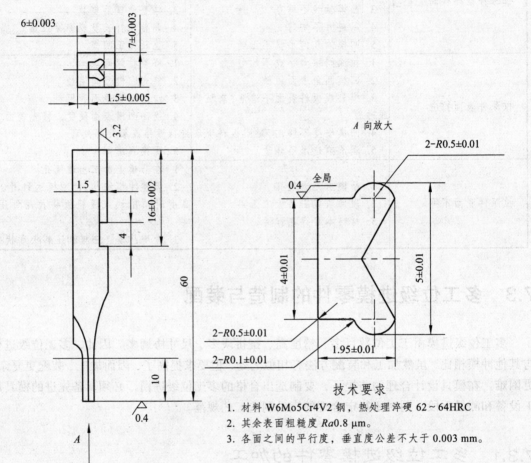

A 向放大

技术要求

1. 材料 W6Mo5Cr4V2 钢，热处理淬硬 62 ~ 64HRC
2. 其余表面粗糙度 $Ra0.8\ \mu m$。
3. 各面之间的平行度，垂直度公差不大于 0.003 mm。

图 7.3.1 凸模

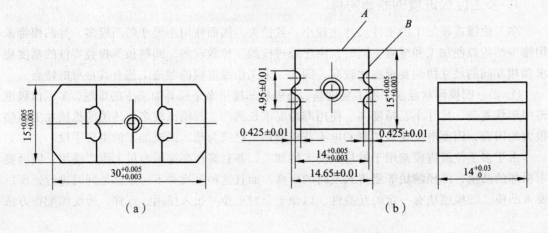

（a）   （b）

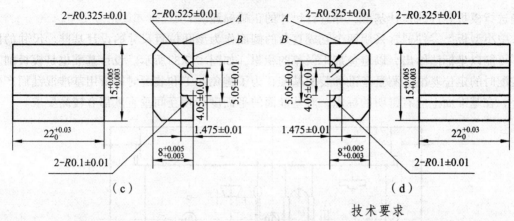

技术要求

1. 型面表面粗糙度 $Ra0.4$ μm；余表面粗糙度 $Ra0.8$ μm。
2. 材料 W6Mo5Cr4V2 钢，热处理淬硬 62～64HRC。
3. 各面之间的平行度、垂直度公差不大于 0.003 mm。
4. 各镶件型面与外形错位不大于 0.003 mm。

图 7.3.2　凹模

值得注意的是，为延长模具使用寿命，复杂形状的凸、凹模刃口尺寸的计算，是在确定基准凹模（落料）和基准凸模（冲孔）的 A、B、C 三类尺寸的基础上进行的，凸、凹模刃口尺寸的制造公差之和，必须小于最大合理间隙和最小合理间隙之差。

② 多工位级进模中凸模固定板、凹模固定板和卸料板的加工要求很高，也是模具的高精度件。在多工位级进模中，这三块板的制造难度最大、耗费工时最多，生产周期最长，装在其上的凸模或镶块间的位置尺寸精度、垂直度等都由这三块板的精度加以保证。所以对这三块板除了必须正确选材和进行热处理外，对其加工方法必须引起足够的重视，以确保加工质量。

模板类零件在淬硬前，通常在铣床、平面磨床及坐标镗床上完成平面和孔系的加工，由于加工中心能在零件一次装夹中完成多个平面和孔的粗加工和精加工，因此用于对模板类零件的加工，具有较高的效率和精度。

在一副级进模上，若要分别对三块板的型孔进行加工，以保证模具的装配精度，通常需要高精度的 CNC 线切割机床或坐标磨床。因此，精密、高效、长寿命的多工位级进模的制造越来越依赖于先进的模具加工设备。另外，也可以采用合件加工，即将几块模板合在一起同时加工来保证加工尺寸的位置精度，这样可减小对高精度模具加工机床的依赖性。采取这种方法的前提是要有相适应的模具结构，如当凹模、卸料板镶拼件取同一分割面，且外形尺寸一致时，就可以同时加工外形；凹模固定板、卸料板，甚至凸模固定上的长方孔，可用四导柱定位，将三块板合在一起，同时进行线切割加工，然后由钳工研磨各型孔，保证各型孔的位置精度。也可预先靠定位销、螺钉将三块板固定在一起，然后由坐标磨床同时进行磨削加工。这样，对应的凹模、卸料板镶拼件可同时加工，各板对应的固定长方孔也同时加工，保证了装配后的整块凹模和整块卸料板尺寸的一致性，这是国际上比较先进的级进模的结构形式及加工方法之一。

2. 模板类零件基准面的选择和加工

（1）基准面的选择。多工位级进模中三块板上的型孔位置尺寸精度很高，在设计时，应正确选择模板零件的设计基准，并进行尺寸的正确标注。

中小型板类零件通常采用两个互成直角的侧面作为型孔位置尺寸的设计基准，尺寸的标注尽可能以坐标法给出，以避免加工误差的积累，如图 7.3.3 所示。设计基准也是模板加工和装配时的定位基准、测量基准和装配基准，为了避免加工和装配时因所用基准混乱而产生误差，在基准面上应有鲜明的标志，对基准面的平面度和相互间垂直度都有较高要求。

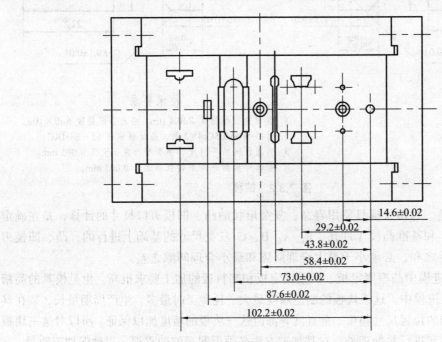

14.6±0.02

29.2±0.02

43.8±0.02

58.4±0.02

73.0±0.02

87.6±0.02

102.2±0.02

图 7.3.3　多工位级进模凹模进距尺寸及公差标注

（2）基准面的加工由于基准面的形状精度和位置精度均高于该零件其他表面的精度，因此，基准面的加工更为重要。

通常在平面磨床上加工外形尺寸较大的零件基准面时，由于磨削热引起的被磨削表面的热变形常会导致冷却后基准面中间部分的微量凹陷（约为 0.001 ~ 0.003 mm），为消除基准面误差对零件精度的影响，可在精磨直角基准面前，先把基准面等分，在两边及中间部位留 20 ~ 30 mm 的长度，其余部分磨去比基准面低 0.1 ~ 0.15 mm 的让位槽，再精磨基准面，这样做能减轻磨削热的影响，保证基准面的平面度和垂直度。

由于较大模板类零件的垂直面加工需要大型精密平面磨床，且有较大的难度，因此，较大模板类零件的基准面可以采用一面两孔，基准孔一般都由坐标撞床或坐标磨床来加工，以保证孔与平面的垂直度及两孔的平行度。

对于中间有多个型孔，且型孔对基准面有很高位置尺寸精度要求的板类零件，通常可以通过互为基准的办法，采用多次加工达到要求。工序安排上要考虑基准面的平磨、型孔的线切割、型孔的研磨，然后再进行平磨，即以研磨好的型孔为基准精磨外形，保证位置尺寸精度。

上述方法是在无高精度加工机床的条件下常被采用的行之有效的工艺方法，若有条件使用高精度线切割机床、坐标磨床及加工中心，则上述模板类零件的加工就比较容易达到要求。

3. 主要模具零件的加工工艺过程

模具零件的设计要求和加工设备不同，其加工工艺过程有较大的差别，但不论用哪种加工工艺，应当以保证零件质量为前提。

为了说明多工位级进模零件的具体加工过程，这里以图 7.3.1、图 7.3.2 所示的凸模和凹模以及图 7.3.4 所示的凹模固定板为例，其加工工艺过程分别见表 7.3.1、表 7.3.2 和表 7.3.3。

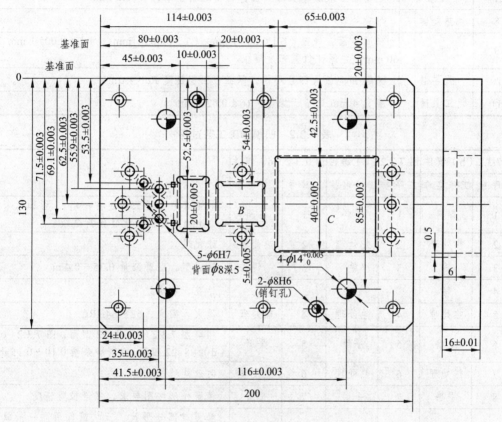

技术要求

1. 材料 CrWMn 钢，热处理淬硬 58～60HRC。
2. （16±0.01）mm 两面平行度 0.004 mm，型孔垂直度 0.002 mm。
3. 型孔及 $4\text{-}\phi14^{+0.005}_{0}$ mm 孔表面粗糙度 $Ra0.8$ μm，$5\text{-}\phi6H7$、$2\text{-}\phi8H6$ 孔表面粗糙度 $Ra1.6$ μm，其余 $Ra6.3$ μm。

图 7.3.4　凹模固定板

表 7.3.1　凸模加工工艺过程

工序号	工序名称	工　序　内　容
1	备料	将毛坯锻成 65 mm×15 mm×15 mm 长方体，要求碳化物偏折 2 级
2	热处理	球化退火
3	铣	铣六面，留磨余量 0.5～0.6 mm
4	平磨	粗磨平面，留磨余量 0.35～0.4 mm，检查垂直度

续表 7.3.1

工序号	工序名称	工 序 内 容
5	铣	铣成型，成型部位留磨余量 0.2~0.3 mm
6	热处理	淬火、回火，62~64HRC
7	平磨	半精磨 6 mm×7 mm 四面，留精磨余量 0.10~0.15 mm
8	热处理	时效处理
9	平磨	精磨各面，保证（6±0.003）mm、（7±0.003）mm、（1.5±0.005）mm 和 60 mm，并保证位置精度要求
10	光学磨	精磨 A 向放大部分形状，保证表面粗糙度 Ra0.4 μm
11	工具磨	磨宽 4 mm 通槽，保证（16±0.02）mm

表 7.3.2　凹模加工工艺过程

图 7.3.2（b）镶件		图 7.3.2（c）镶件		图 7.3.2（d）镶件		工序内容
工序号	工序名称	工序号	工序名称	工序号	工序名称	
1	备料	1	备料	1	备料	锻造坯料（可三件连在一起），留加工余量 4~7 mm，要求碳化物偏折 2 级
2	热处理	2	热处理	2	热处理	球化退火
3	铣	3	铣	3	铣	铣成型，留磨余量 0.35~0.4 m
4	钻					钻孔，攻螺纹
5	热处理	4	热处理	4	热处理	淬火、回火，62~64HRC
6	平磨	5	平磨	5	平磨	粗磨图 7.3.2（b）的 22 四面，图 7.3.2（c）、（d）的 8、22 四面，留精磨余量 0.10~0.15 mm
7	热处理	6	热处理	6	热处理	时效处理
8	平磨	7	平磨	7	平磨	精磨外形按图要求，保证位置精度
9	光学磨	8	光学磨	8	光学磨	磨刃口部分形状，三块镶件用同一张放大图加工及用同一位置基准 A、B，表面粗糙度 Ra0.4 μm
10	工具磨	9	工具磨	9	工具磨	磨刃口部分漏料斜度
11	检验	10	检验	10	检验	

表 7.3.3　凹模固定板加工工艺过程

工序号	工序名称	工 序 内 容
1	备料	将毛坯锻成 206 mm×136 mm×22 mm
2	热处理	球化退火
3	刨或铣	粗加工六面，留余量 2~2.5 mm
4	热处理	调质 200~260HRS
5	铣	铣外形，留磨余量 0.6~0.7 mm，A、B、C 方孔留余量 1~1.5 mm
6	平磨	粗磨六面，留磨余量 0.4~0.6 mm，检查基准面垂直度

续表 7.3.3

工序号	工序名称	工 序 内 容
7	坐标镗	镗 5-ϕ6H7、2-ϕ8H6、4-ϕ14$_0^{+0.005}$ mm，留磨余量 0.25 mm
8	钳	钻孔、攻螺纹、扩孔
9	热处理	淬火、回火，58~60HRC
10	平磨	粗磨（16±0.01）mm 两面，留精磨余量 0.2~0.25 mm
11	热处理	时效处理
12	平磨	粗磨（16±0.01）mm 两面，留精磨余量 0.08~0.1 mm
13	热处理	时效处理
14	钳	用硬质合金无刃铰刀或废铰刀清理 4-ϕ14$_0^{+0.005}$ mm 孔内的污物或对孔修整
15	平磨	在 4-ϕ14$_0^{+0.005}$ mm 孔中装工艺销后精磨外形，保证基准面垂直度 0.004 mm
16	线切割	以两互相垂直的直角面为基准切割 *A*、*B*、*C* 方孔，留磨余量 0.08~0.1 mm
17	坐标磨	以两互相垂直的直角面为基准精磨 5-ϕ6H7、2-ϕ8H6、4-ϕ14$_0^{+0.005}$ mm 及 *A*、*B*、*C* 方孔，均达图要求
18	电火花	加工 *A*、*B*、*C* 方孔背面 0.5 mm×6 mm 台阶
19	钳	清理螺纹孔
20	检验	

7.3.2 多工位级进模零件的装配与调试

多工位级进模装配的核心是凹模与凸模固定板及卸料板上的型孔尺寸和位置精度的协调，其关键是同时保证多个凸、凹模的工作间隙和位置符合要求。

装配多工位级进模时，一般先装配凹模、凸模固定板及卸料板等重要部件，因为这几种部件在级进模中多数都是由几块镶拼件组成，它们的装配质量决定整副模具的质量。在这三者的装配过程中，先应根据它们在模具中的位置及相互间的依赖关系，确定其中之一为装配基准，先装基准件，再按基准件装配其他两件。模具总装时，通常先装下模，再以下模为基准装配上模，并调整好进距精度和模具间隙。

模具零件装配完成以后，要进行试冲和调整。试冲时，首先分工位试冲，检查各工位凸、凹模间隙、凸模相对高度及工序件质量等，如某工位对冲件质量有影响时，应先修整该工位，直至各工位试冲修整确认无误后，最后加工定位销孔，并打入定位销定位。

因为多工位级进模一般都较精密，为了消除温差对装配精度的不良影响，装配工作一般应在恒温（20 ℃±2 ℃）净化的装配车间进行。而且，考虑模具尺寸一般都较大，为减轻操作人员劳动强度，提高模具装配质量，对于精密多工位级进模一般都应在模具装配机上完成装配、紧固、调整和试模等工作。

本学习情境小结

本学习情境讲述的主要内容是：冲裁模具零件的制造与装配；成型模具零件的制造与装配；多工位级进模零件的制造与装配。通过本学习情境的学习学生应该掌握冲模零件的加工特点；典型冲模中的工作零件、板类零件及其他零件的加工方法；冲模的装配和调试方法。从而使学生能够：正确选择典型冲模零件的加工方法；拟定典型冲模零件的加工工艺路线并编写其工艺规程；装配冲模和调试冲模；试冲并分析冲压件的质量。

思考与练习题

1. 举例说明线切割加工在冲压模具零件加工中的应用。
2. 模具中有许多板类零件，采用什么加工方法保证板类零件上的孔位精度？
3. 编写任务 1 的机械加工工序卡。
4. 试确定图 1 中模具的装配顺序。

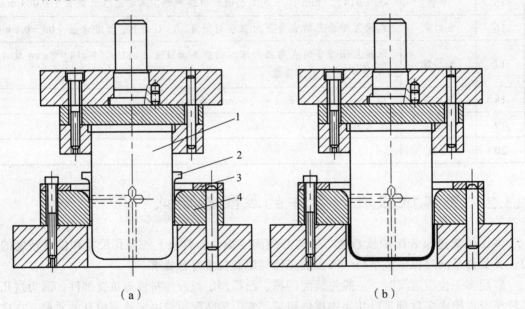

（a）　　　　　　　　　　　　　　　（b）

图 1　无压边装置首次模

1—凸模；2—校模圈；3—定位圈；4—凹模

5. 多工位级进模制造相对一般冲模有何特点？

参考文献

[1]　刘建超，张宝忠. 冲压模具设计与制造. 北京：高等教育出版社，2010.

[2]　胡兆国. 冷冲压工艺及模具设计. 北京：北京理工大学出版社，2009.

[3]　田光辉，林红旗. 模具设计与制造. 北京：北京大学出版社，2009.

[4]　李名望. 冲压工艺与模具设计. 北京：人民邮电出版社，2011.

[5]　牟林，胡建华. 冲压工艺与模具设计. 北京：北京大学出版社，2006.

[6]　王树立. 冷冲压模具设计. 北京：中国轻工业出版社，1992.

[7]　徐政坤. 冲压模具设计与制造. 北京：化学工业出版社，2006.

[8]　薛啟翔. 冲压模具设计和加工计算速查手册[M]. 北京：化学工业出版社，2007.

[9]　成虹. 冲压工艺与模具设计[M]. 2 版. 北京：机械工业出版社，2006.

[10]　贾俐俐，柯旭贵. 冲压工艺与模具设计[M]. 北京：人民邮电出版社，2008.